**Microsoft
System Center Configuration Manager 2012**

I0398073

Instalación de System Center Configuration Manager 2012 Service Pack 1 Beta

Instalación en un servidor con Sistema Operativo Windows Server 2012 y con SQL Server 2012 como base de datos

Autor: Cesar Peinado Villegas

Fecha: 30 de Septiembre de 2012

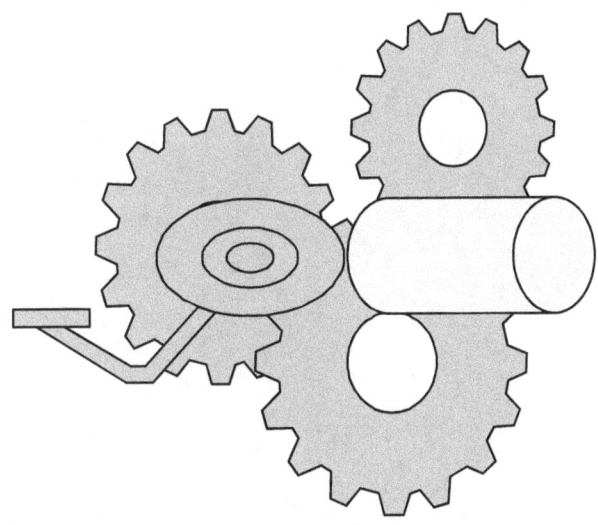

● Acerca de mí:

Me llamo Cesar Peinado Villegas, soy técnico de sistemas. He trabajado durante muchos años con SMS 2.0 y SCCM 2007. Actualmente me he certificado en SCCM 2012 "MCP 70-243 Administering and Deploy System Center 2012 Configuration Manager" y tengo un blog http://sccm12.blogspot.com y una página web www.sccm.es sobre SCCM 2012.

● Contacto: cesarpv89@hotmail.com

● Agradecimientos:

A mis hijos Diego y Sara, a mi compañera en esta vida Gema, a mis Padres y Hermanas, a mi familia política, a mis amigos Jose, Jaime, Jesús, Santi, Tarek y Elfo, a los amigos que ya no están Juan y Pedro, a mis amigos de Leize y sus seguidores, a mis compañeros de trabajo Cruz, Felix y Raúl y en general a todos los seguidores que entran frecuentemente en mi blog.

INDICE:

INTRODUCCIÓN: Página 4

- ¿Qué es SCCM 2012?   Página 5

DESCARGAS   Página 12

DESARROLLO   Página 13

- 1. Creación Máquina Virtual con VM Ware.   Página 14

- 2. Instalación Windows Server 2012.   Página 18

- 3. Configuración del Servidor.   Página 22

- 4. Instalación de roles y características requerido para que funcione SCCM 2012 SP1 Beta.   Página 34

- 5. Configuraciones adicionales.   Página 47

- 6. Instalación SQL Server 2012 Sp1 y configuración.   Página 68

- 7. Instalación SCCM 2012 Sp1 Beta.   Página 84

ANEXO   Página 104

● INTRODUCCIÓN:

En esta guía o laboratorio, os voy a explicar paso a paso, desde cero como montar en un entorno virtual un servidor para instalar SCCM 2012 Sp1 Beta.

La práctica comienza desde cero y con las últimas novedades de cada producto que intervienen en la instalación de un servidor para SCCM 2012.

Lo primero que quiero indicaros es que vamos a montar un servidor primario independiente, es decir un único servidor donde vamos a montar todo.

En un entorno real muchas veces un solo servidor de SCCM 2012 nos podría valer para administrar nuestra empresa, ya que admite con las configuraciones adecuadas un sitio primario hasta 100.000 clientes.

Otras consideraciones nos podrían llevar a tener más de un sitio primario con lo cual nos haría falta instalar un Sitio de Administración Central o CAS.

En esta práctica he utilizado VM ware Workstation 9, pero puedes utilizar VM Ware Player o Virtual Box para crear tu máquina virtual.

El sistema operativo utilizado ha sido Windows Server 2012.

Como base de Datos SQL Server 2012 SP1

Todo el software utilizado en la práctica ha sido de evaluación y os dejaré los enlaces más adelante para que descarges todo lo necesario para su realización.

Instalar SCCM 2012 es relativamente sencillo, lo realmente complicado es hacer las instalaciones y configuraciones previas antes de poder instalar SCCM 2012. Existen muchos manuales que indican como hacerlo, pero siempre falta algo, no está detallada la instalación del servidor, o las configuraciones de SQL Server, en esta práctica voy a explicarlo todo paso a paso.

Decir también que he utilizado un solo disco duro, lo recomendable es tener al menos 3 particiones, una para el sistema operativo, otra para la base de datos y otra para SCCM 2012, para almacenar un punto de distribución y demás. Como es una práctica para ver el proceso de instalación, lo he dejado todo sobre el mismo disco duro.

Después de la introducción y si te sientes preparado o preparada es hora de comenzar, lo primero de todo es tener lodo el software necesario para empezar, así que ve a la sección de Descargas y descárgate todo lo necesario, pero antes vamos a ver un poco todo lo que se puede hacer con este producto de Microsoft.

¿Qué es SCCM 2012?

System Center Configuration Manager 2012 es un conjunto de herramientas administradas centralizadamente para llevar a cabo un multitud de tareas de administración, como inventario de hardware y software, instalación de sistemas operativos, distribución de software etc,...

Características principales de SCCM 2012:

Inventario, Consultas (Queries), Colecciones, Administración de Aplicaciones (Application Management), Medición de Software (Software Metering), Despliegue de Sistemas Operativos (OSD)(Operating System Deployment), Control Remoto, Administración de ajustes (Settings Management), Administración de dispositivos Móviles: (teléfonos móviles), Protección de acceso a la red (Network Access Protection), Wake on Lan, Reportes, Administración fuera de Banda (Out-of-Band Management), Activos Inteligentes (Asset Intelligence), Uso de la Virtualización de Aplicaciones, Despliegue de Sistemas Operativos (Con mayores funciones), Integración con los servicios de SQL reporting, Administración centralizada de la "energía"(power control), System Center Endpoint Protecction

Inventario:

Inventario de Hardware y Software de los equipos clientes. Con el inventario de Hardware podemos obtener infinidad de información, como cantidad de memoria instalada, información sobre el procesador etc,... Con el inventario de Software obtenemos listas de tipos de ficheros y sus versiones. Por defecto se inventarían los ficheros con extensión .EXE aunque se pueden añadir más.

El inventario es una de las características base de SCCM 2012. Puede estar deshabilitado, pero si no lo habilitas, se pierden muchas otras opciones disponibles que se basan en el inventario.

Consultas (Queries):

Te permiten obtener información de la base de datos de Configuration Manager, a través del lenguaje de consultas WBEM. Las consultas te permiten obtener datos rápidamente y realizar reportes que o se utilizan frecuentemente. Las consultas también se utilizan para generar Colecciones basadas en estas consultas.

Colecciones:

Las colecciones pueden ser sencillas o complejas, basadas en consultas como por ejemplo: "Recursos que tienen Windows XP Professional con SP3 y con más de 1 GB de memoria,…..". Las colecciones permiten agrupan los recursos en grupos lógicos. Las colecciones basadas en consultas pueden ser dinámicas, ya que se actualizan automáticamente o de forma programada o pueden ser directas, es decir introduciendo directamente los recursos. Las colecciones pueden ser Pc´s, usuarios, grupos de usuarios o cualquier recurso descubierto y que esté en la base de datos. Las colecciones es una característica fundamental, no ha variado demasiado desde SMS 2003 y SCCM 2007, pero son necesarias para nuevas funcionalidades en SCCM 2012.

Administración de Aplicaciones (Application Management):

Permite la distribución de casi todos los clientes. Es seguramente la característica más utilizada en versiones anteriores, y es la más peligrosa si no se utiliza con mucho cuidado. Lo recomendable antes de distribuir software es hacer muchos test y no ponerlo en producción hasta que se haya probado bien.

Actualización de Software (Software Updates):

La actualización de software, y en especial las actualizaciones de Microsoft son unas de las tareas más pesadas de los administradores. Pero con esta funcionalidad de SCCM 2012 las tareas se automatizan y son más sencillas. También hay actualizaciones para otros fabricantes como HP, DELL, IBM,… con los que puedes crear catálogos personalizados de Software para actualizar servidores y Pc´s, Bios y firmware, drivers,…..

El despliegue de actualizaciones requiere de WSUS (Windows Server Update Service).

Medición de Software (Software Metering):

Sirve para recopilar información sobre el uso de software y así poder controlar las compras y las licencias con más criterio.

Con esta herramienta puedes:
- Hacer informes sobre el software que se está usando en tu entorno empresarial o instalación y que usuarios lo están utilizando.
- Informes sobre los usuarios que hacen uso de un software a la vez.
- Informes sobre los requerimientos de licencias de software.
- Encontrar instalaciones de software no autorizadas.
- Encontrar software instalado y que el usuario no esté utilizando.

Despliegue de Sistemas Operativos (OSD) (Operating System Deployment):

Esta característica está totalmente integrada en SCCM 2012, con muchísimas opciones para instalar servidores y estaciones de trabajo. Se ha añadido la "secuencia de tareas" y el "catálogo de drivers". Se pueden desplegar el Sistema Operativo a pc´s sin Sistema operativo o a pc´s que ya tengan uno. Te permite tener imágenes de sistemas operativos independientes del hardware que tenga el PC, reduciendo el número de imágenes a implementar.

Control Remoto:

Permite la resolución de problemas al servicio de soporte sin necesidad e desplazamientos. Esta característica está integrada con Remote Assitance y Remote Desktop, y trabaja igual de bien que el las versiones anteriores.

Administración de ajustes (Settings Management):

Esta característica está diseñada para dirigir el flujo de configuraciones dentro de la empresa. Esta herramienta permite configurar una línea base sobre los Standard de la empresa (cuentas locales de administración, cuentas de invitado, etc....) para los pc´s y

Servidores y auditar el entorno para ver si se cumple la línea base configurada.

Administración de dispositivos Móviles: (teléfonos móviles)

Se pueden administrar dispositivos con Windows Mobile Pocket Pc y Smartphones. Inventario, colección de ficheros, distribución de software y configuración de dispositivos son las opciones que tenemos con esta característica en SCCM 2012.

Protección de acceso a la red (Network Access Protection):

Es una nueva característica en Configuration Manager. Sobre la tecnología de Windows Vista y Windows 2008 Server, permite la protección de tú red, no permitiendo el acceso a la red de pc´s que no cumplan ciertas características requeridas, como por ejemplo tener el antivirus actualizado, o todos los parches de seguridad instalados.

Wake on Lan:

Es una característica añadida a la distribución de software, en versiones anteriores era una herramienta de terceros que había que comprar. Ahora está completamente integrada, y lo que permite es despertar vía hardware pc´s que está apagado para que se les pueda instalar software.

Reportes:

Los reportes sirven para ver el estado de tu entorno, realizar investigaciones sobre lo que tiene, licencias, software, hardware etc,...Está integrado con la "inteligencia de activos" (Asset Intelligence). Se pueden crear reportes vía Web, vía Configuration Manager o a través del servicio de reportes de SQL.

Los reportes en la consola de Configuration Manager están en el "Dashboard", hay muchos reportes predefinidos, y puedes crear reportes personalizados con unos conocimientos básicos de consultas SQL.

Administración fuera de Banda (Out-of-Band Management):

Un desafío en las empresas que ha sido todo un reto ha sido la posibilidad de la comunicación entre el software y el hardware. Un ejemplo, tienes un PC averiado con un pantallaza azul en una localización remota y no te puedes desplazar. La solución pasaba antes por el desplazamiento físico hasta el PC o la contratación de un servicio adicional para reparar el problema físicamente.

Intel ha introducido la administración directamente en sus chips con la tecnología AMT (Active Management Technology) de Intel, el resultado ha sido el procesador Intel vPro desktop. Con esta nueva tecnología el software puede comunicarse con el hardware y en nuestro ejemplo supondría que remotamente podríamos solucionar el problema del pantallaza azul sin desplazamientos.

Configuración Manager tiene cuatro clases de áreas que se comunican directamente con el hardware cuando la comunicación con el cliente no se puede realizar con el agente cliente de Configuration Manager:

Descubrimiento (Discovery): En un escenario de fuera de banda el administrador puede alcanzar a descubrir un PC. Se puede realizar con un Pc´s o grupos de Pc´s.

Control de Encendido (Power Control): Esta característica se puede usar con la distribución de software, actualizaciones o despliegues de sistemas operativos. También permite a los administradores encender Pc´s, reiniciarlos o apagarlos.

Aprovisionamiento: El aprovisionamiento de estaciones de trabajo que entran por primera vez en la empresa o aquellas en las que hay que realizar alguna acción para que cumplan los requisitos es un trabajo importante para los administradores. Con la mayor independencia del hardware de los sistemas operativos, con la tecnología AMT y Configuration Manager, esta tarea de los administradores es más sencilla.

Consolas remotas: Las consolas remotas en la administración fuera de banda, permiten a los administradores para realizar tareas con la redirección LAN IDE, meter contraseñas de BIOS y control Manuel de encendido y apagado. Esto permite a los administradores, arrancar pc´s con imágenes ISO, arrancar la Bios para cambiar el orden de arranque etc,...

En resumen cuando un usuario contacte con el soporte, el administrador podrá hacer muchas más cosas en caso de que el Sistema Operativo no funcione.

Activos Inteligentes (Asset Intelligence)

Fue incluido en Configuration Manager 2007, ahora viene su propio nodo dentro de la Consola. Estambién una parte de la iniciativa Software+Servicios dentro de Microsoft.

Funcionalidades:

-Nueva inerfaz del catálogo y administración de licencias en la Consola.
-Posibilidad de personalizar el catálogo local, es decir crear nuevas familias y categorías.
-Sincronización de las actualizaciones de las actualizaciones a través de la consola de forma   programada o a demanda.
-Capacidad para poner en el catalogo software de activos desconocidos.
-Capacidad para importar datos de licencias desde Microsoft y compararlo con el inventario.

El inventario de activos Asset Inventory) es una de las estructuras de Informes usada para analizar y asegurarte de que cada activo en el sistema está siendo usado de forma adecuada e informar a los administradores.

Uso de la Virtualización de Aplicaciones:

Con la nueva liberación de App-V, Configuración Manager 2012 extiende sus posibilidades:

Se integra con Microsoft App-V 4.6

 Administración de aplicaciones virtualizadas (AVM Application Virtualization Managemnet) te permite el uso de Configuration Manager para desplegar aplicaciones virtualizadas, cuando sea posible, y administrarlas en Configuration Manager como un software estándar más.

Despliegue de Sistemas Operativos (Con mayores funciones):

Con Configuration manager 2012, un Pc "desconocido" puede recibir una tarea de secuencias para que se le instale un Sistema Operativo.

Tiene soporte para imágenes de sistemas operativos multicast a entornos con PXE.

Integración con los servicios de SQL reporting:

Los Servicios SQL reporting son una evolución de los reportes de versiones anteriores.

Hay una nueva función (rol) llamado Reporting Services point.

Posibilidad de administrar, navegar y ejecutar informes de Configuration Manager SQL Reporting Services desde la consola d administración.

Administración centralizada de la "energía" (power control):

Ahorrar en energía y cuidar el medio ambiente es una meta importante para los profesionales de las tecnologías de la información y para las organizaciones. La posibilidad de controlar las configuraciones de encendido y apagado de los pc´s es una meta de las empresas. También la posibilidad de monitorizar el consumo de energía, para crear planes para las necesidades de la organización. Esto ahora es fácil de administrar con SQL Reporting Services.

System Center Endpoint Protecction:

Esta característica te brinda la posibilidad de escanear y asegurar los sistemas de virus y malware, reduciendo los costes para la empresa.

Se basa en tres pilares fundamentales, es simple de administrar, fácil de integrar y alta protección.

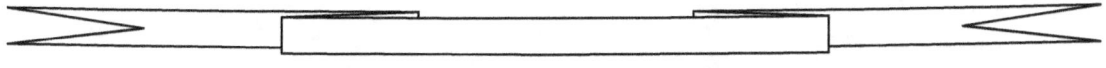

⬤ Descargas:

- Windows Ser 2012

- SQL Server 2012 SP1

- SCCM 2012 SP1 Beta

- Windows Deployment Kit 2012

- Windows Server Update Services 3.0 SP2

Nota: (No se ha instalado en esta práctica por no tener acceso a Internet en el laboratorio virtual)

- VMWare Player

● DESARROLLO:

- 1. Creación Máquina Virtual con VM Ware.
- 2. Instalación Windows Server 2012.
- 3. Configuración del Servidor.
- 4. Instalación de Roles y características requeridos para que funcione SCCM 2012 SP1 Beta.
- 5. Configuraciones adicionales.
- 6. Instalación SQL Server 2012 Sp1 y configuración.
- 7. Instalación SCCM 2012 Sp1 Beta.
- 8. Demostración del funcionamiento.

→ 1. Creación Máquina Virtual

Instala VW Ware la versión que tengas o hayas descargado, o si utilizas virtual box o Hyper-V es lo mismo, el proceso de crear una máquina virtual es muy parecido.

Vamos a Crear una nueva máquina virtual:

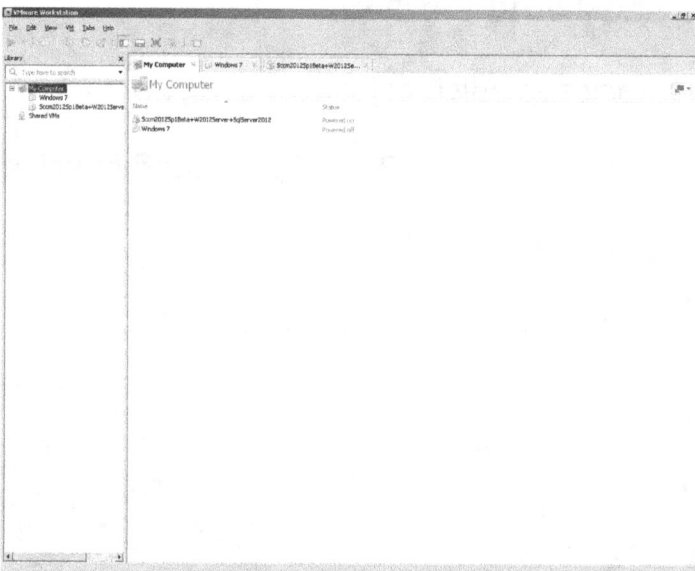

En la pantalla que nos saldrá a continuación seleccionamos "**Typical**"

Introducir el DVD de Windows Server 2012 en la unidad de DVD.

Le indicamos la unidad donde tenemos el Sistema Operativo, si no lo detecta no pasa nada: (También podemos hacerlo con la imagen ISO del Sistema Operativo).

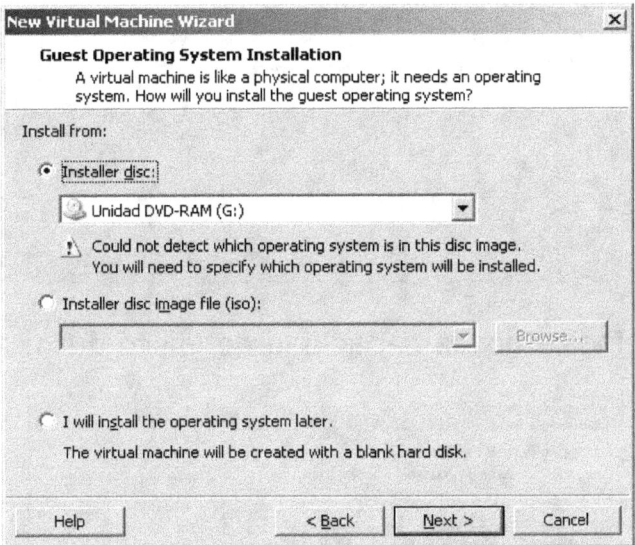

Indicamos el Sistema Operativo que vamos a instalar en la máquina virtual, en función de lo que digamos asignará unos recursos u otros, así que indica el Sistema Operativo como viene a continuación:

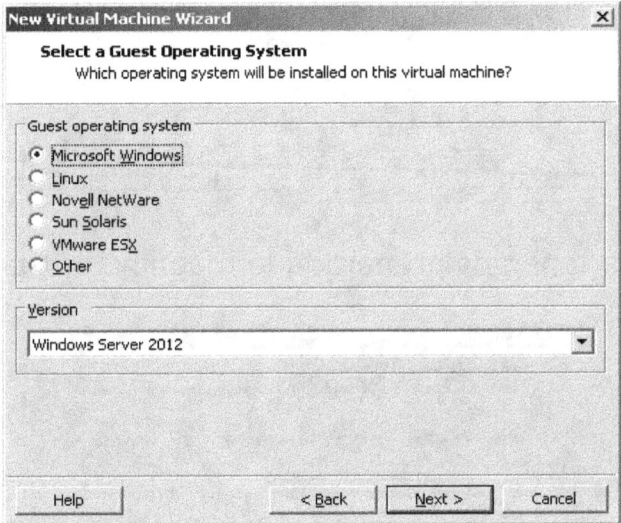

Le ponemos un nombre a la máquina virtual y una ruta de destino:

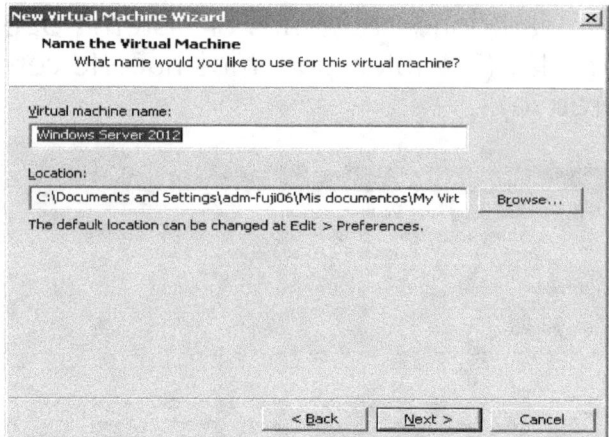

A Continuación indicamos la capacidad del disco duro:

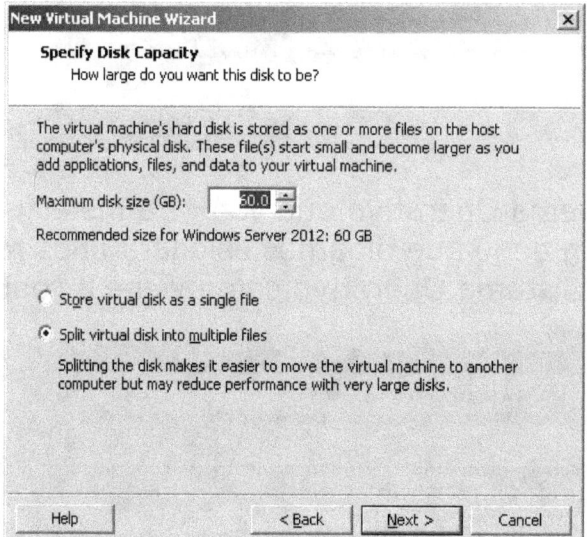

Continuamos, ya tenemos preparada la máquina virtual:

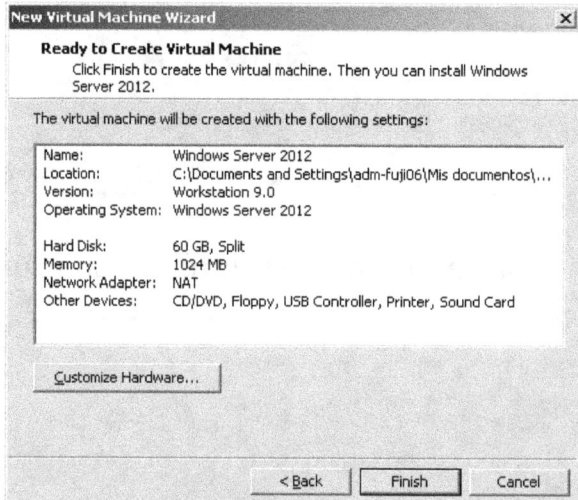

El siguiente paso es darle al "Play" para arrancar la máquina virtual y que comience la instalación de Windows Server 2012:

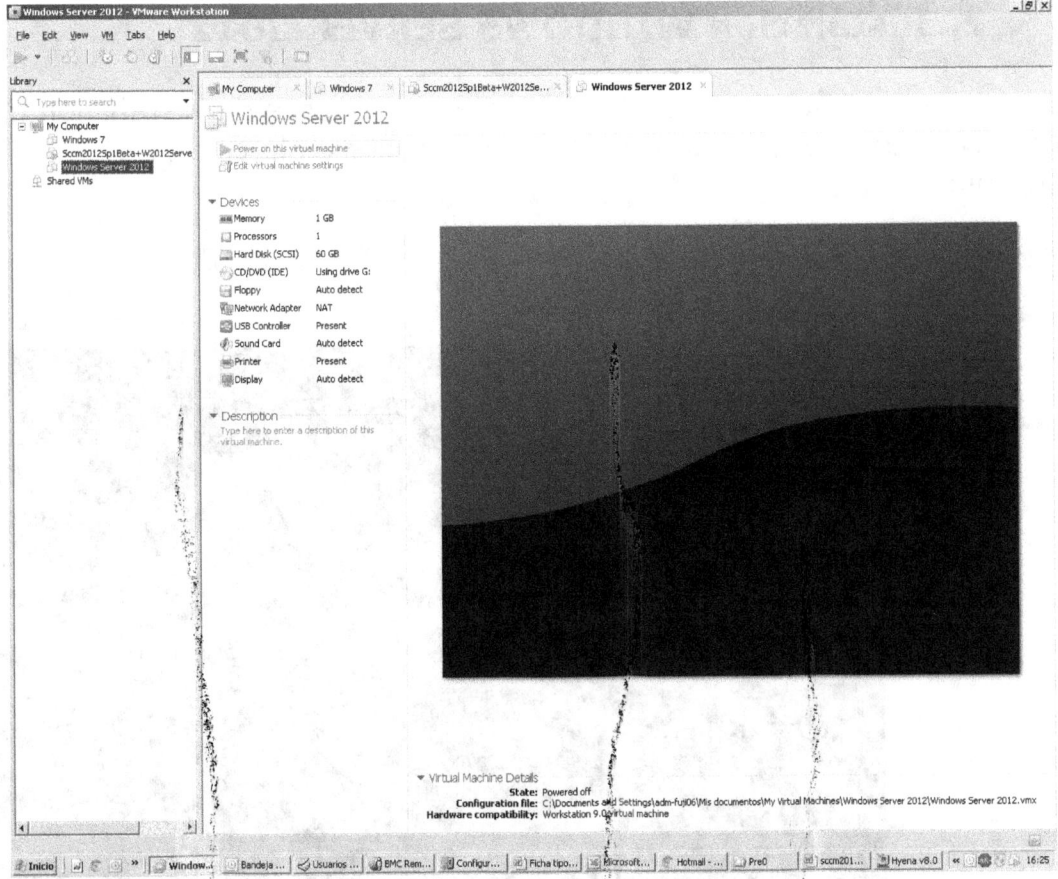

El proceso de instalación se explica en el siguiente paso.

↳ 2. Instalación WINDOWS SERVER 2012

Al arrancar la máquina virtual empezará el asistente de instalación de Windows Server 2012, la primera fase consiste en la copia de ficheros:

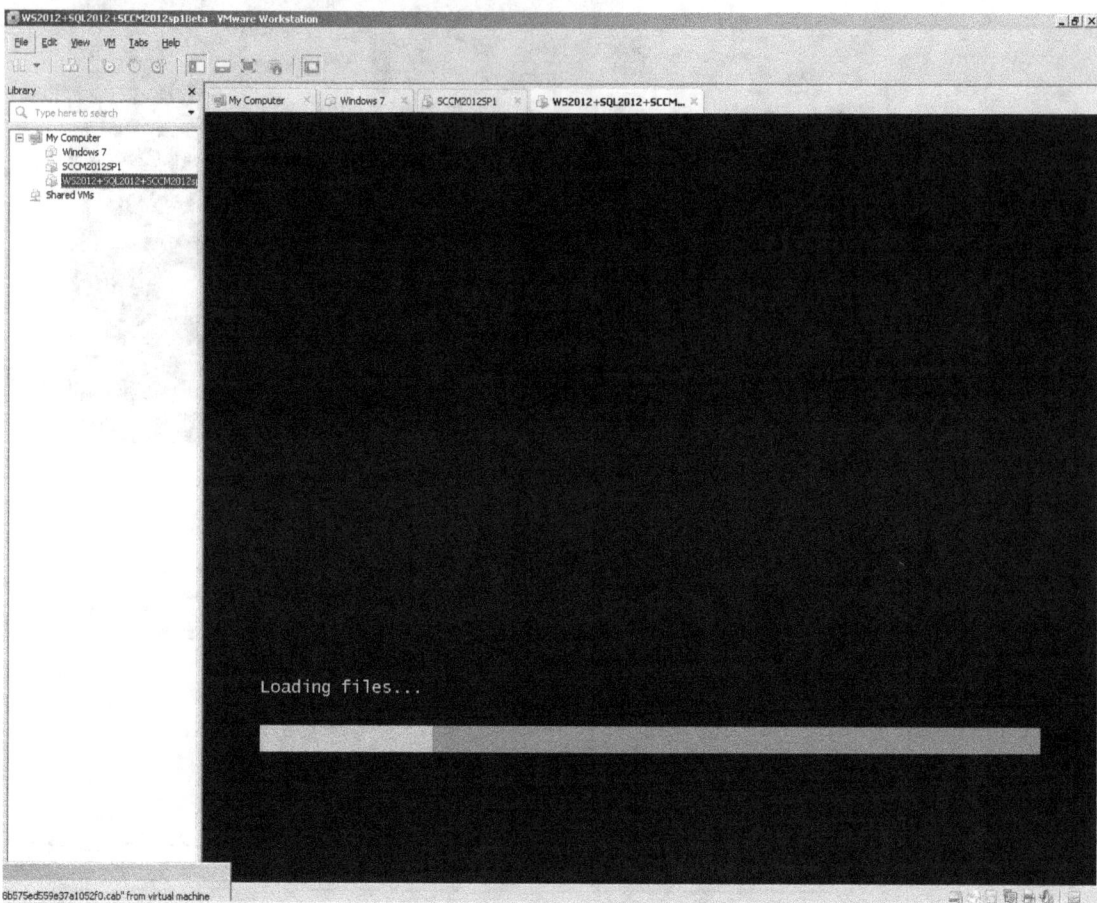

Una vez terminada la copia nos solicitará el idioma. Rellenar los campos solicitados y pulsar en "**Siguiente**"

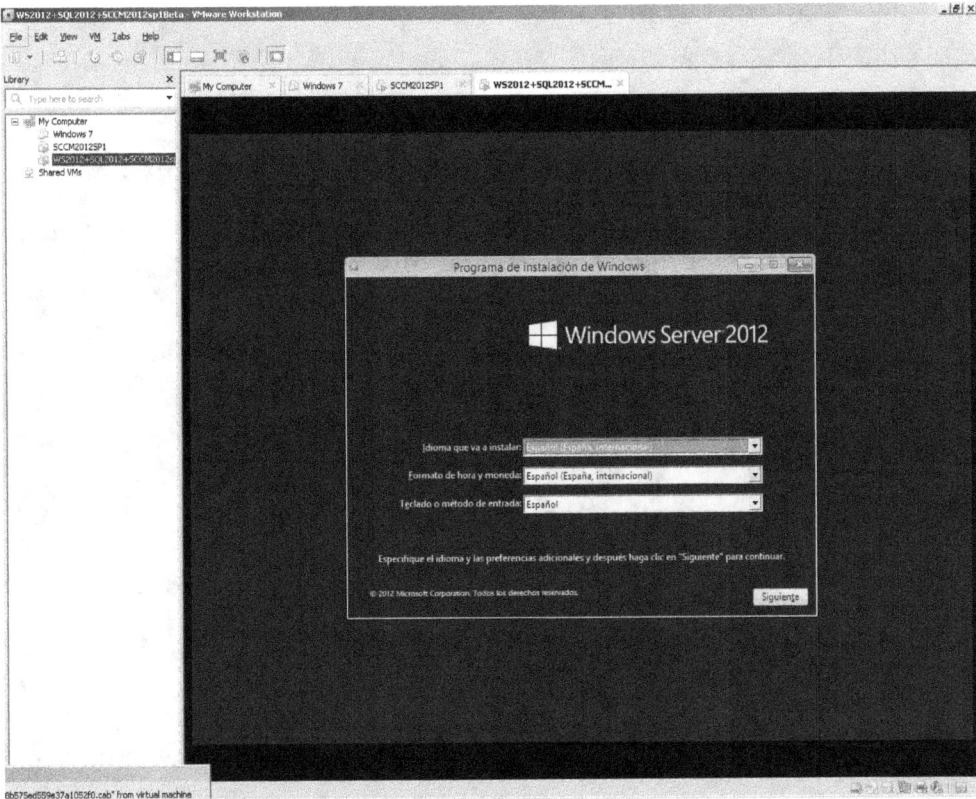

En la siguiente pantalla pulsar en "**Instalar ahora**":

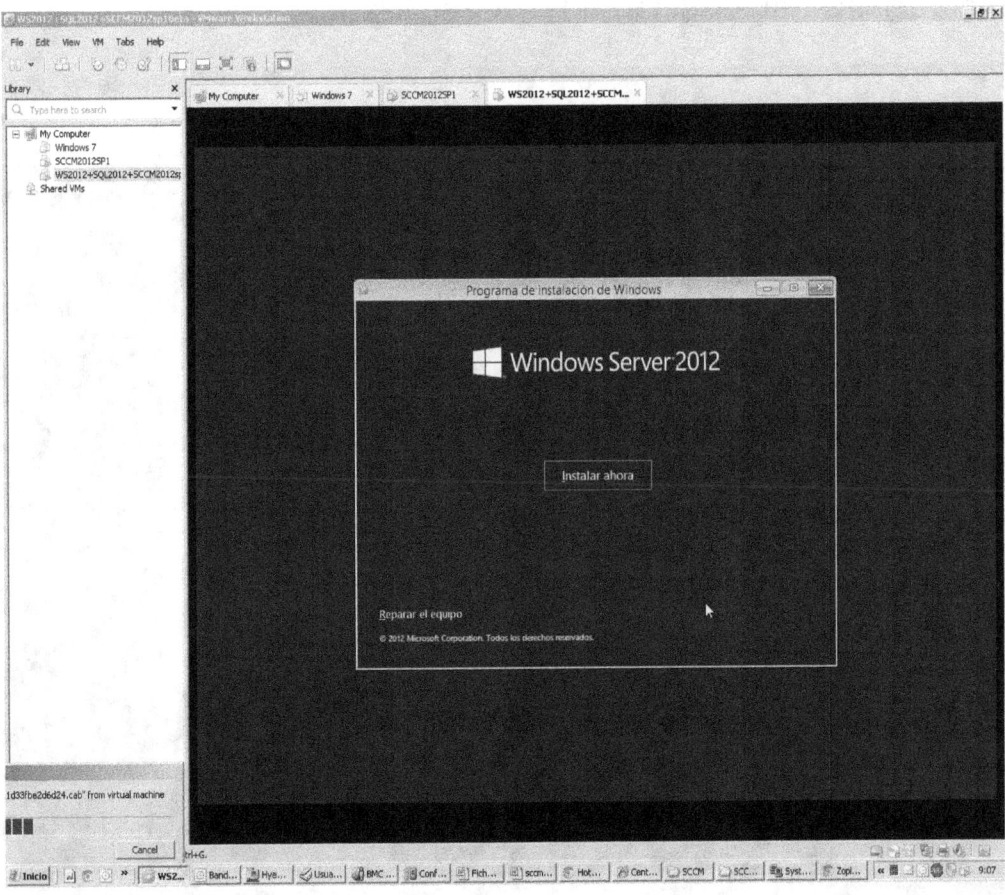

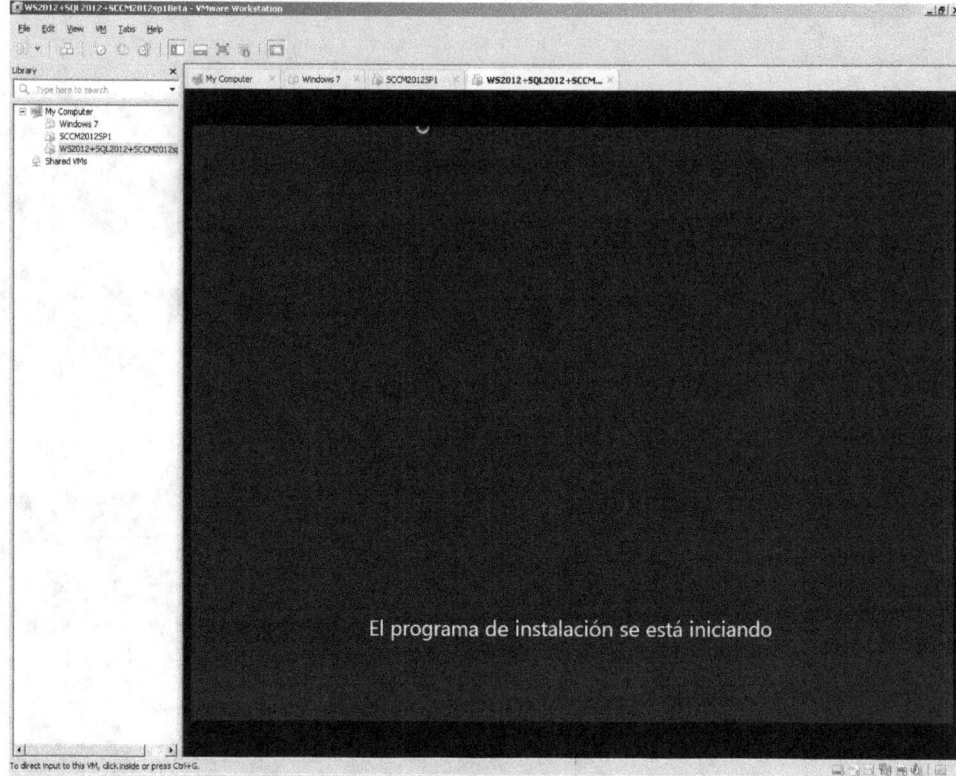

Seleccionar "Hacer una instalación nueva" comenzarán a copiarse los ficheros del sistema opertivo y ha realizarse las primeras configuraciones, al terminar el PC se reiniciará.

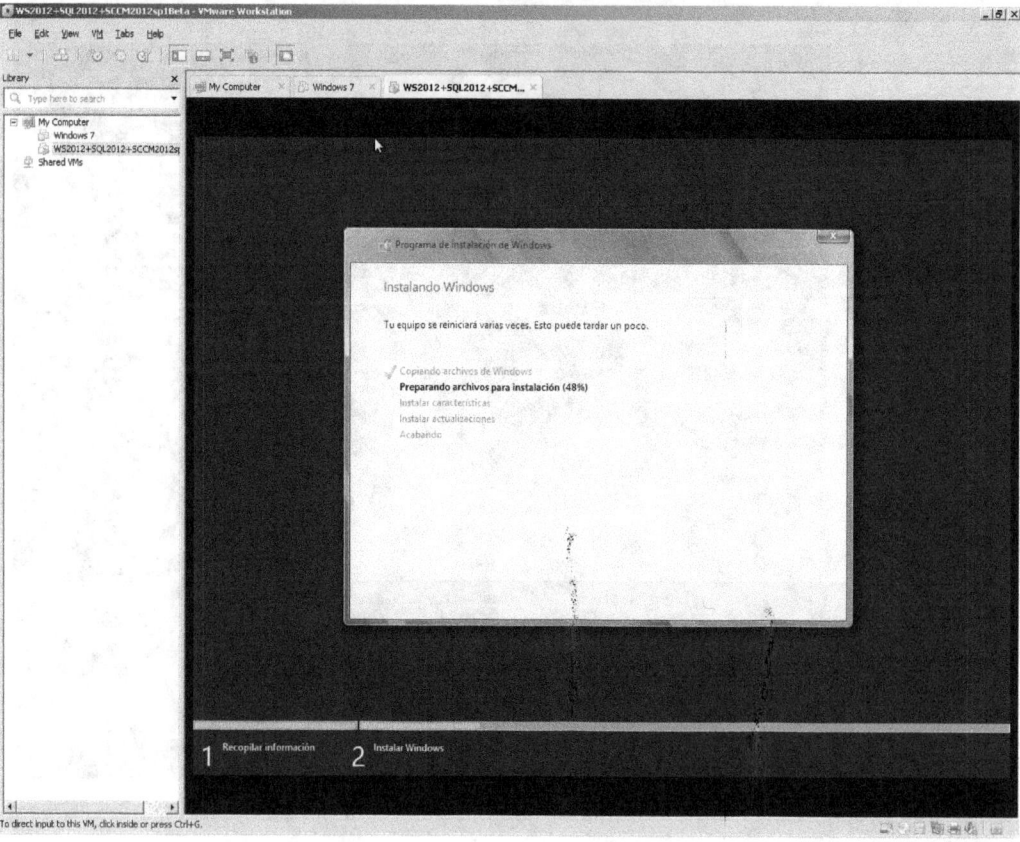

Una vez reiniciado el sistema se prepara para arrancar la primera vez.

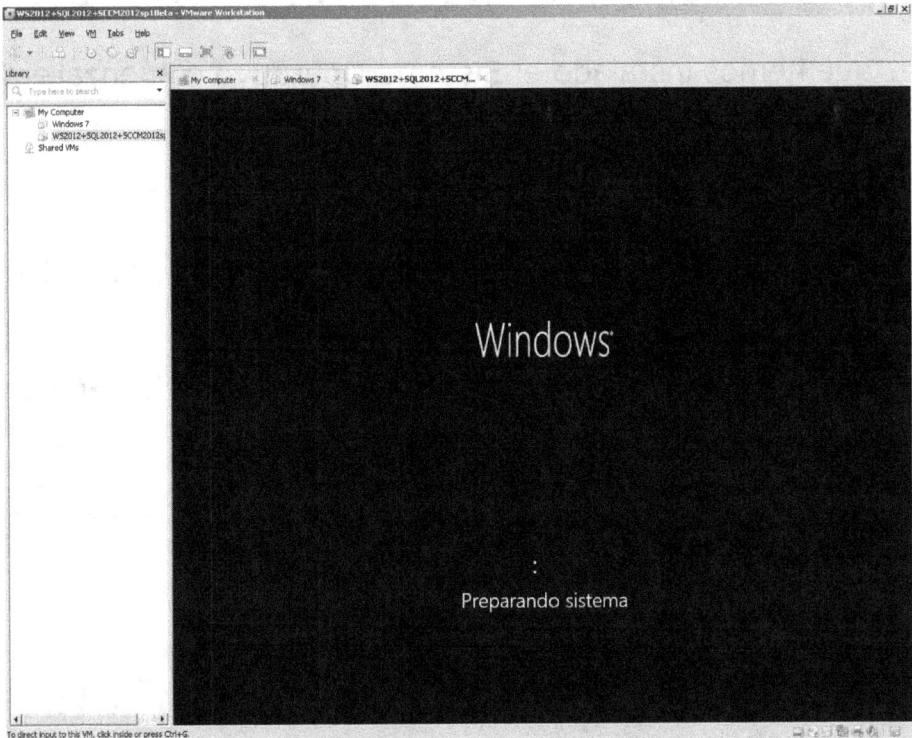

Introducir Contraseña usuario "**Administrador**"

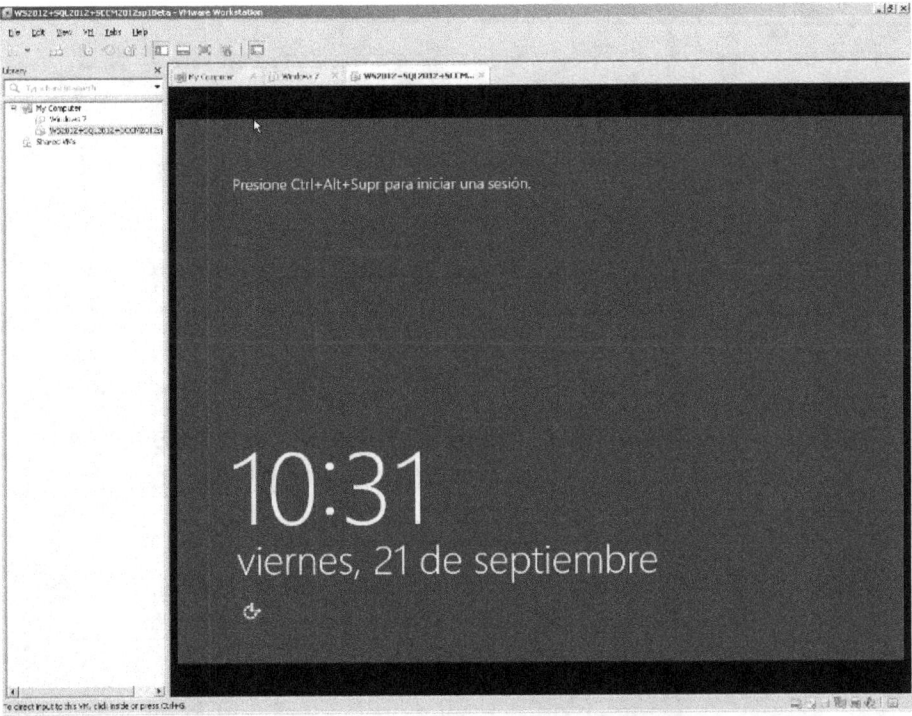

↓ 3. CONFIGURACION WINDOWS SERVER 2012

Una vez que hemos instalado el Sistema Operativo comenzaremos con las configuraciones iniciales.

▷ **Tareas Iniciales:**

Utilizaremos el usuario "administrador". Recomendable en entornos reales utilizar otro.

Lo primero que tenemos que hacer es ir a la pantalla de "**Sistema**" de nuestro servidor:

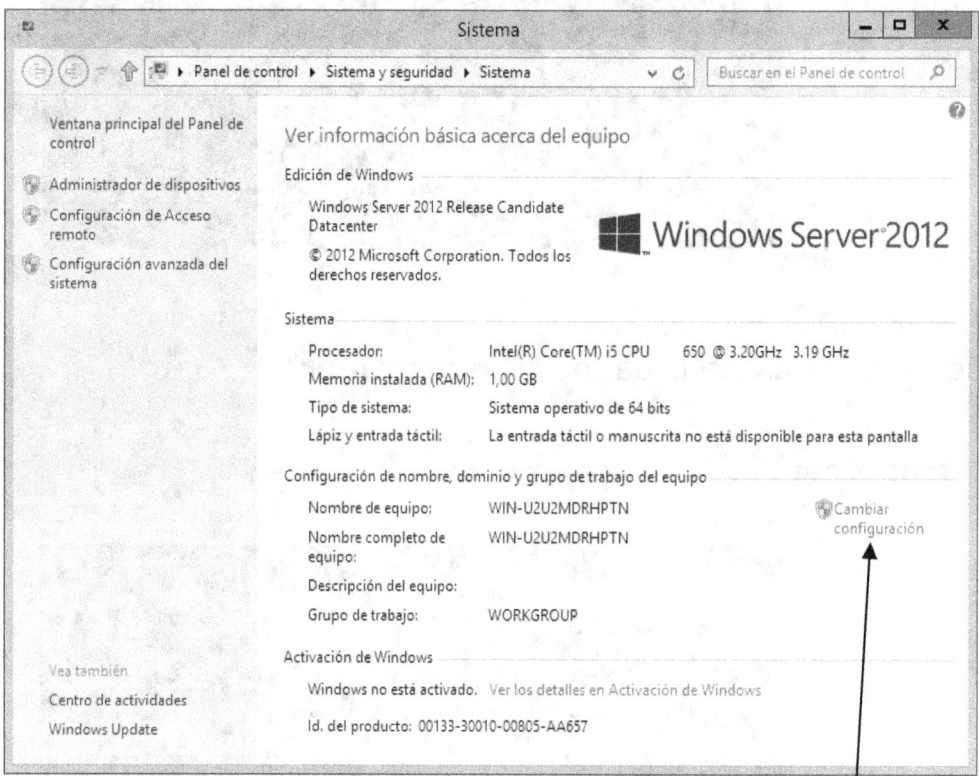

El primer paso es cambiar el nombre del equipo para ello en la ventana de **sistema** pulsa en "**Cambiar Configuración**"

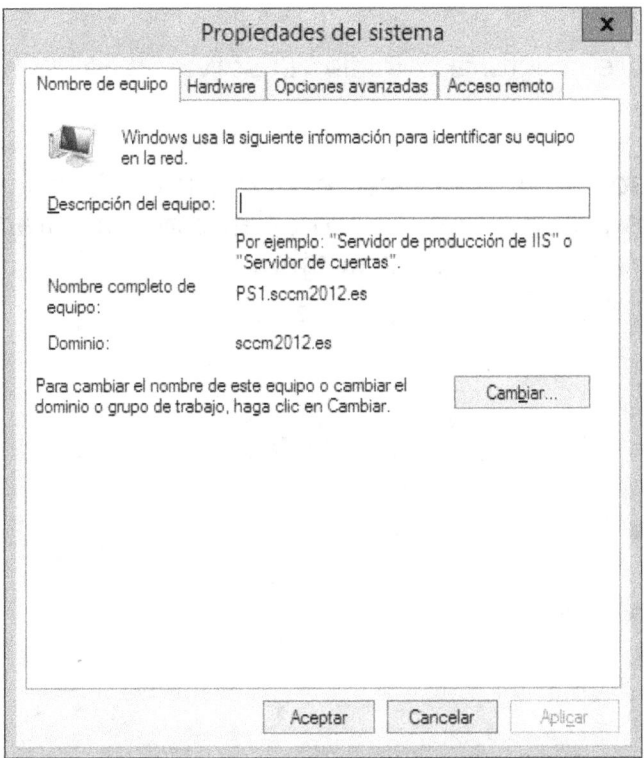

Y en "**Nombre de equipo**" pulsa en "**Cambiar**":

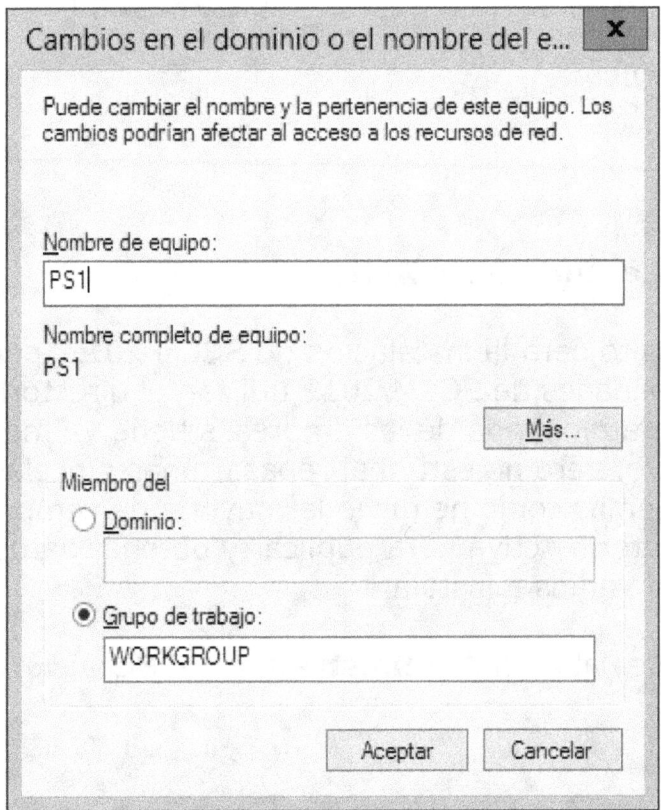

El nombre que he seleccionado para esta práctica es "PS1" ya que será un sitio primario.

Cuando acabes te solicitará reiniciar el servidor. No la hagas aún.

El siguiente paso es dar a nuestro servidor una dirección IP fija, para ello vamos a las propiedades de red de nuestro adaptador e introducimos los datos como en el ejemplo:

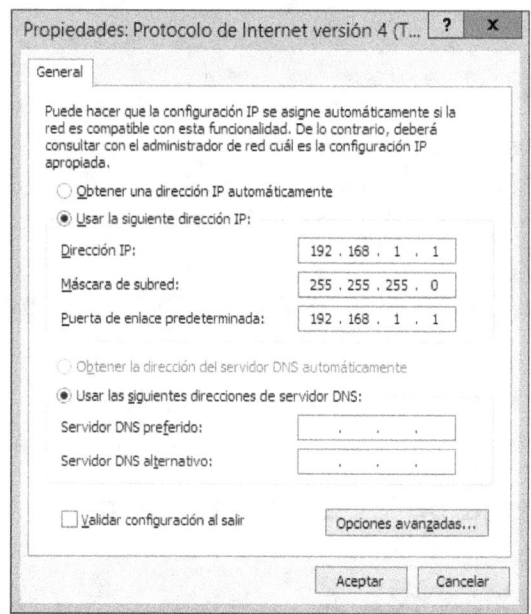

Reiniciar el Servidor.

> **Instalar el Directorio Activo:**

No es un requisito para la instalación de SCCM 2012, pero la mayoría de las funcionalidades de SCCM 2012 utilizan el directorio activo. En la realidad la gran mayoría de las empresas tiene ya montado el Directorio Activo, pero no está mal repasar unas pinceladas sobre su instalación. Además como he dicho la mayoría de componentes utilizan el Directorio Activa para publicar y obtener datos así que para esta práctica lo vamos a instalar.

El primer paso es abrir el **Administrador del Servidor** de Windows Server 2012:

Instalación de System Center Configuration Manager 2012 Service Pack 1 Beta

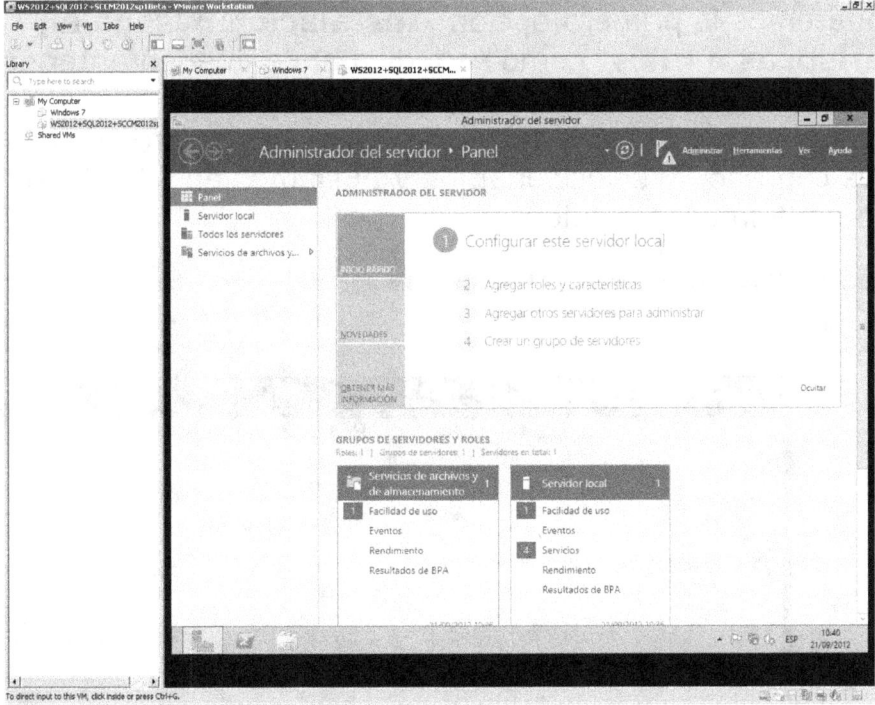

Pulsamos en "**Administrar**" y seleccionamos "**Agregar Roles y Características**".

Aparecerá el siguiente asistente:

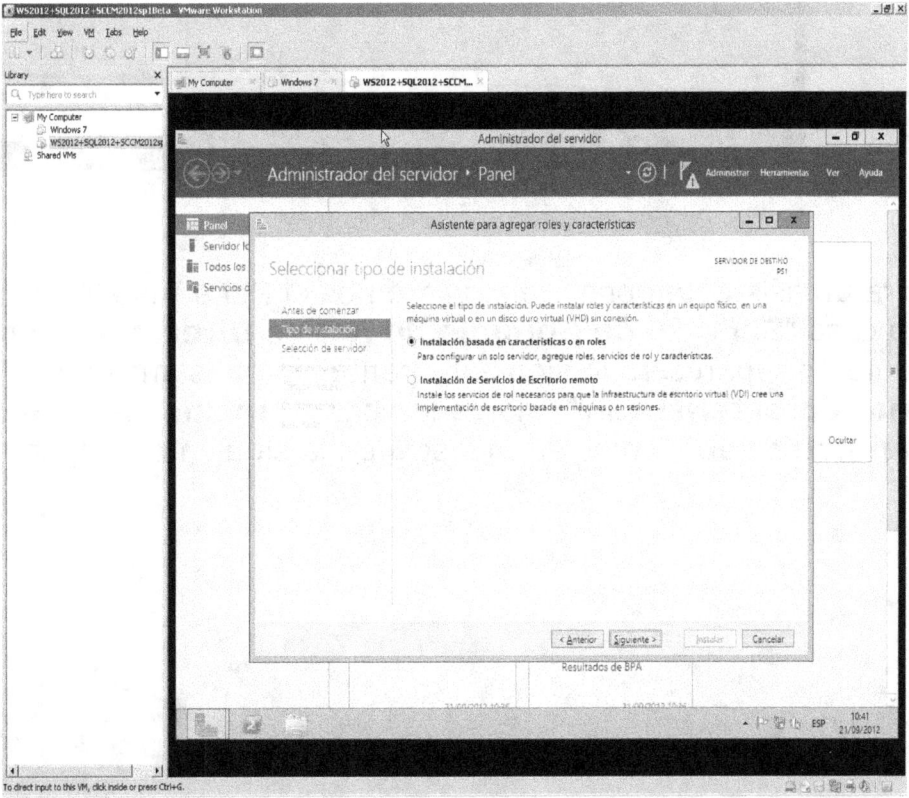

Seleccionaremos la primera opción "**Instalación basada en características o roles**" como se indica en la imagen anterior.

El siguiente paso es seleccionar el servidor. En nuestro caso solo contamos con uno, lo seleccionamos y pulsamos en "Siguiente" como se indica en la imagen siguiente:

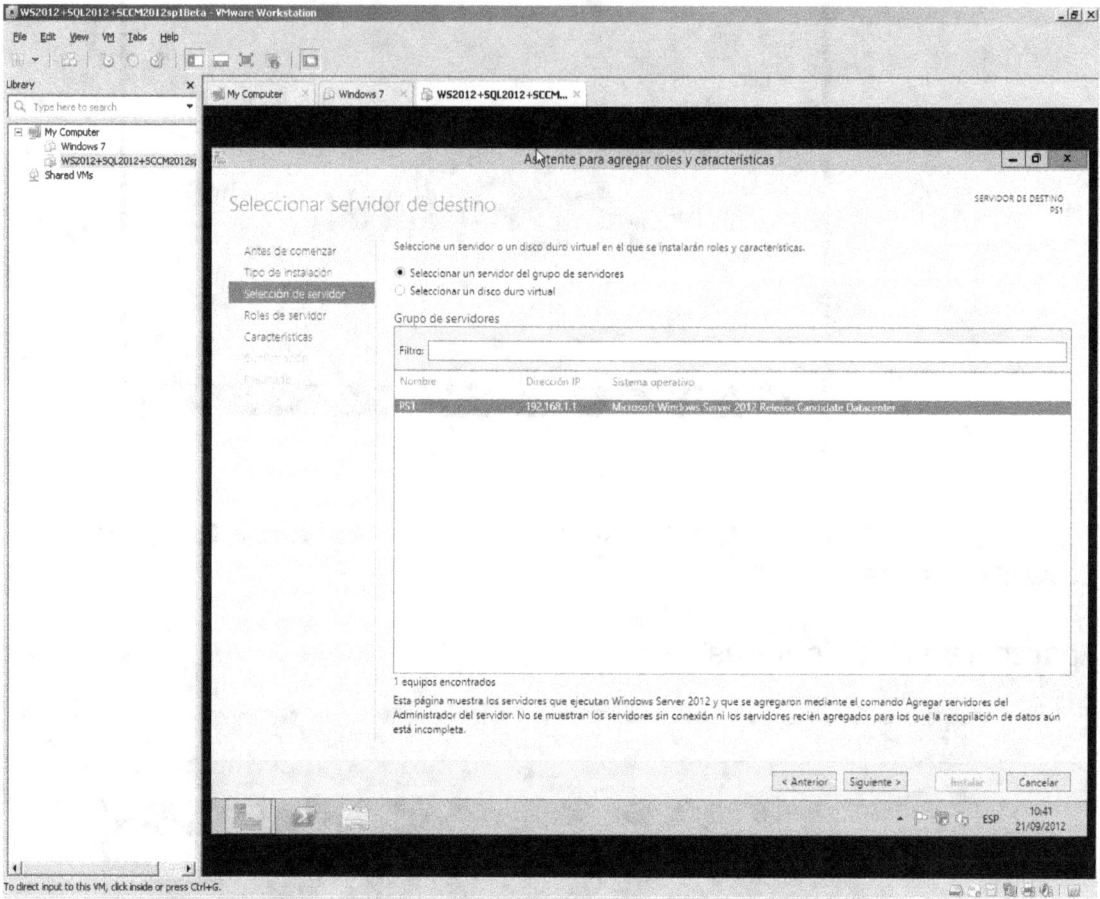

Se abrirá un asistente donde le indicaremos el Rol a Instalar en nuestro caso "**Servicio de Dominio de Active Directory**", al pulsar en "Siguiente" aparecerá la siguiente pantalla y pulsamos en "**Agregar Características**" (marca la opción "**Incluir herramientas de administración**") como se muestra en la siguiente imagen:

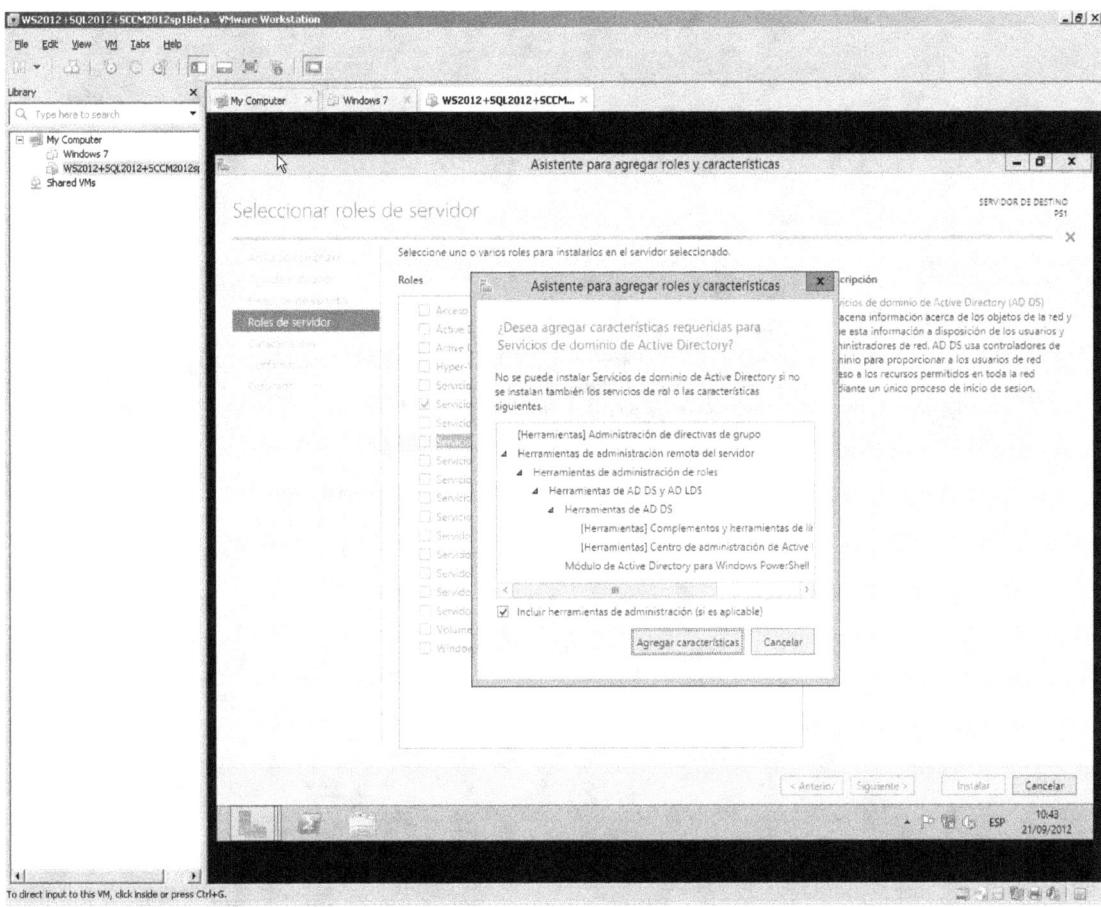

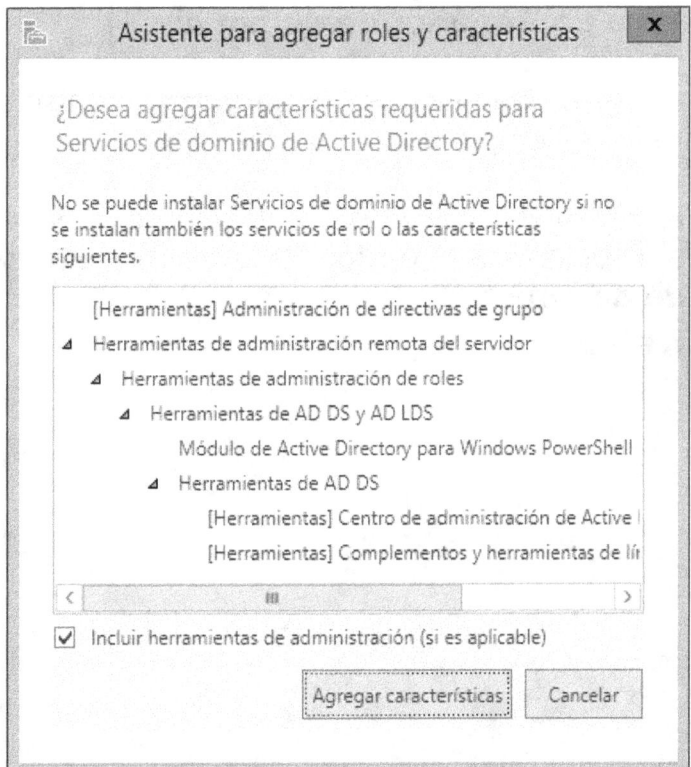

Comenzará el proceso de instalación:

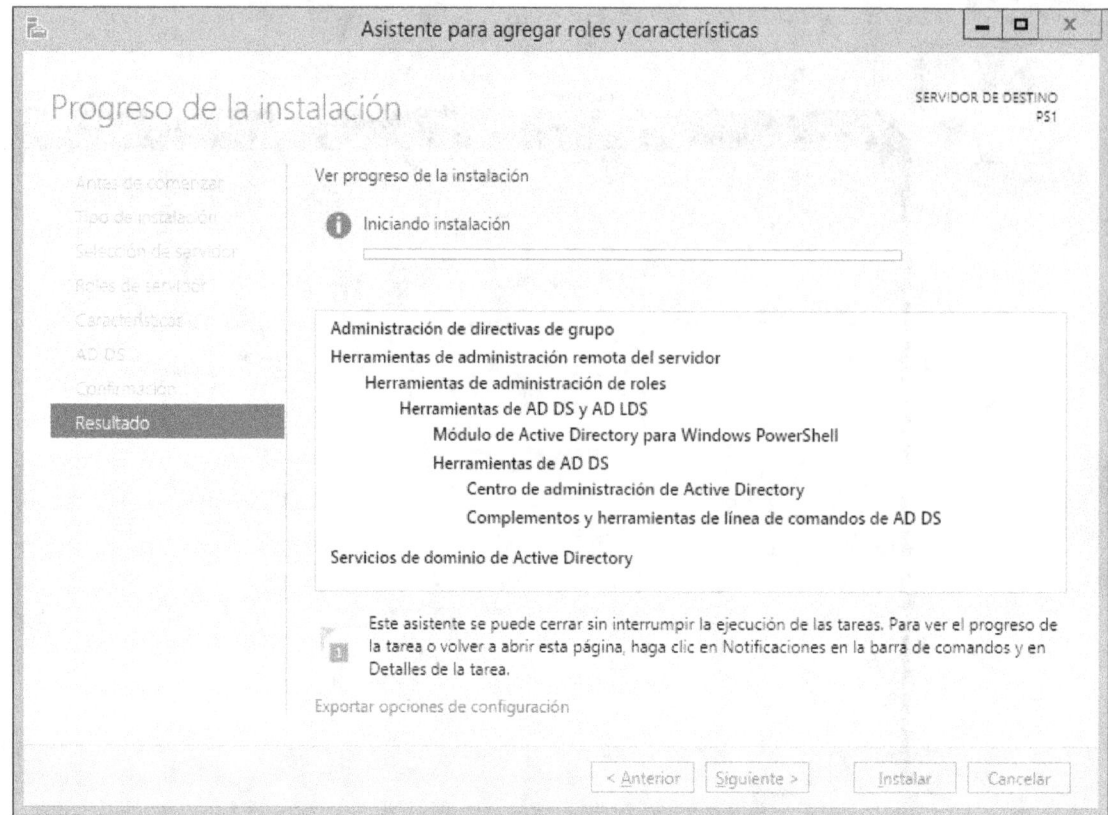

> **Promover a Controlador de dominio:**

El siguiente paso es promover nuestro servidor a controlador de dominio. En nuestro ejemplo vamos a crear un bosque nuevo.

En el "**Administrador del servidor**" pulsa sobre la bandera en la parte de arriba y selecciona la opción "**Promover este servidor a controlador de dominio**"

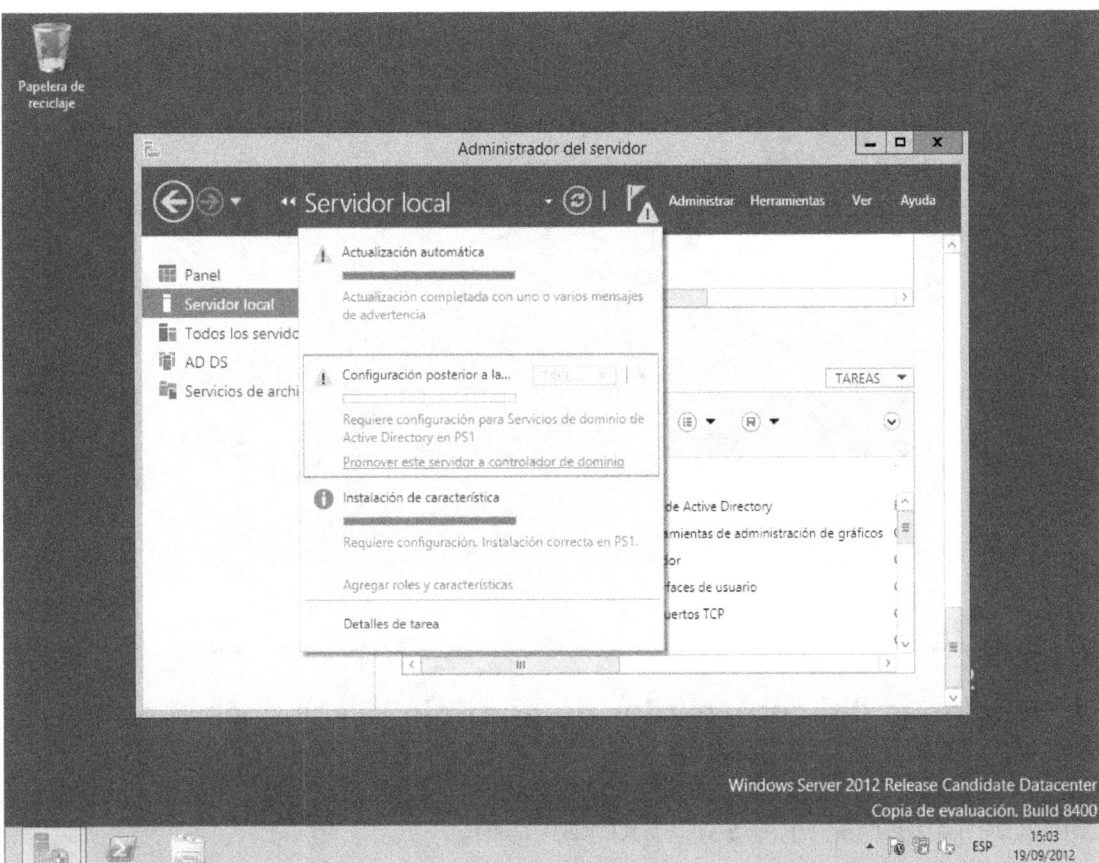

Se lanzará un asistente e iremos rellenando los campos como se van indicando en las siguientes pantallas pulsando en siguiente según vamos realizándolo:

En la primera pantalla seleccionamos "**Agregar un nuevo bosque**", e introducimos en el campo "**Nombre de dominio raíz**" el nombre que le daremos a nuestro nuevo Bosque, en nuestro ejemplo será "**sccm2012.es**":

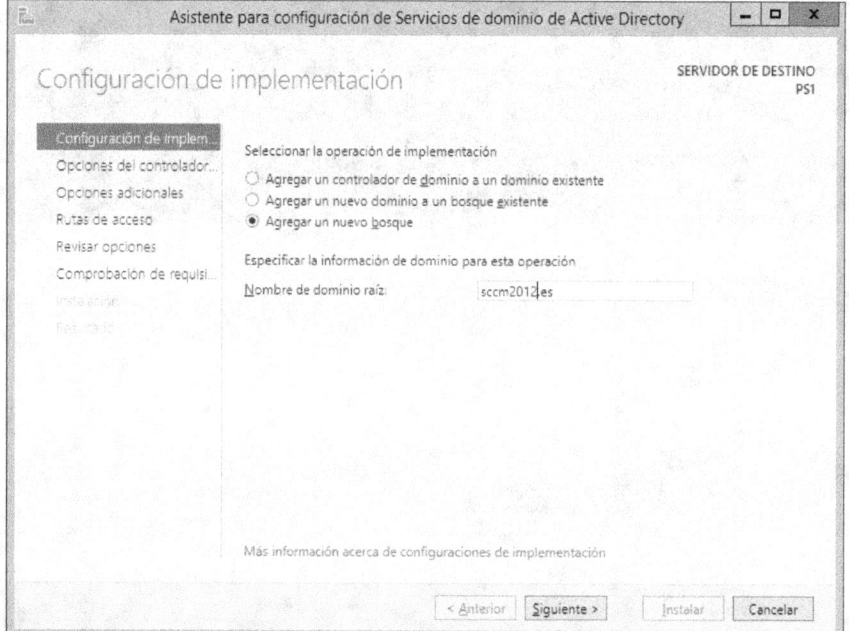

En "**Opciones del controlador de dominio**" elegiremos el nivel funcional de nuestro bosque y la instalación del DNS (Sistema de nombres de dominio) y elegiremos una contraseña de recuperación como se muestra en la siguiente imagen:

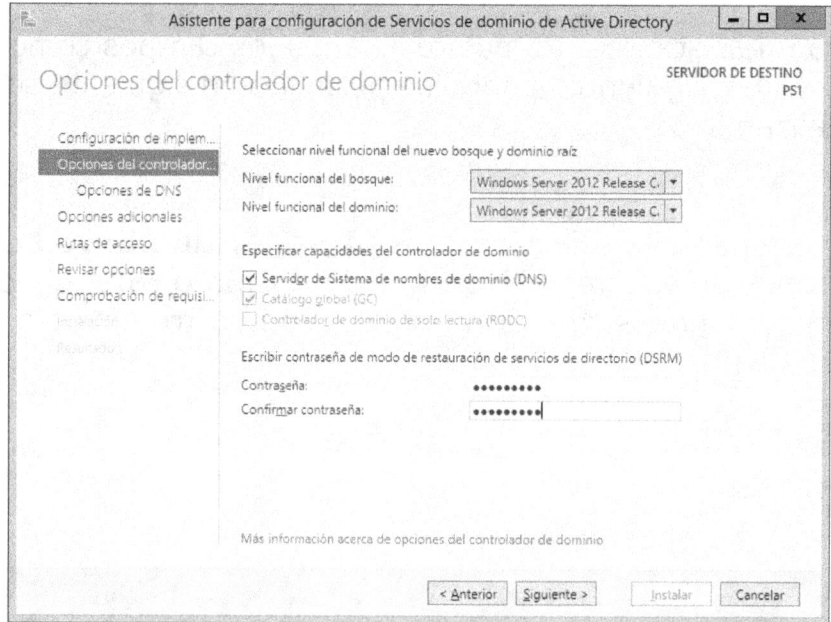

En las opciones de DNS las dejamos como están y pulsamos en "Siguiente":

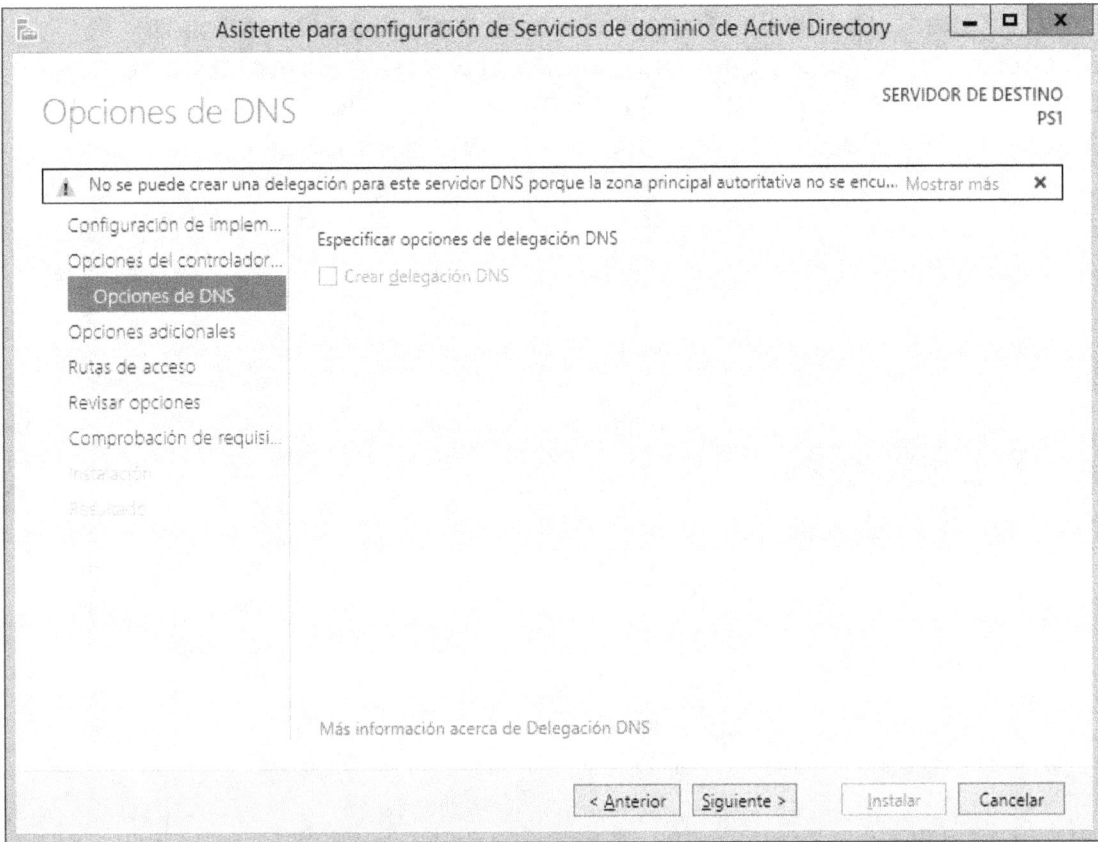

En el apartado de "**Opciones adicionales**" seleccionamos el nombre NTBIOS para el dominio:

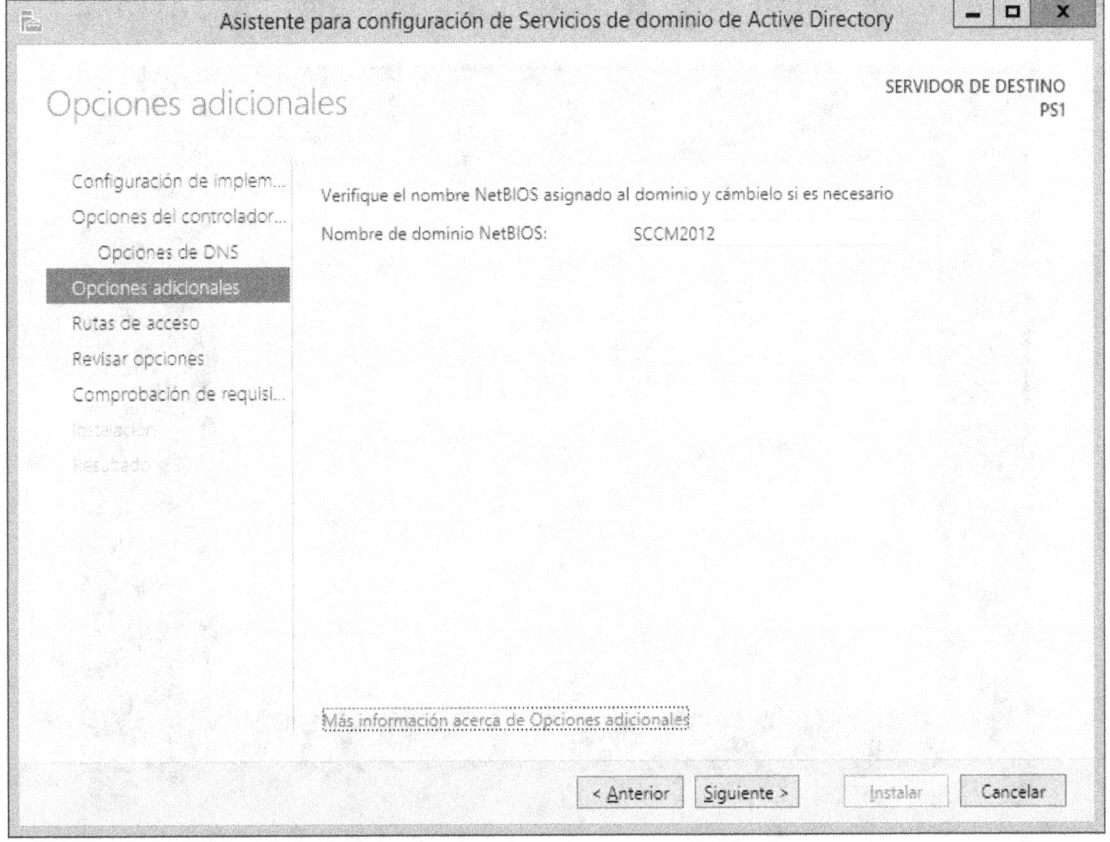

En la siguiente pantalla "**Rutas de acceso**" seleccionamos la ubicación de los componentes del Directorio Activo, en nuestra práctica solo tenemos un disco duro con una única partición, así que dejamos los valores por defecto como aparece más abajo:

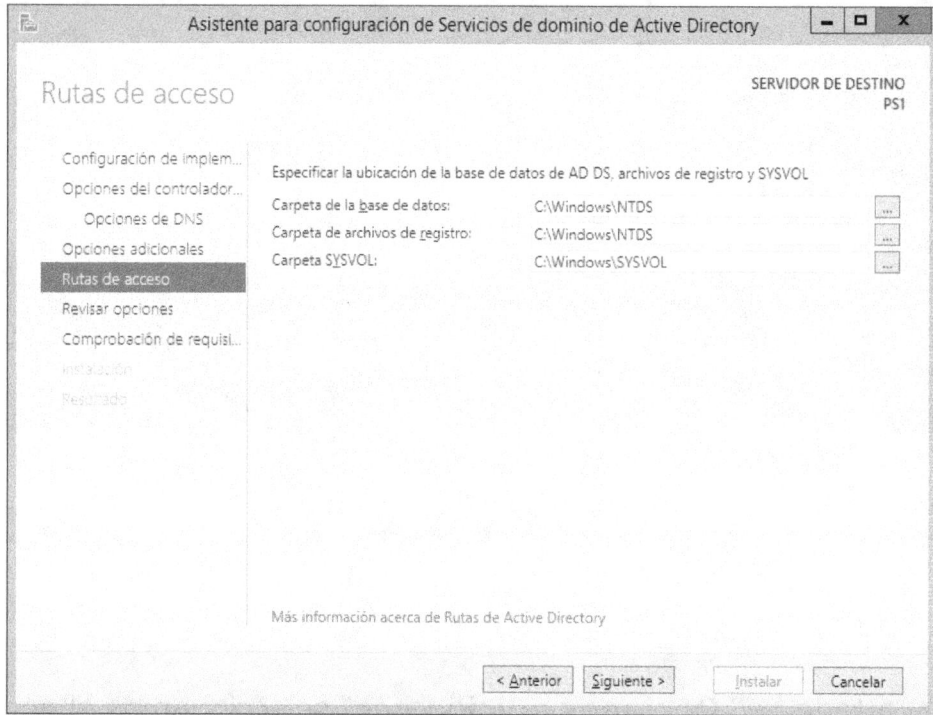

Por último en la ventana de "**Instalación**" pulsamos en "**Instalar**"

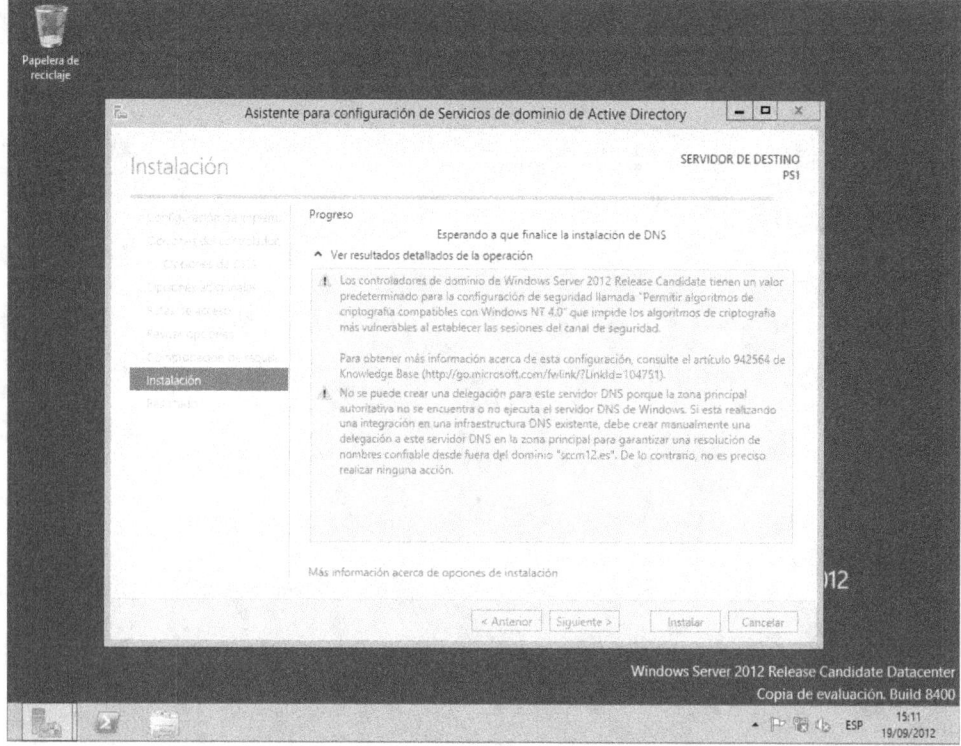

Al acabar la instalación se reinicia el Servidor.

Una vez reiniciado ya podemos acceder al dominio creado con la cuenta "**Administrador**"

En entornos de producción es recomendable instalar el servicio DHCP de asignación de direcciones IP, en esta práctica no lo vamos a llevar a cabo.

4. Instalación de Roles y Características necesarias para que funcione SCCM 2012 SP1 Beta:

Los requisitos previos que hay que llevar a cabo antes de instalar SCCM 2012 SP1 Beta son los siguientes:

- Microsoft .NET Framework 3.5.1
- IIS (Internet Information Server).
- BITS (Background Intelligent Transfer Service).
- Comprensión Diferencial Remota (RDC: Remote Differential Compression).
- WDS (Windows Deployment Services)
- WAIK. Kit de instalación automatizada de Windows.
- WSUS. Windows Software Update Services. (Solo en el caso de utilizar Software Update de SCCM 2012)

Nota: *Microsoft .NET Framework 4.0 como mínimo es requerido para versiones de Servidor anteriores a Windows Server 2012.*

Instalación de Microsoft NET FRAMEWORK 3.5:

El primer paso es abrir el **Administrador del Servidor** de Windows Server 2012:

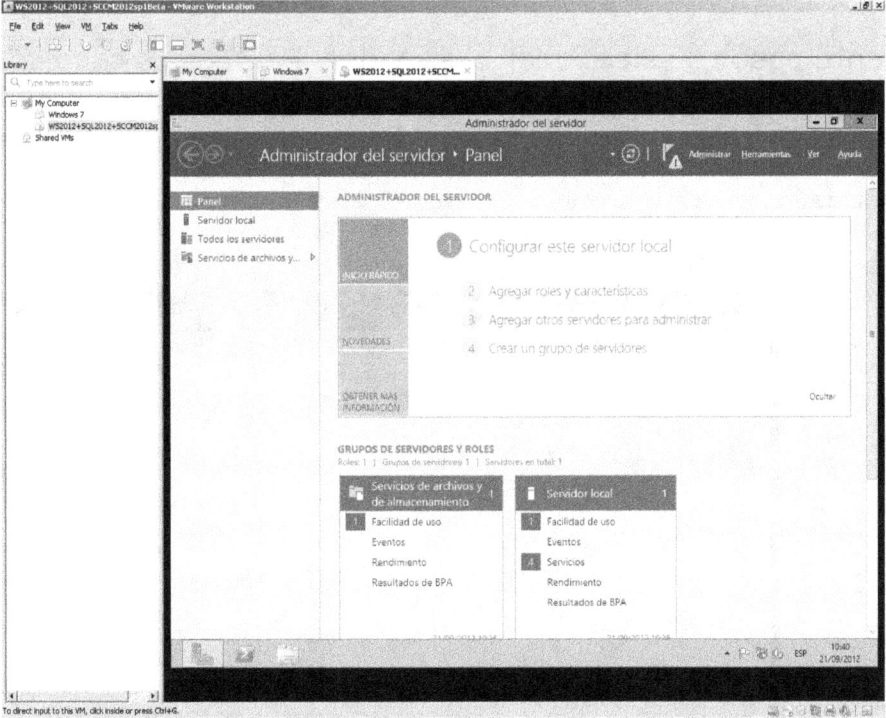

Pulsamos en "**Administrar**" y seleccionamos "**Agregar Roles y Características**".

Aparecerá el siguiente asistente:

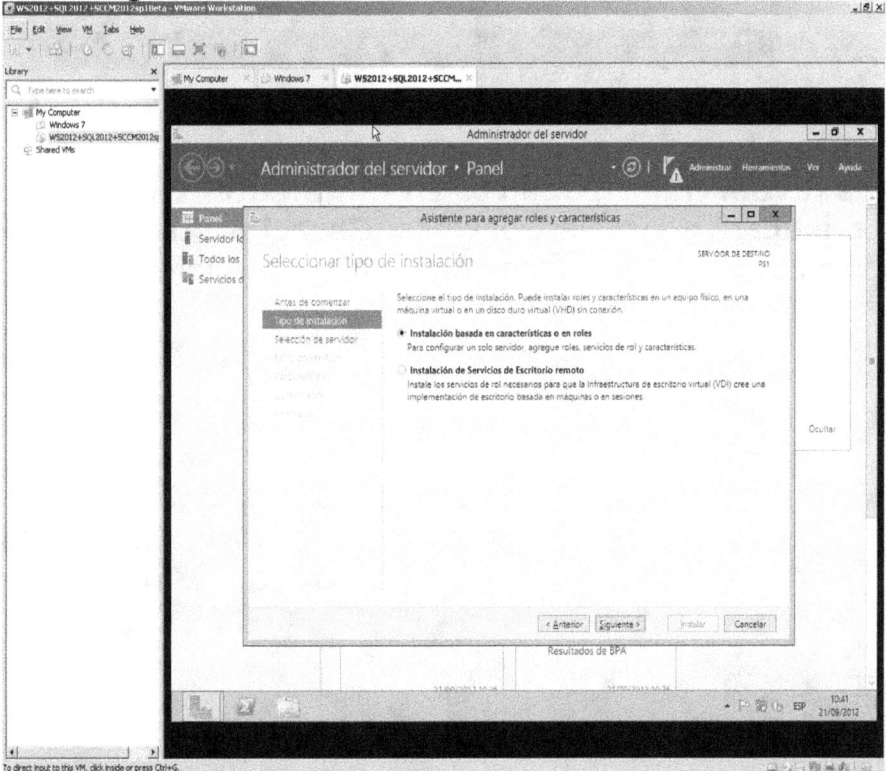

Seleccionaremos la primera opción "**Instalación basada en características o roles**" como se indica en la imagen anterior.

El siguiente paso es seleccionar el servidor. En nuestro caso solo contamos con uno, lo seleccionamos y pulsamos en "Siguiente" como se indica en la imagen siguiente:

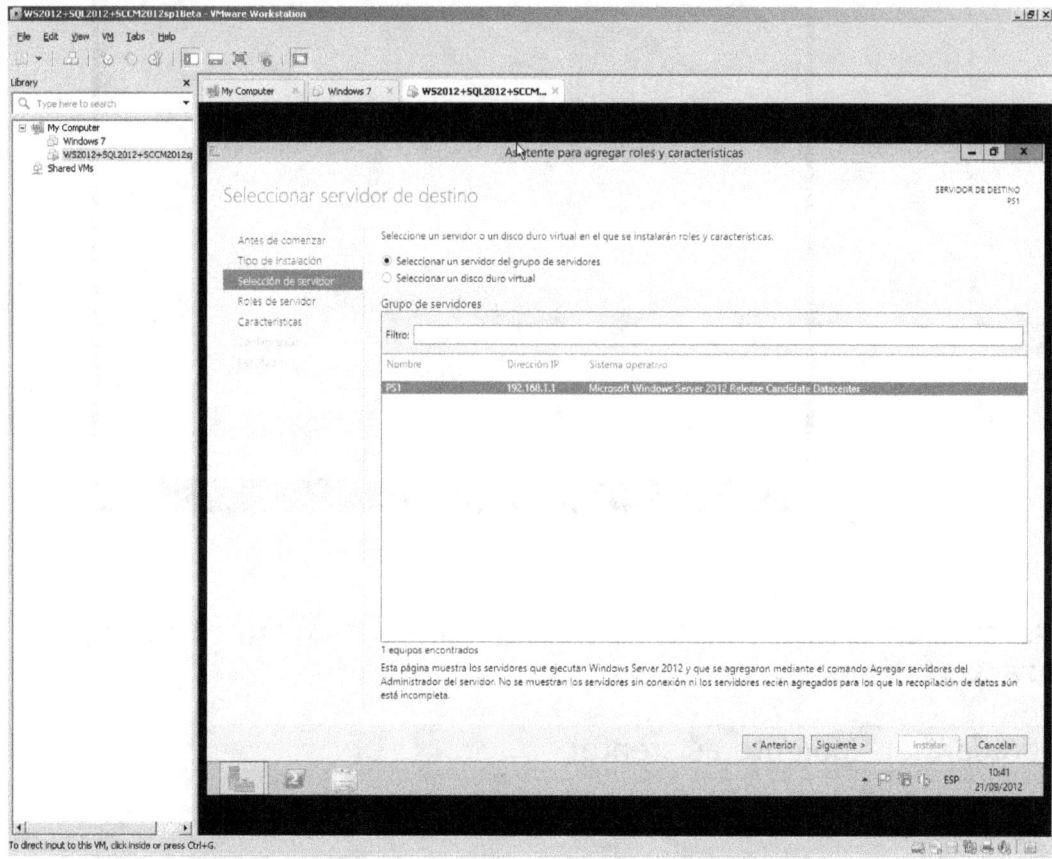

En "**Roles de Servidor**" pulsamos en "**Siguiente**" y vamos a "**Características**" aquí seleccionamos "**Características de .NET Framework 3.5**" como se muestra en la imagen inferior:

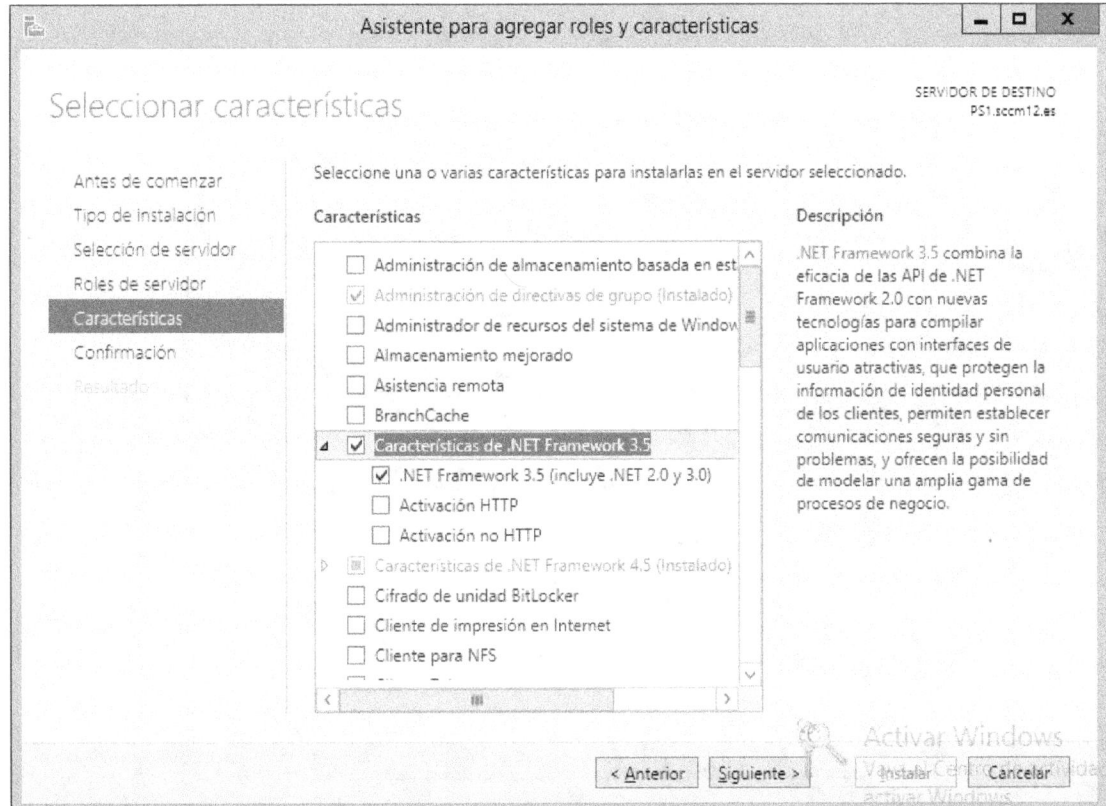

Al pulsar en siguiente nos muestra la siguiente pantalla, pinchamos en **"Especifique una ruta de acceso de origen alternativa"**;

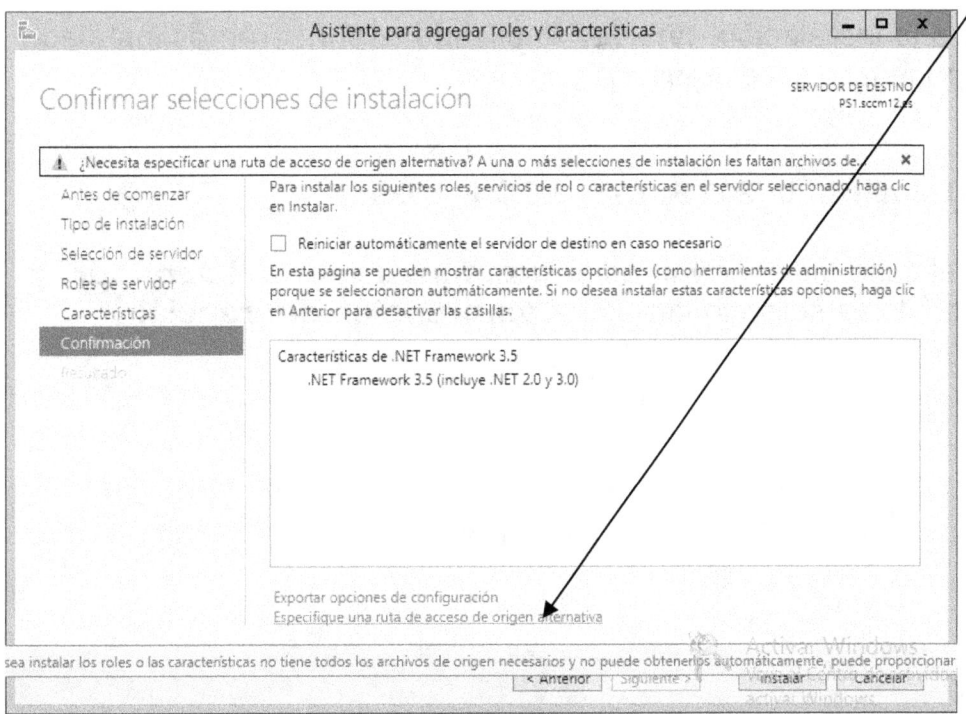

Aparecerá la pantalla siguiente:

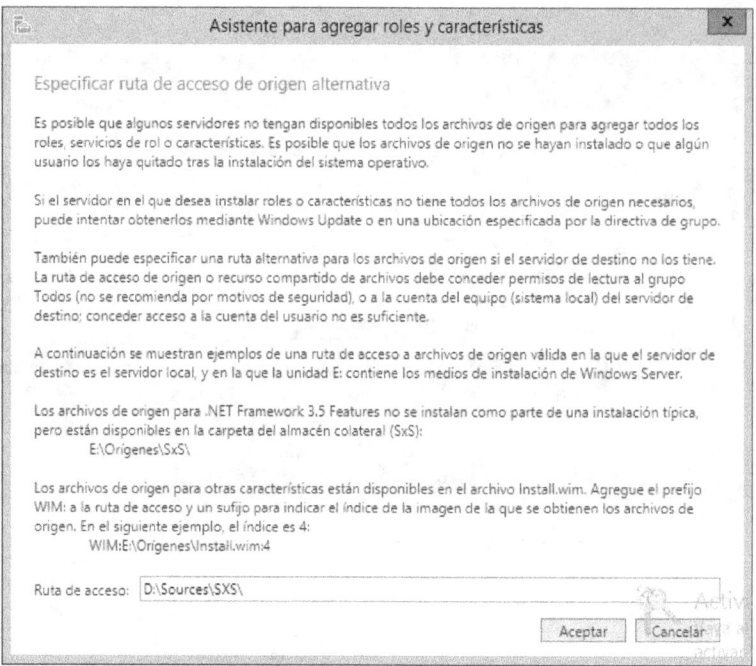

Introducir el DVD de Windows Server 2012 en la unidad de DVD y en el campo "Ruta de acceso" hay que indicar la ruta: "D:\Sources\SxS" Donde "D" es la unidad de nuestro DVD Rom.

Comenzará la instalación, una vez finalizada continuaremos instalado más componentes necesarios.

> **Instalación de BITS, ISS, RDC y WDS:**

Como en el caso anterior vamos al "**Administrador del servidor**" y en características seleccionamos: "**Comprensión diferencial remota**":

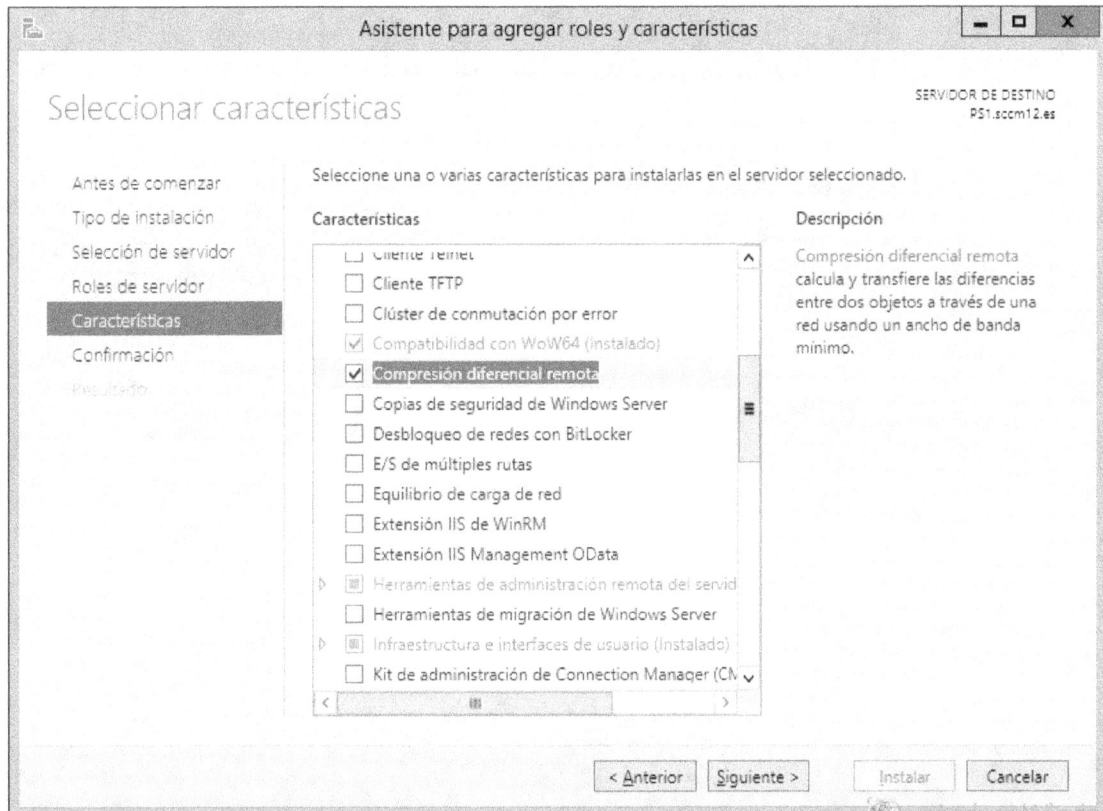

También seleccionamos " **Servicio de transferencia inteligente en segundo plano**", al seleccionar esta característica aparece el asistente para instalar **IIS**, pulsamos en "**Agregar características**":

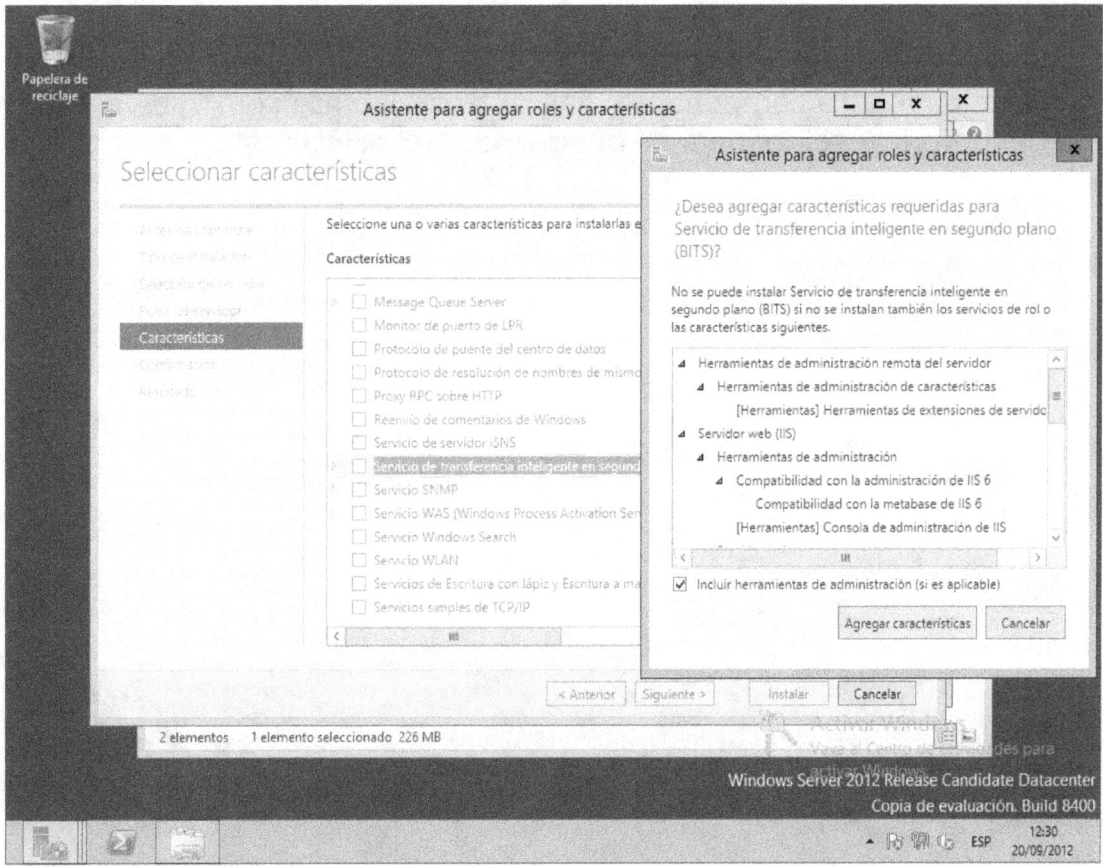

Debemos activar algunas opciones del Rol de Servidor Web IIS como son:

- **ASP (Páginas Active Server)**

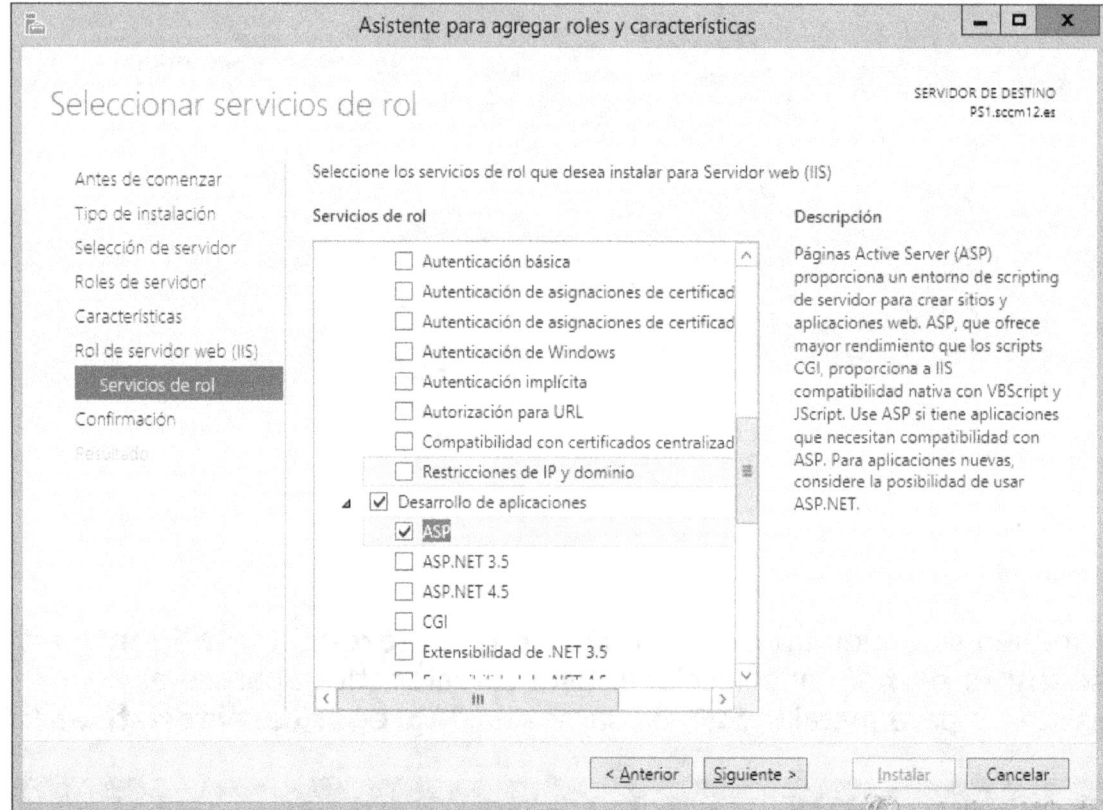

Al seleccionar este componente salta otro asistente como se ve en la imagen inferior, seleccionar "**Agregar características**":

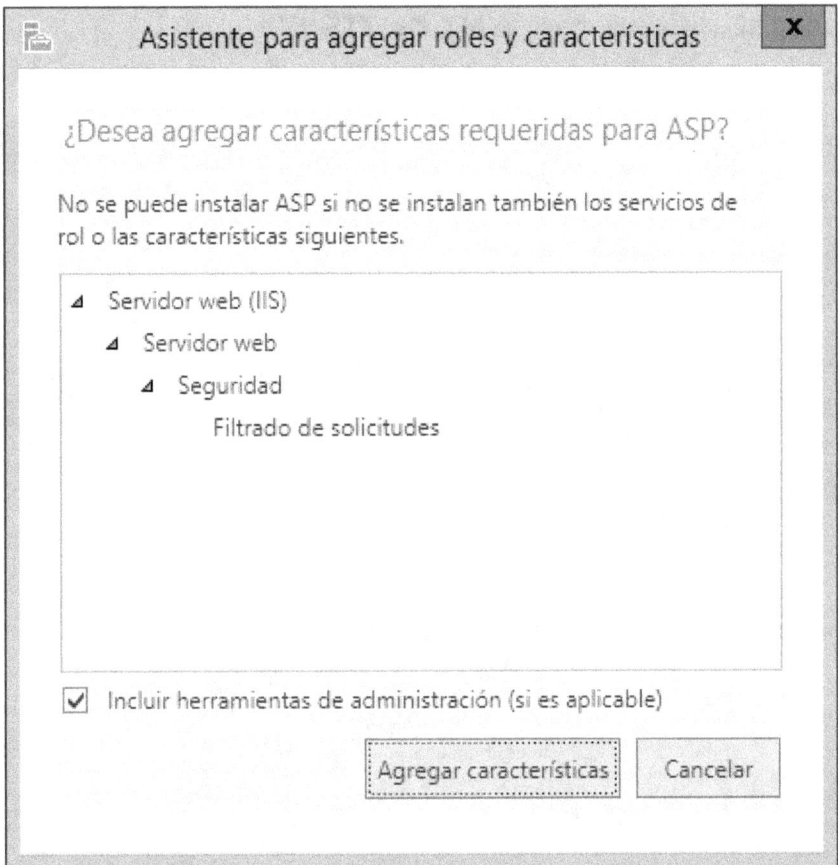

Otros componentes que tenemos que seleccionar del Rol IIS son:

- **"Autenticación de Windows"**:

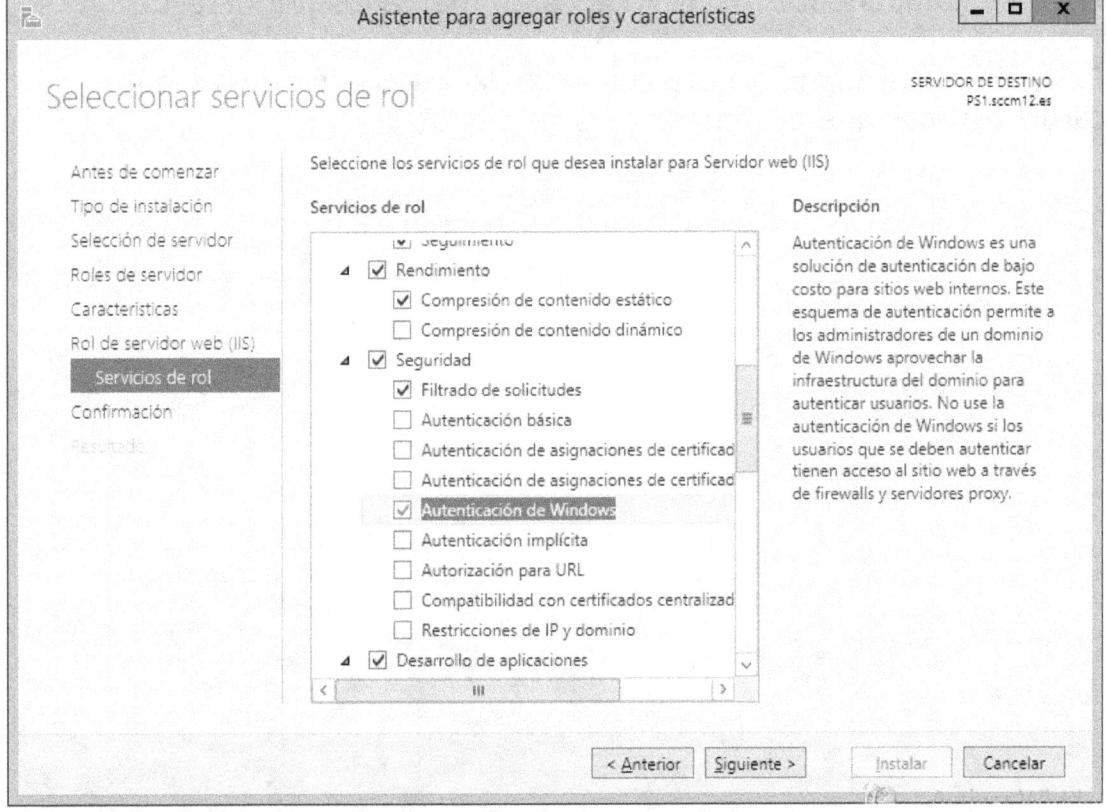

- **"Compatibilidad con WMI de IIS 6"**:

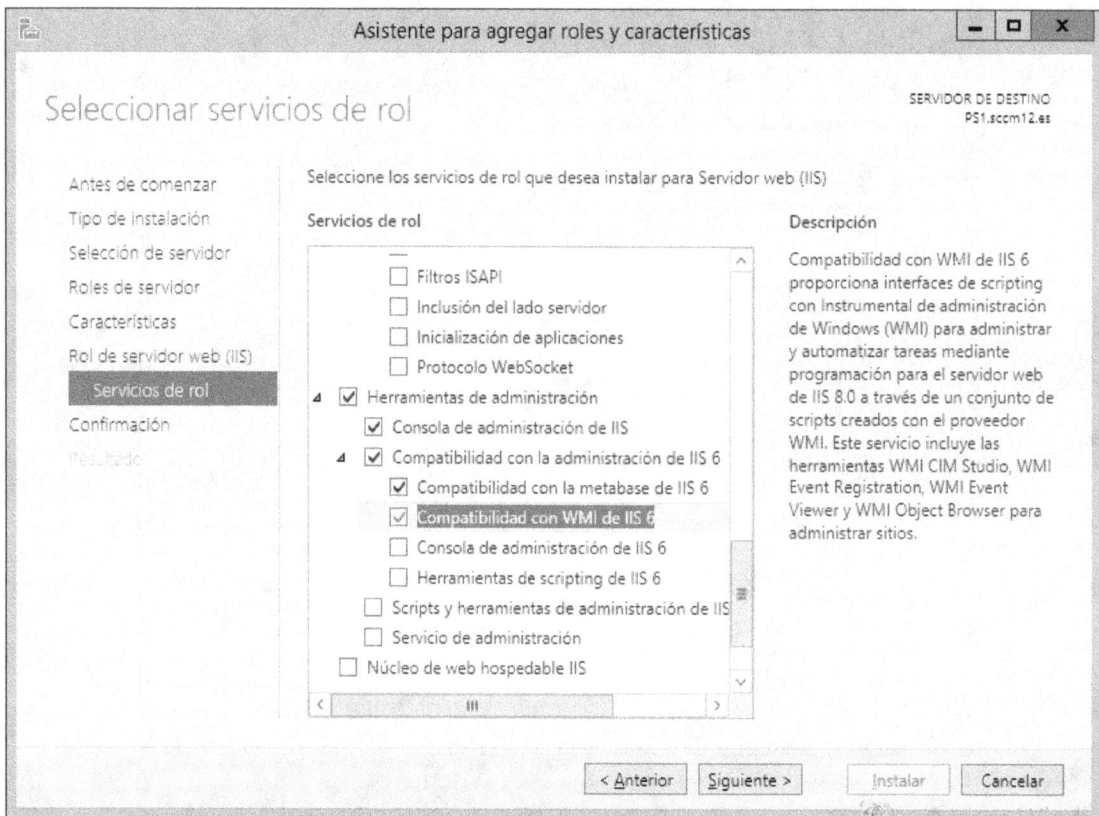

Estos son los componentes adicionales que tenemos que marcar, el resto de componentes necesarios están marcados por defecto.

Pulsa en **"Siguiente"** y dará comienzo la instalación de los roles y características que acabamos de seleccionar:

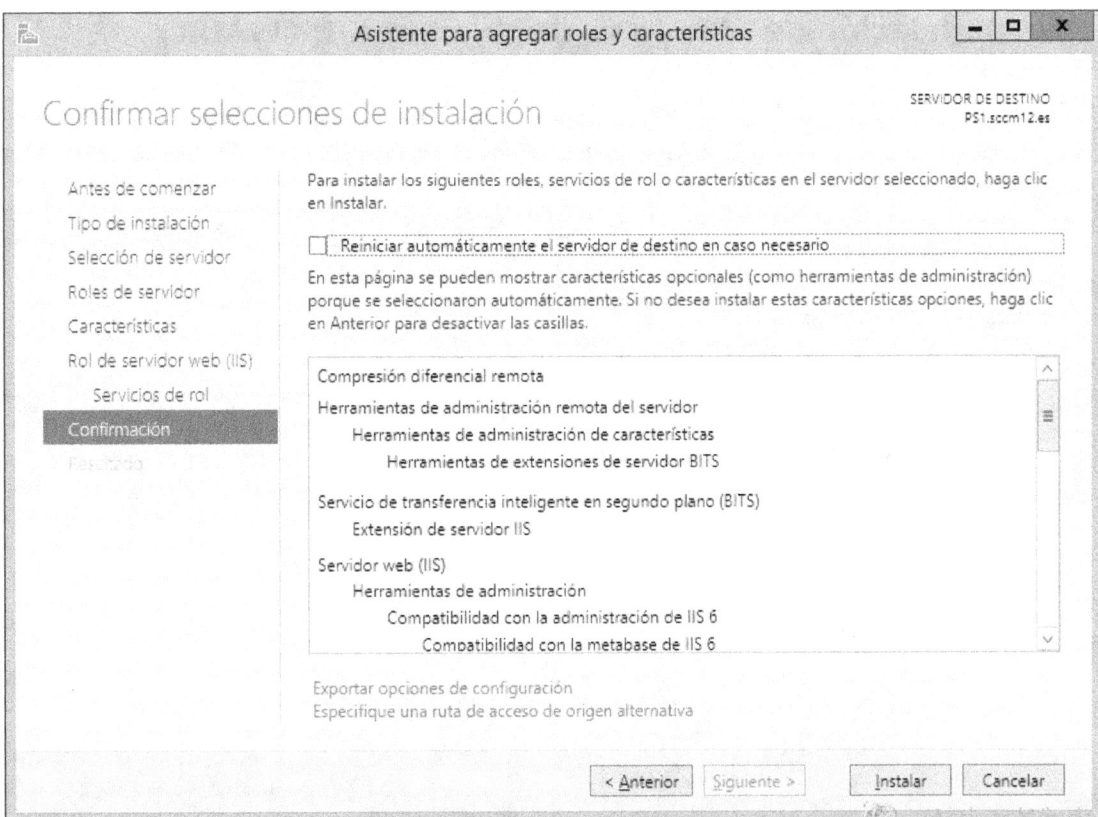

Pulsa en "**Instalar**" y verás una pantalla donde se muestra el progreso de la instalación:

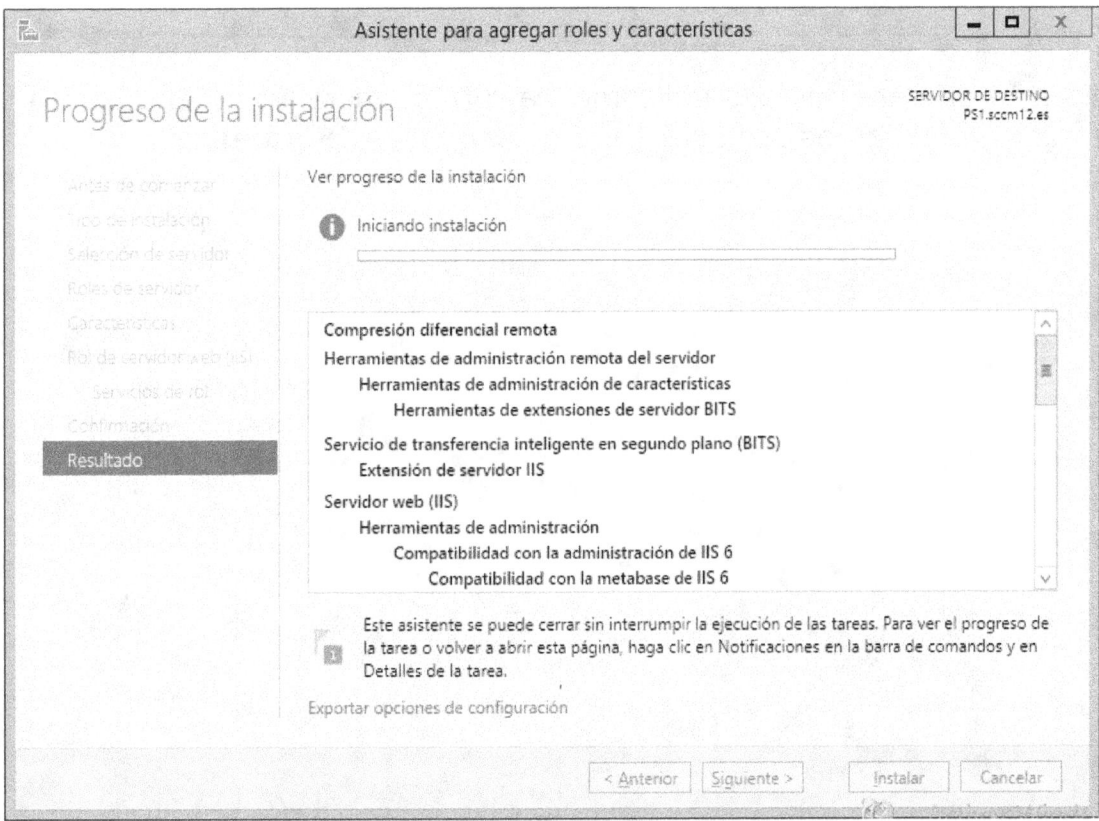

Instalación de Windows Deplyment Kit: (WADK)

Ejecuta el "**Setup.exe**" de la aplicación donde la tengas guardada después de su descarga, saltará el siguiente asistente de instalación:

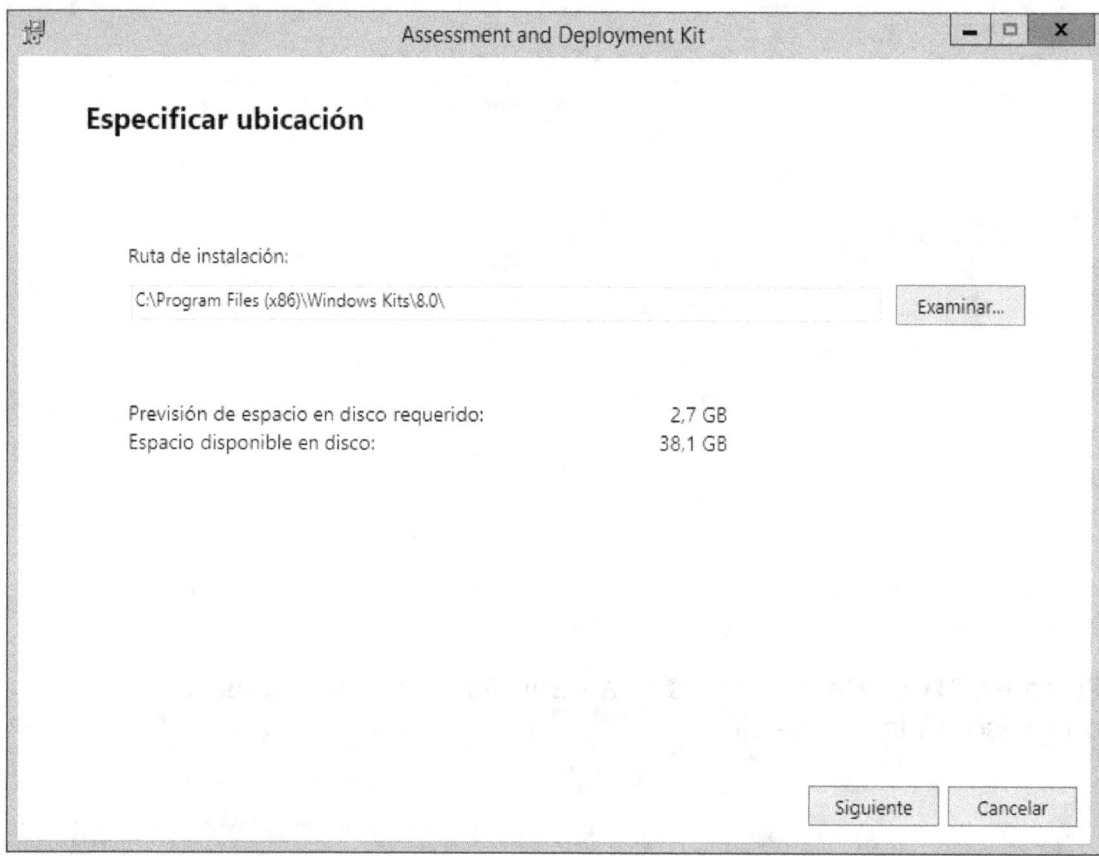

En esta primera pantalla indicamos la ruta de instalación, en nuestra práctica lo dejamos por defecto. Y pulsamos en "**Siguiente**":

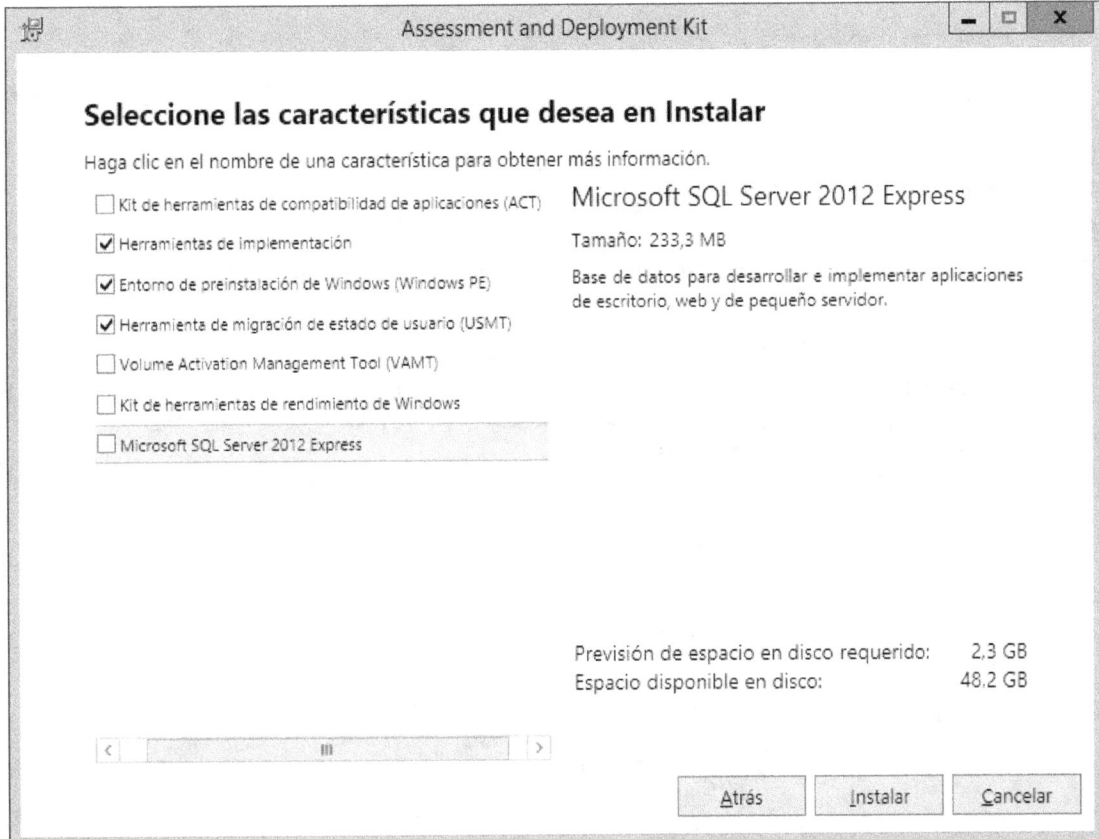

Seleccionamos las características a instalar, selecciona las tres características que aparecen en la imagen anterior que son las que vamos a necesitar y pulsa en "**Instalar**":

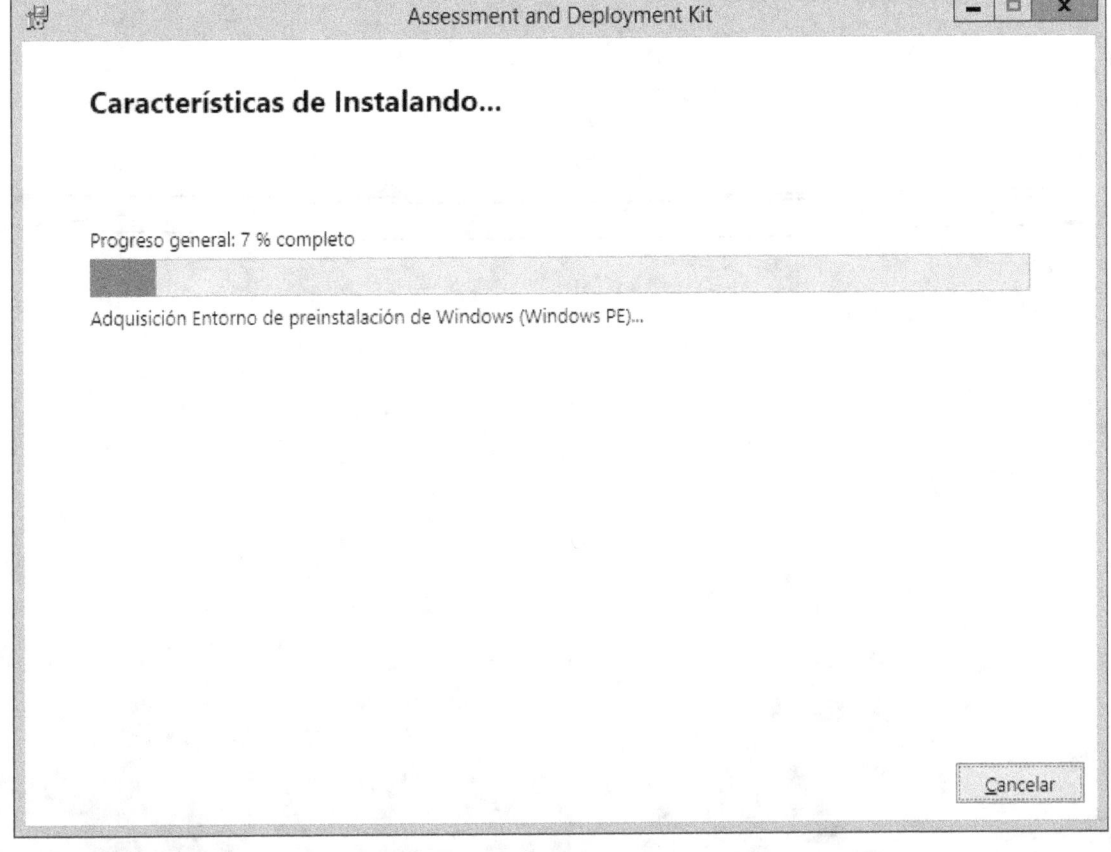

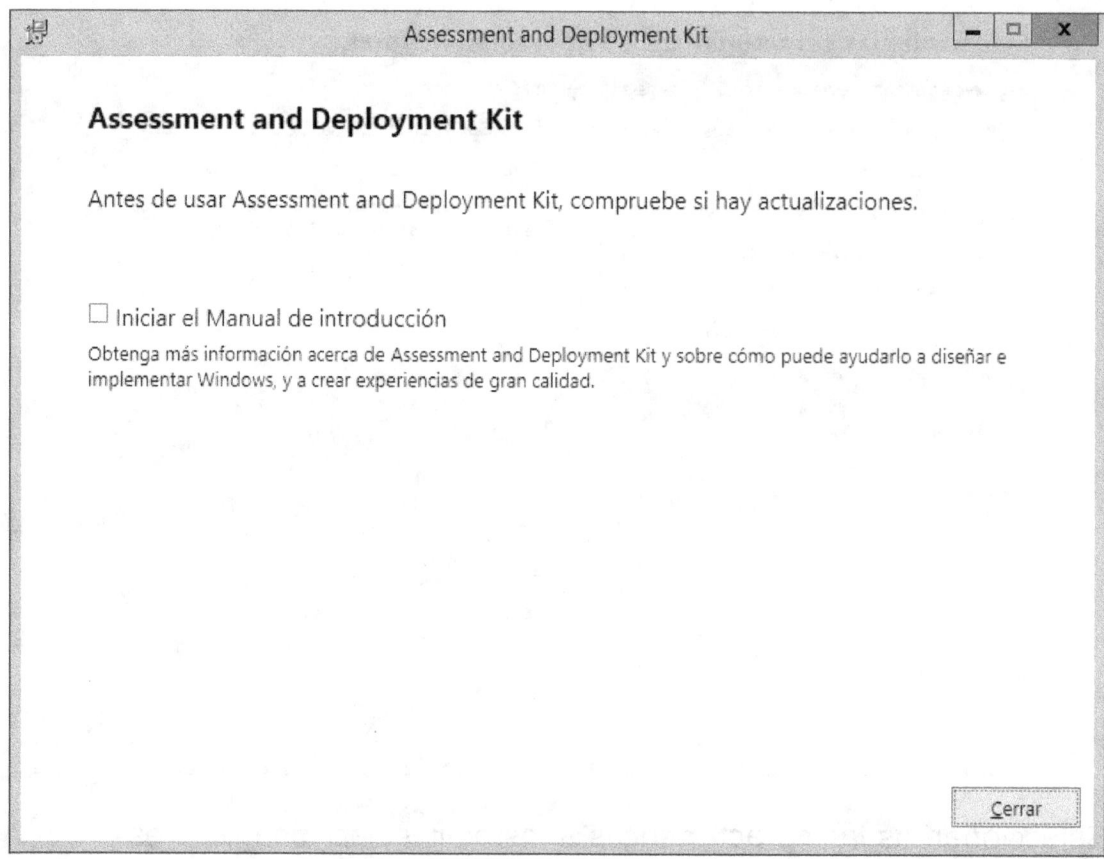

Una vez finalizada la instalación pulsa en "**Cerrar**"

✦ 5. Configuraciones adicionales:

Las siguientes configuraciones que vamos a realizar serán las de crear un grupo para incluir las cuentas de usuario y máquina para facilitar la administración a la hora de dar permisos. También vamos a extender el esquema del Directorio Activo para SCCM 2012, no es necesario hacerlo para instalarlo, pero para realizar muchas fuciones de SCCM 2012 es preciso extenderlo, así que lo voy ha hacer para que veas el proceso. También configuraremos el Firewall para que no de problemas las comunicaciones en SCCM 2012.

Lo primero es **Crear el Grupo "ConfigMgrServers"** y agregar Usuarios y Cuenta de máquina.

> **Crear el Grupo "ConfigMgrServers":**

Para ello vamos a "**Usuarios y equipos de Active Directory**", se accede a esta utilidad a través del "**Administrador del servidor**" en la pestaña superior "**Herramientas**".

En la consola de "**Usuarios y equipos de Active Directory**" nos situamos en la carpeta "**Users**", pulsamos con el botón derecho del ratón y seleccionamos "**Nuevo**"→"**Grupo**"

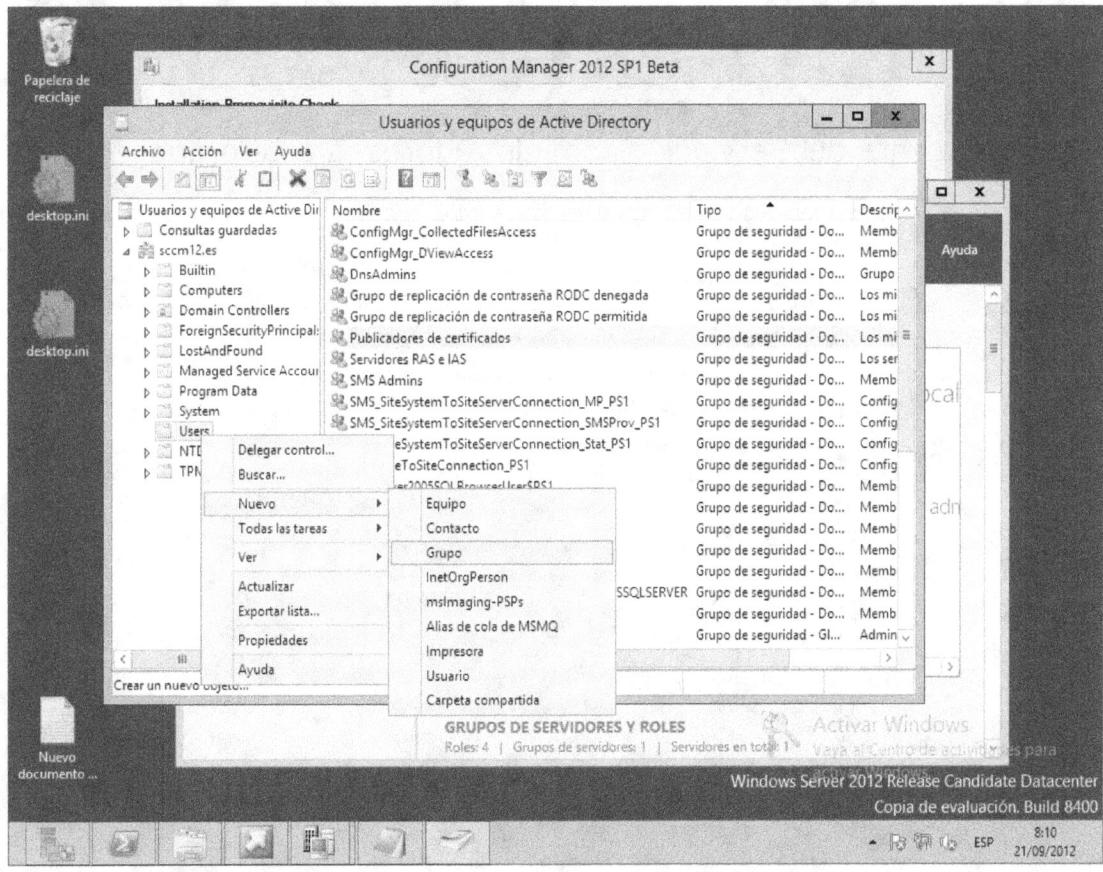

Llama al grupo "**ConfigMgrServers**"

Vuelve a la Consola y selecciona el nuevo grupo creado y con el botón derecho del ratón pulsa en "**Propiedades**"

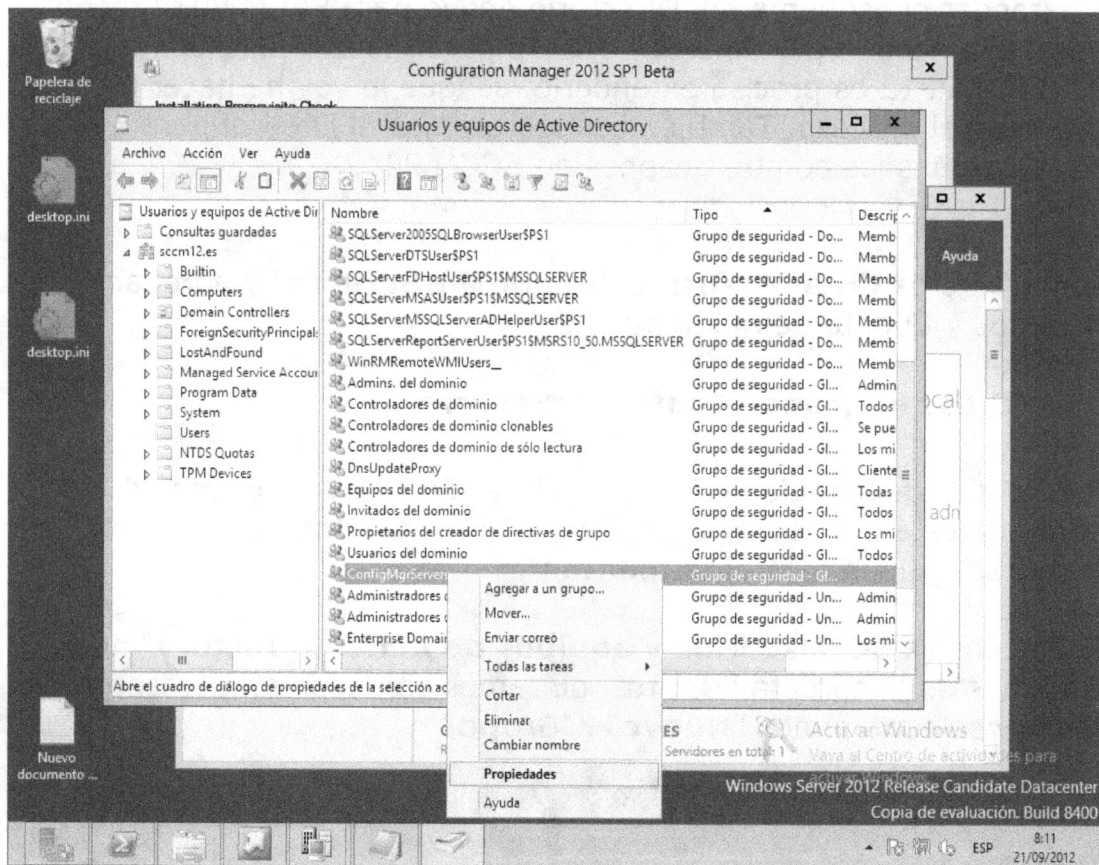

Añade la cuenta del Servidor y administradores a este grupo:

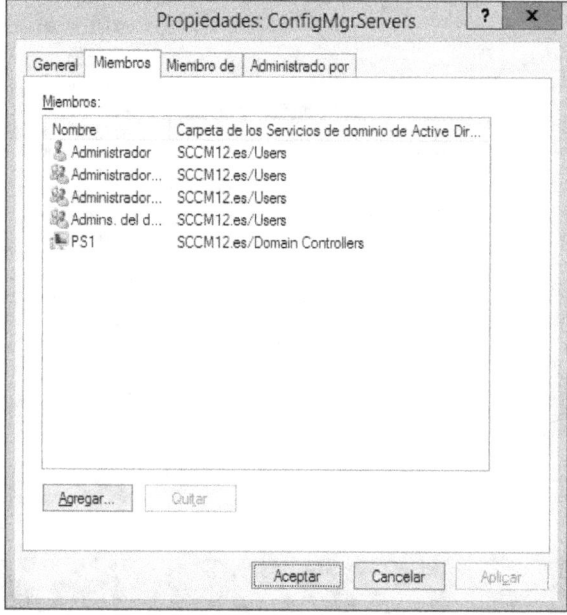

> **Crear el contenedor System Management. (Hacerlo como administrador del dominio en el Directorio activo):**

El siguiente paso es crear un contenedor, para ello abrimos el editor ADSI, se accede a esta utilidad a través del "**Administrador del servidor**" en la pestaña superior "**Herramientas**" y selecciona "**Editor ADSI**"

Una vez abierta la consola haz Clik con el ratón en "**Acción**" y "**Conectar a**", pulsa en "**ok**", en la opción que sale por defecto "**DC=sccm2012,DC=es**" despliegala y sitiate en "**CN=SYSTEM**" como se muestra en la imagen siguiente:

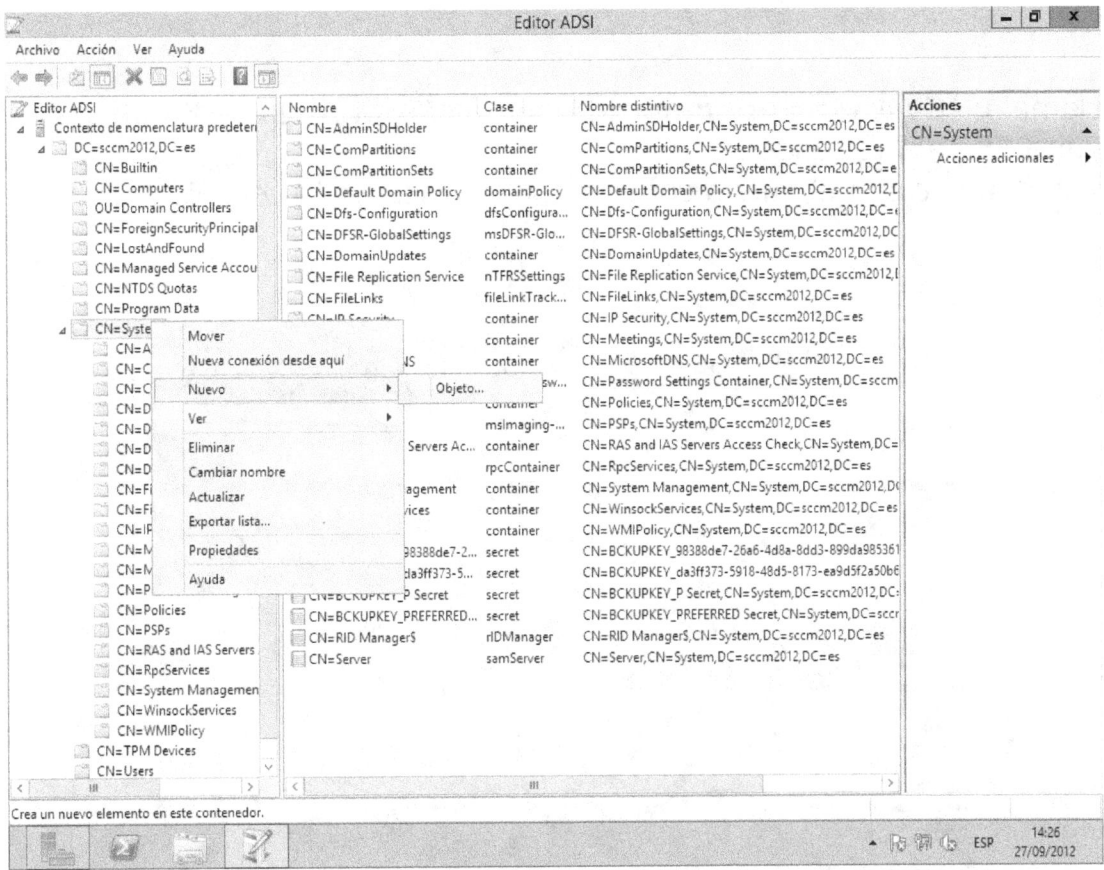

Con el botón derecho del ratón elije "**Nuevo**"→"**Objeto**" y selecciona "**Contenedor**" en la pantalla que aparece:

Instalación de System Center Configuration Manager 2012 Service Pack 1 Beta

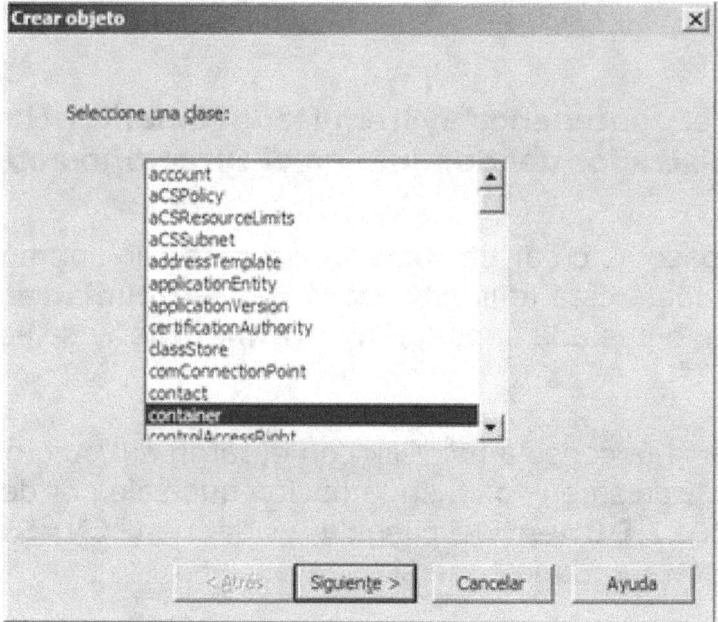

Llámalo: "**System Management**", pulsa "**Siguiente**" y "**Finalizar**".
Pulsa F5 para refrescar.
Y veremos como el nuevo contenedor aparece en la consola:

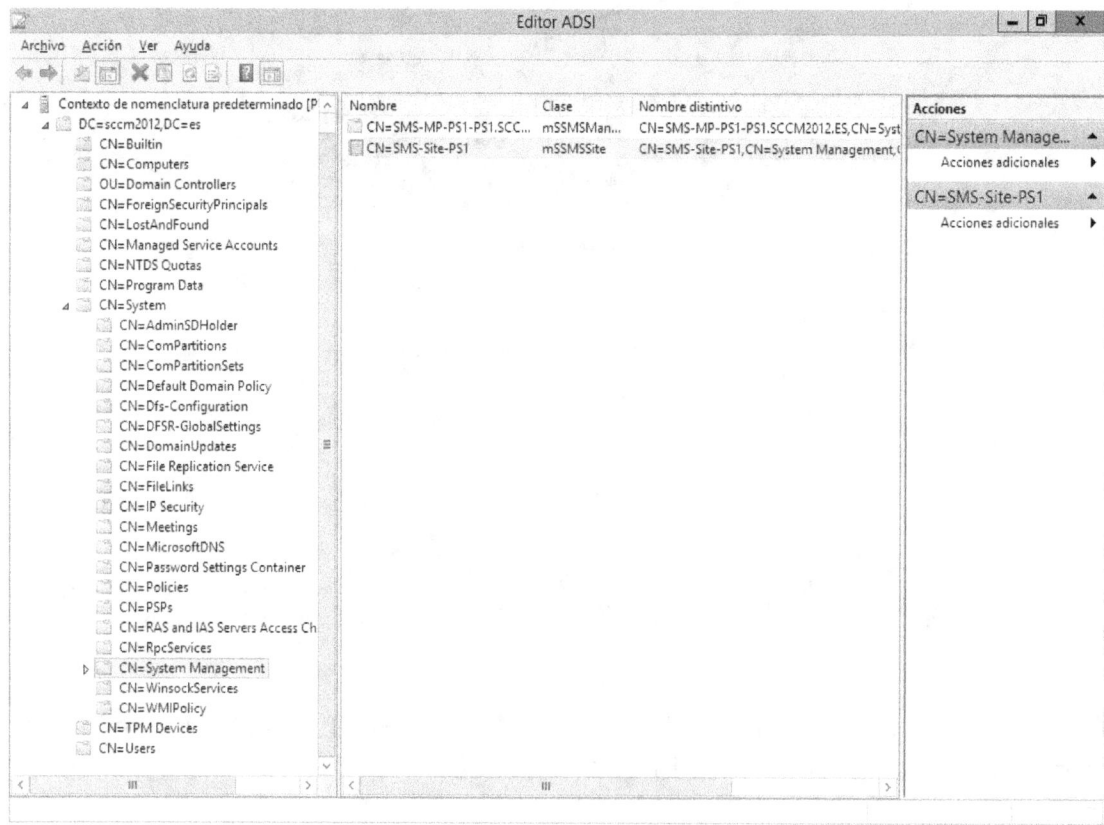

> **Delegar Permisos para el contenedor "SYSTEM MANAGEMENT" (Hacerlo como administrador del dominio en el Directorio Activo):**

Vamos a "**Usuarios y equipos de Active Directory**", se accede a esta utilidad a través del "**Administrador del servidor**" en la pestaña superior "**Herramientas**".

En la consola de "**Usuarios y equipos de Active Directory**", para ver el contenedor creado pulsa en "**Ver**"→"**Características avanzadas**" como se indica en la imagen siguiente:

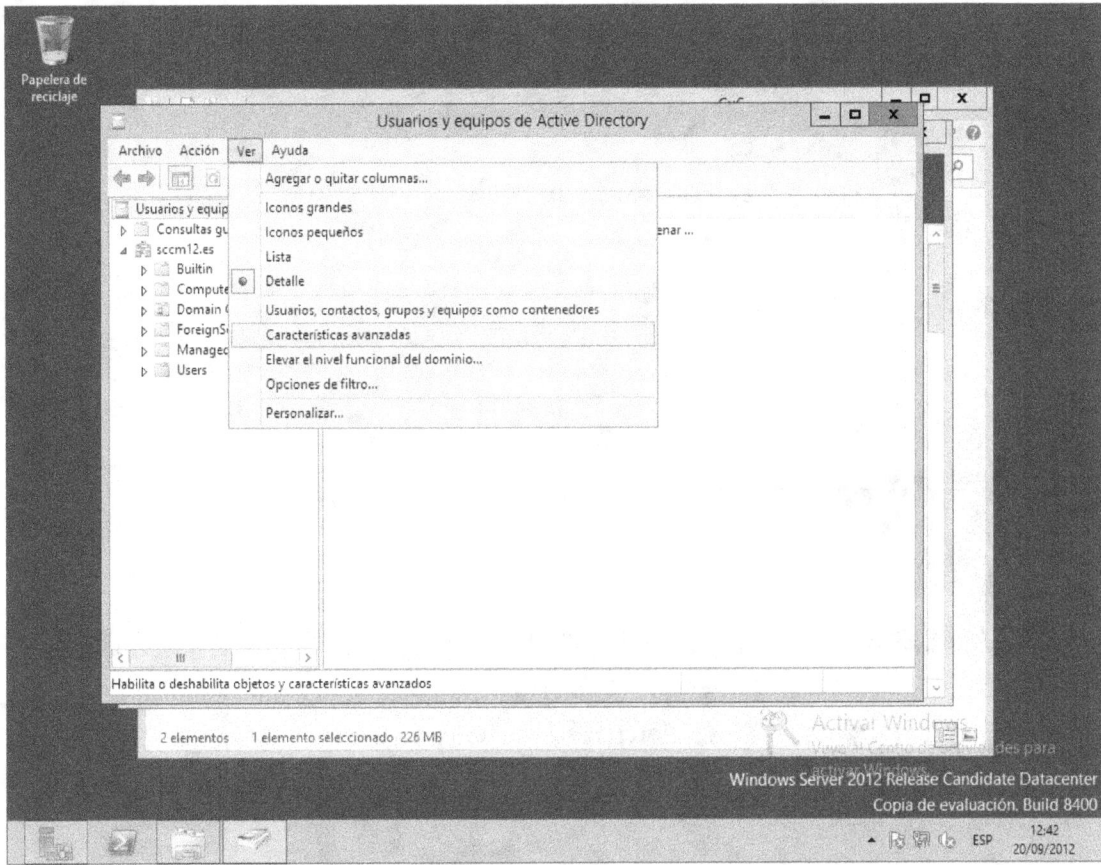

Seleccionar el contenedor "**System Management**" (anteriormente creado), hacer clic con el botón derecho del ratón y elegir "**Delegar control**": Aparecerá un asistente, mira las imágenes siguientes y sigue el proceso:

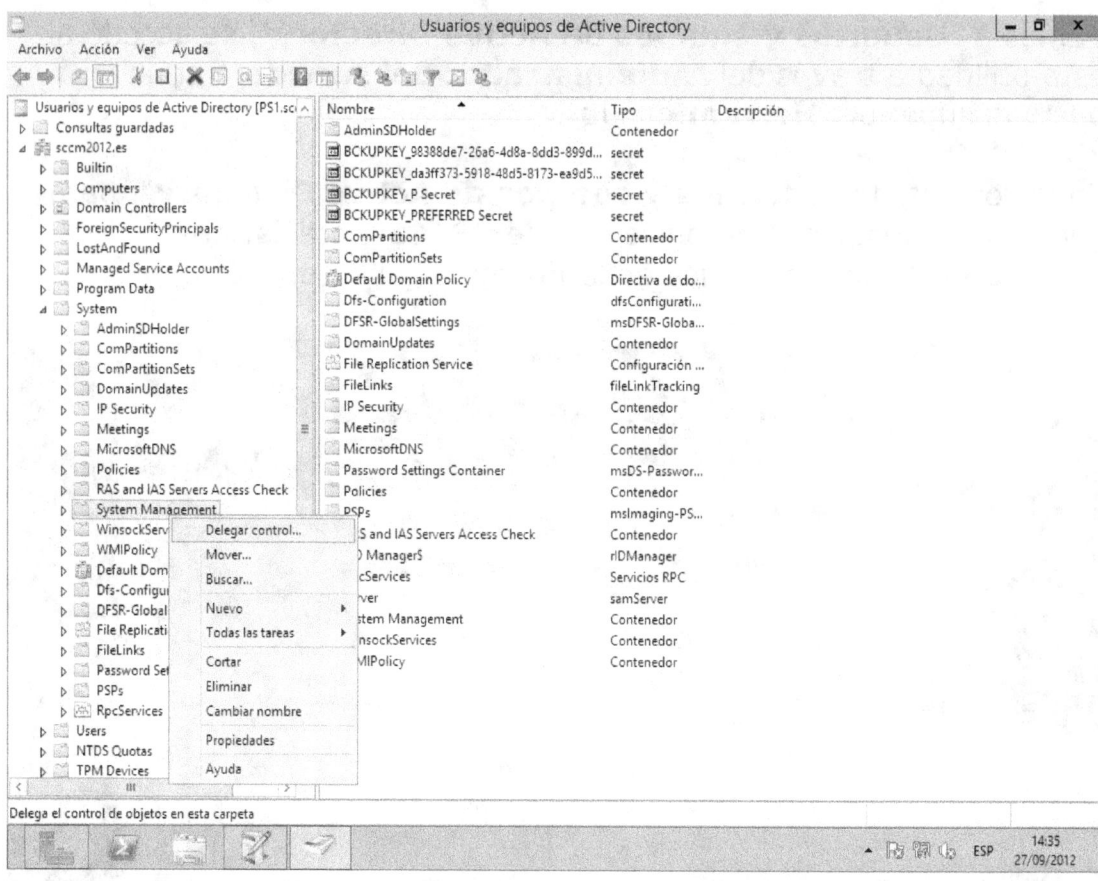

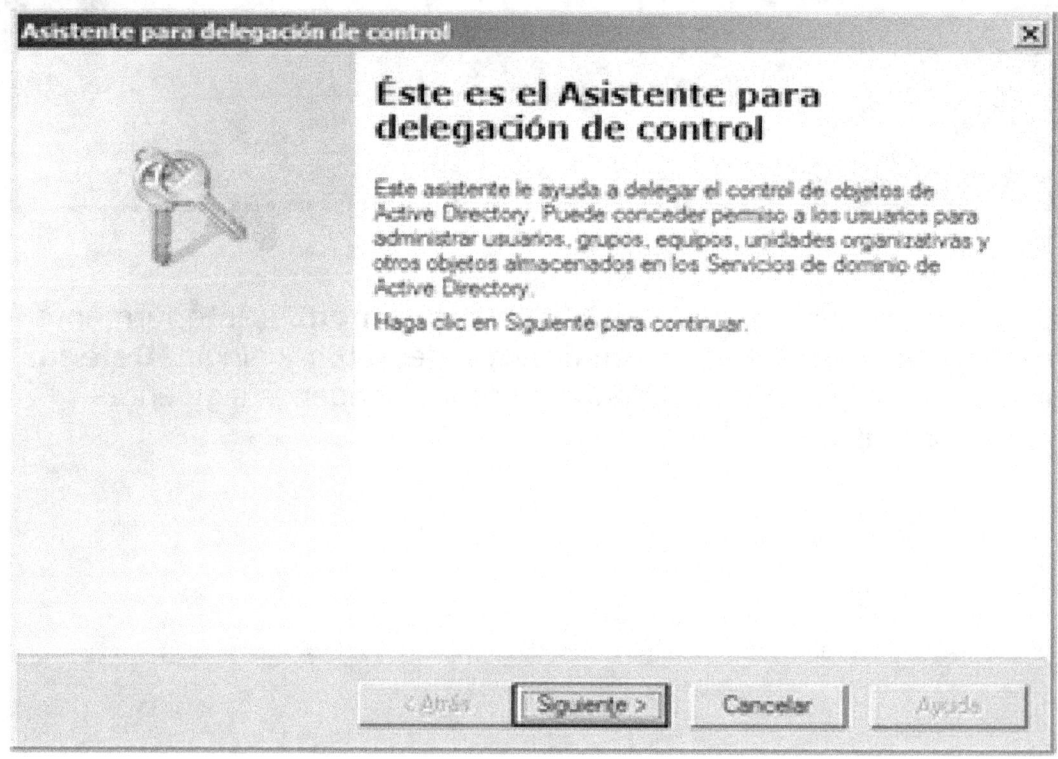

Pulsa en "**Siguiente**" para continuar.

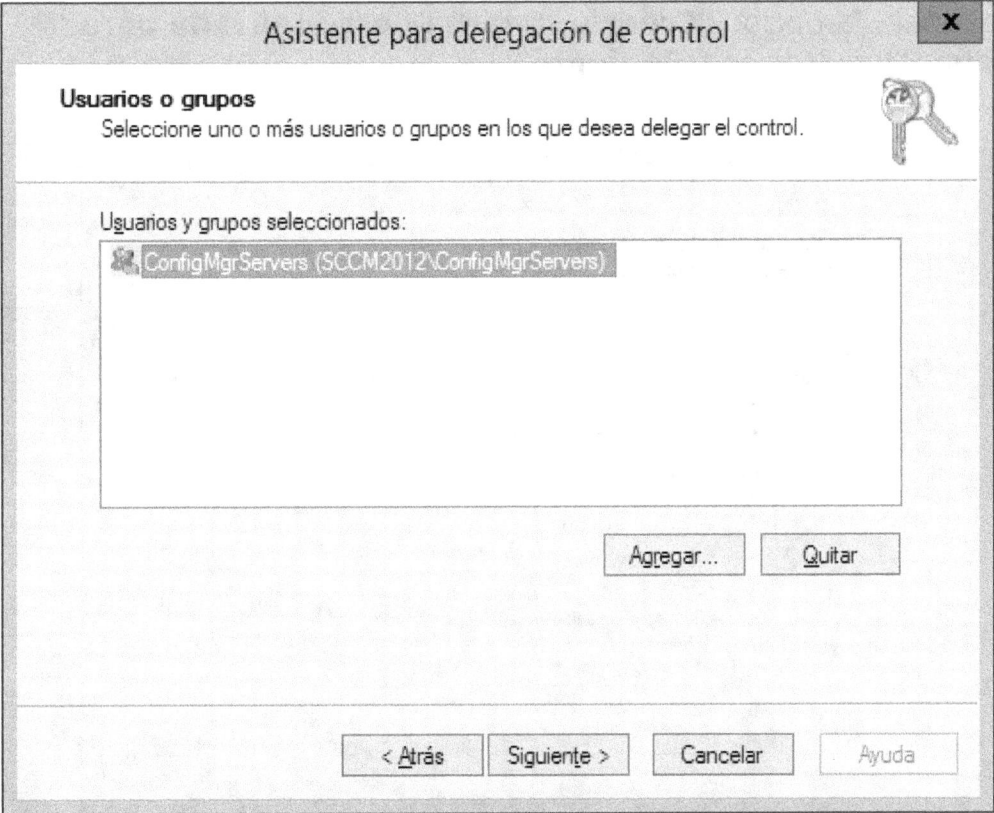

Aquí ponemos el Grupo que hemos creado antes pulsando en Agregar, una vez introducido nos saldrá la siguiente ventana:

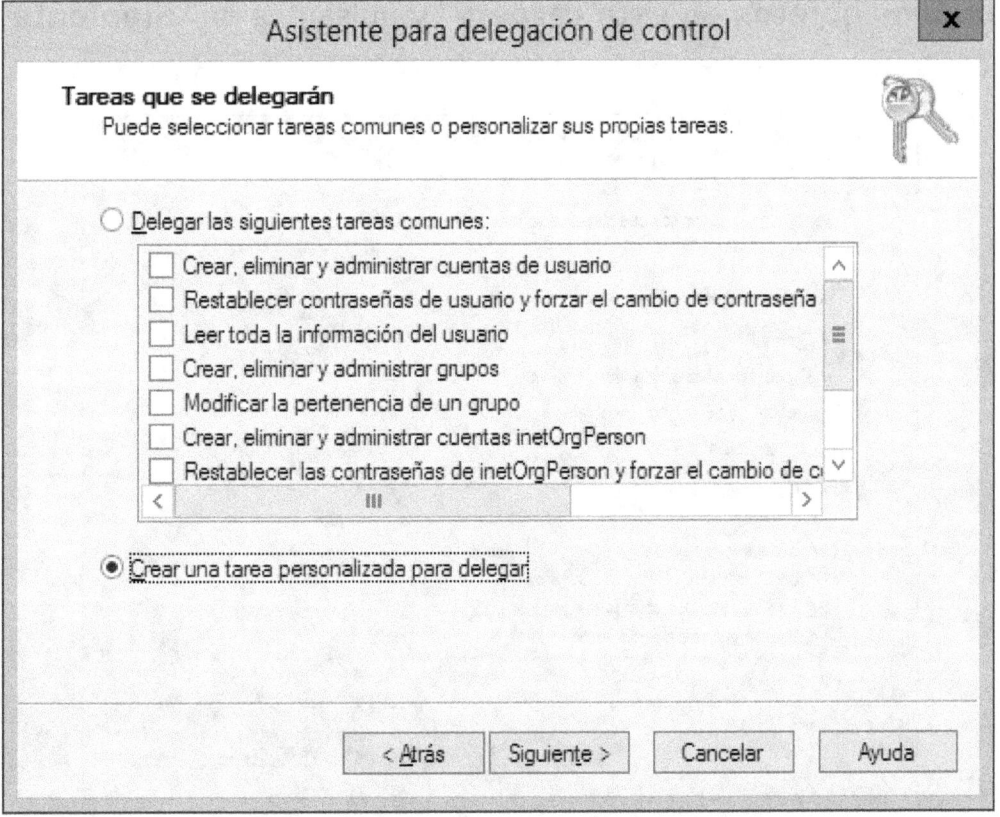

Seleccionar la opción "**Crear una tarea personalizada para delegar**" y pulsar en "**Siguiente**":

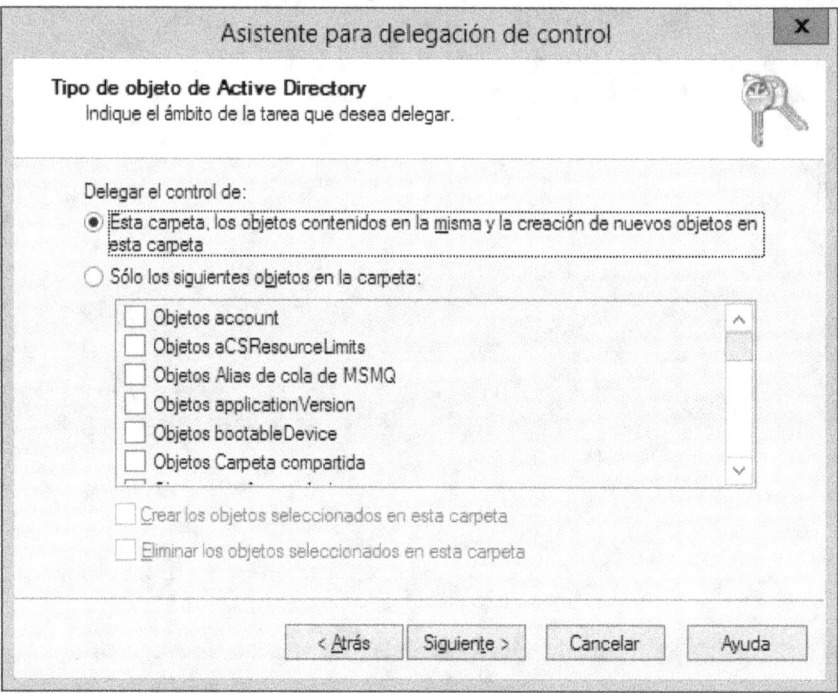

En tipo de Objeto de Active Directory seleccionar la primera opción "**Esta carpeta, los objetos contenidos en la misma y la creación de nuevos objetos en esta carpeta**" y pulsamos en "**Siguiente**":

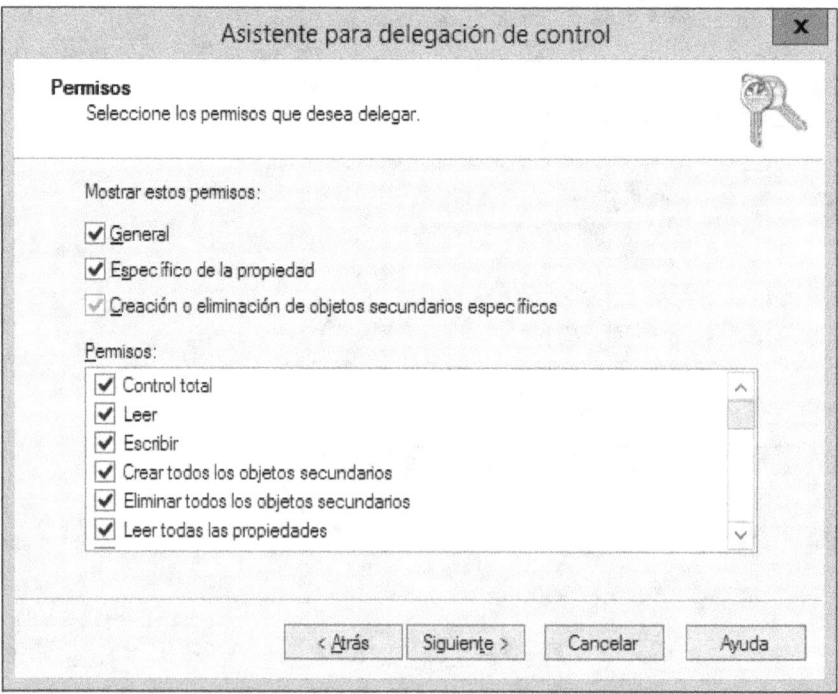

Los permisos los marcamos como aparece en la imagen anterior y pulsamos en "**Siguiente**":

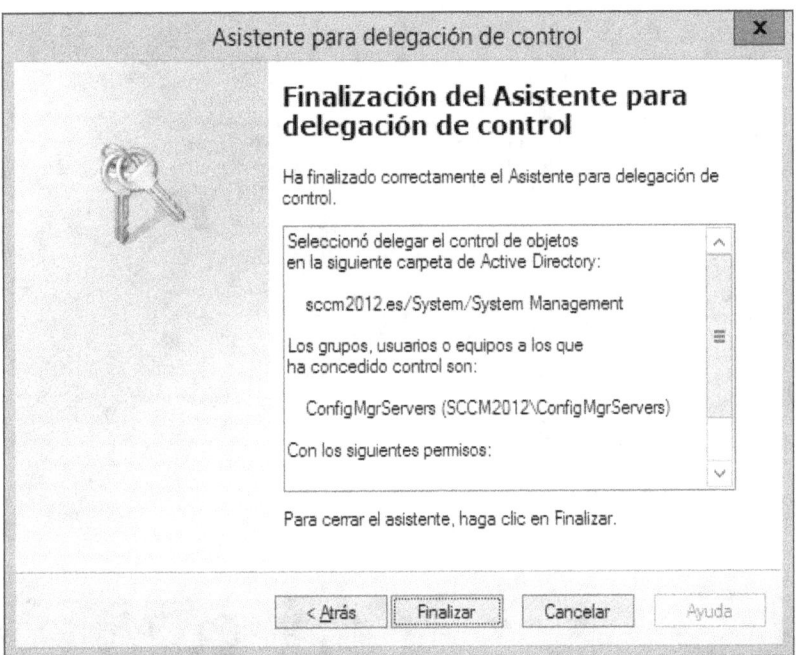

Pulsamos en "**Finalizar**" para acabar con el asistente.

Ahora vamos a dar los permisos al contenedor. Para ello ve de nuevo al "**Editor ADSI**" sitúate en el contenedor "**System Management**" y pulsa con el botón derecho del ratón, selecciona "**Propiedades**":

Instalación de System Center Configuration Manager 2012 Service Pack 1 Beta

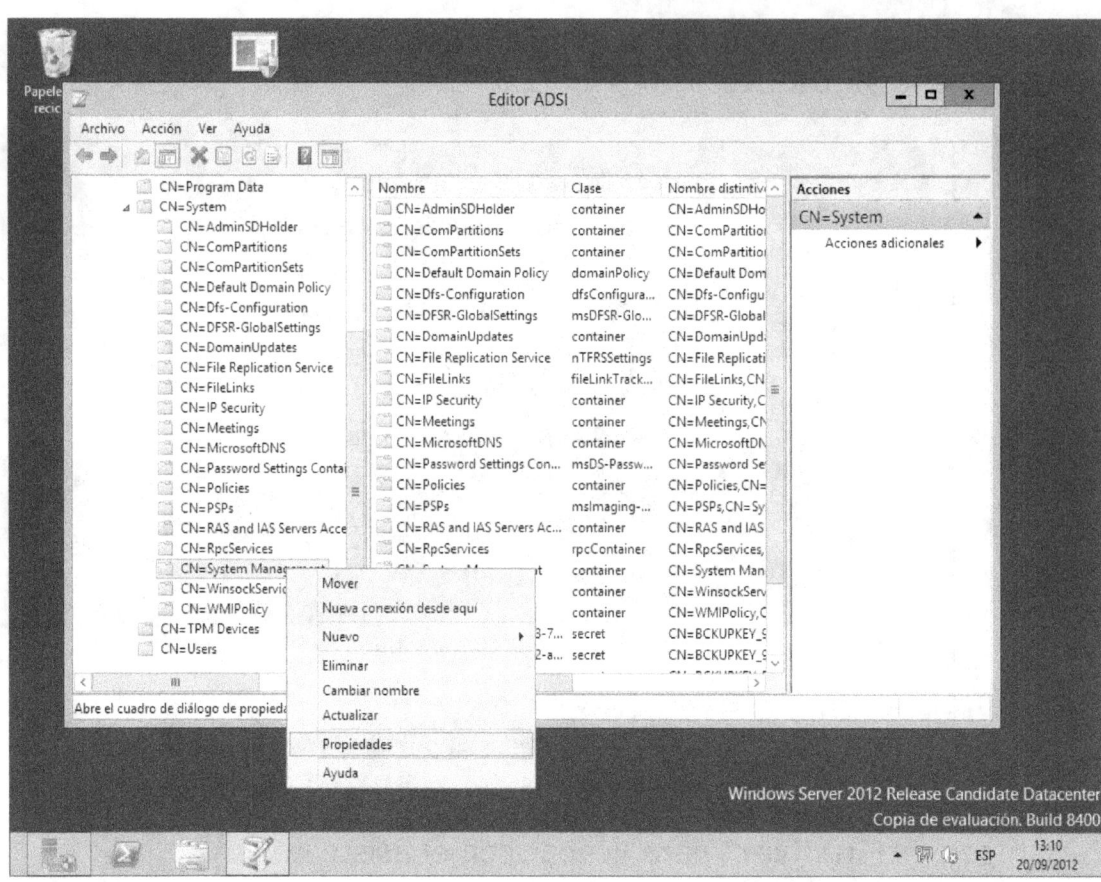

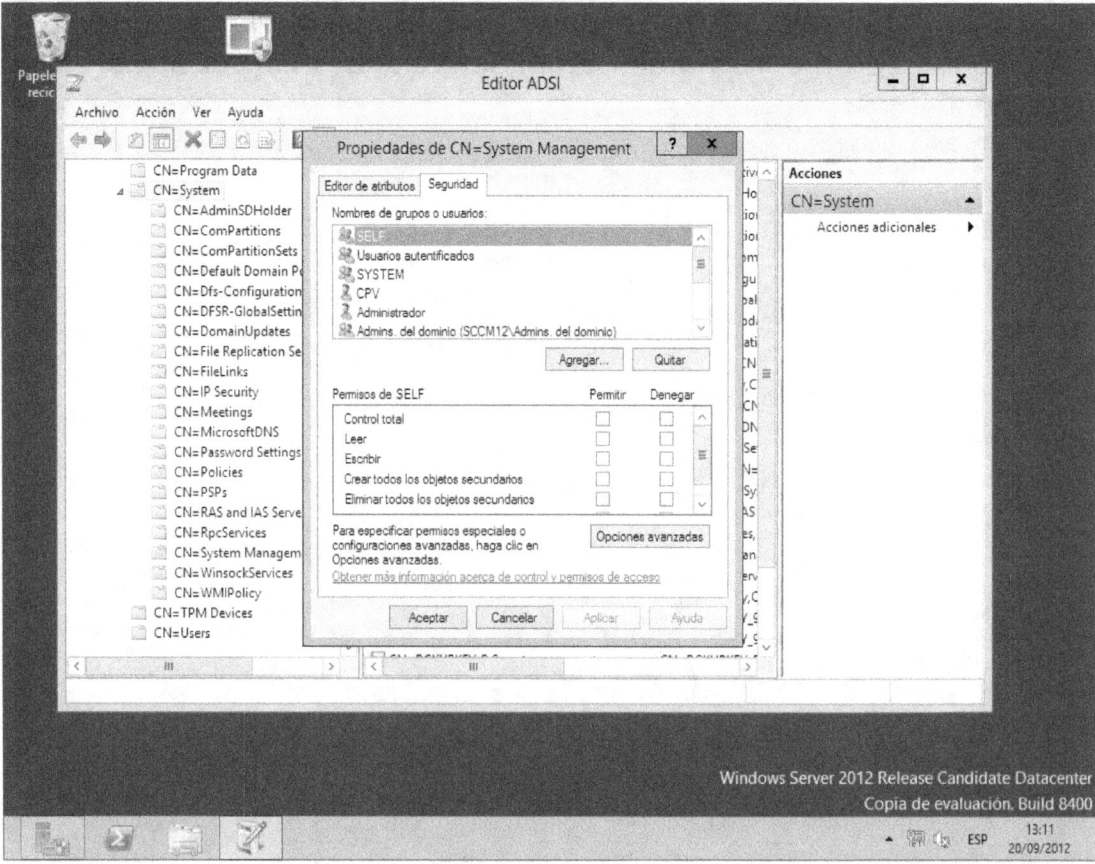

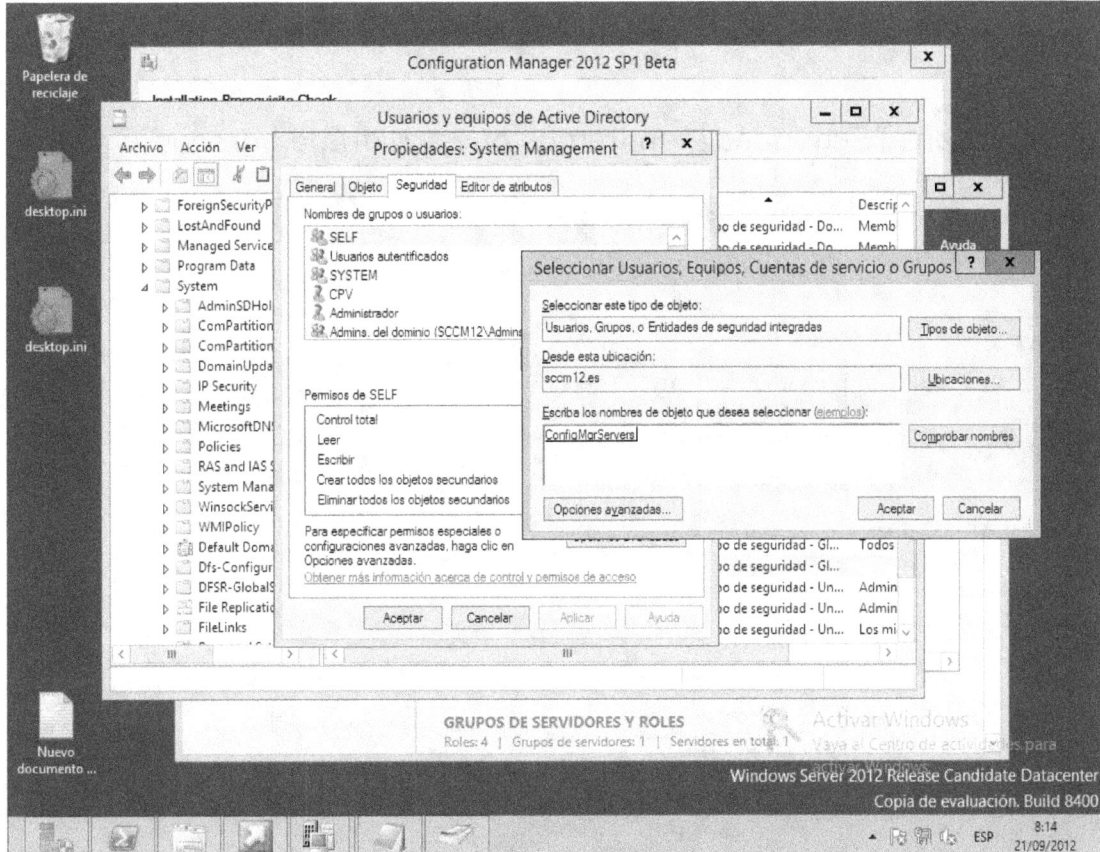

Vamos a dar permisos de "**Control Total**" al grupo "**ConfigMgrServers**" Ve a "**Opciones Avanzadas**" y agrega el grupo con el permiso de "**Control Total**":

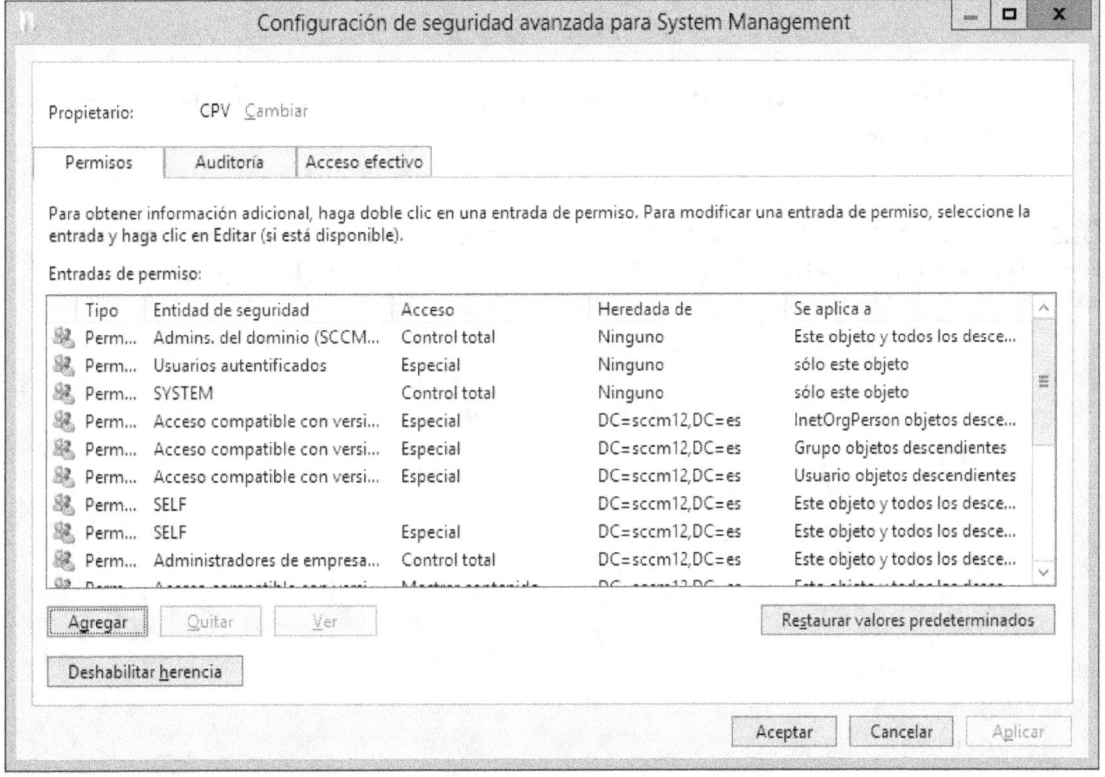

En la pestaña "Seguridad" tendremos nuestro grupo agregado:

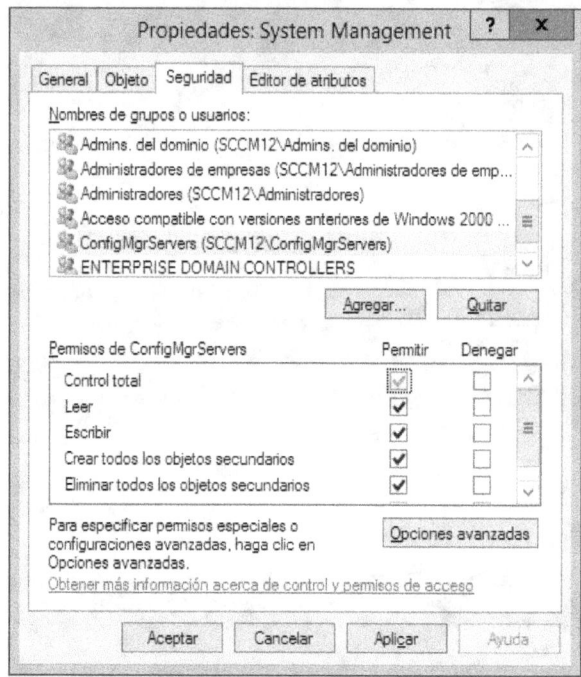

Reinicia el Servidor.

> **Ampliar el esquema de Active Directory Configuration Manager**

Busca la carpeta donde has descomprimido SCCM 2012 y ve a la ruta \SMSSETUP\Bin\x64\ ejecuta el fichero "**Extadsch.exe**":

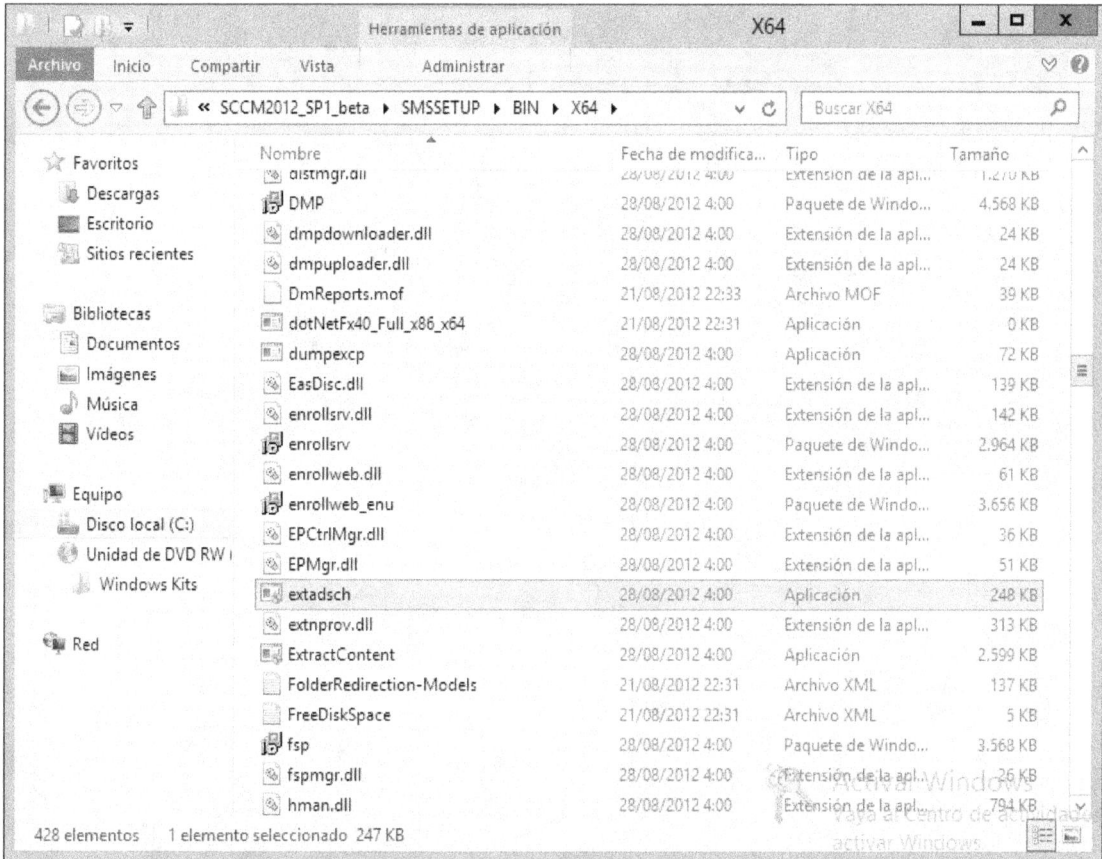

Aparecerá una ventana aparece brevemente ampliando el esquema.

Para ver si todo se ha realizado correctamente revisa en c:\ un archivo de registro llamado "**ExtADSch.log**"

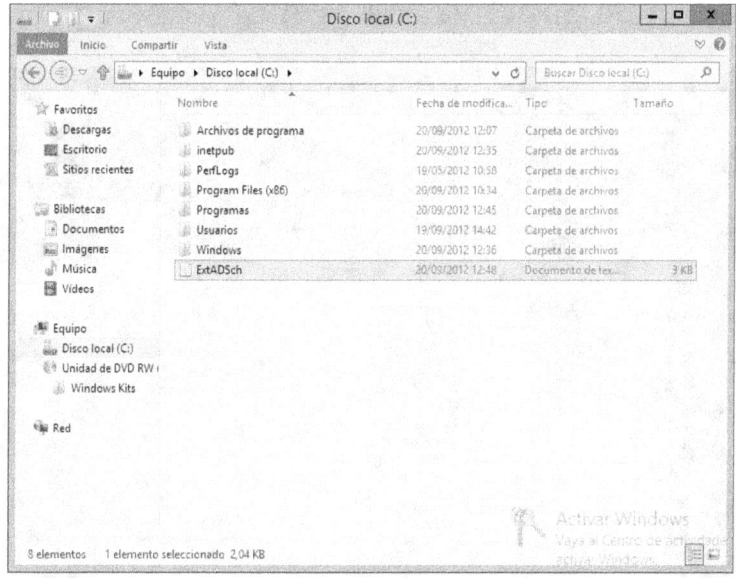

El resultado de este fichero Log tiene que ser como esto:

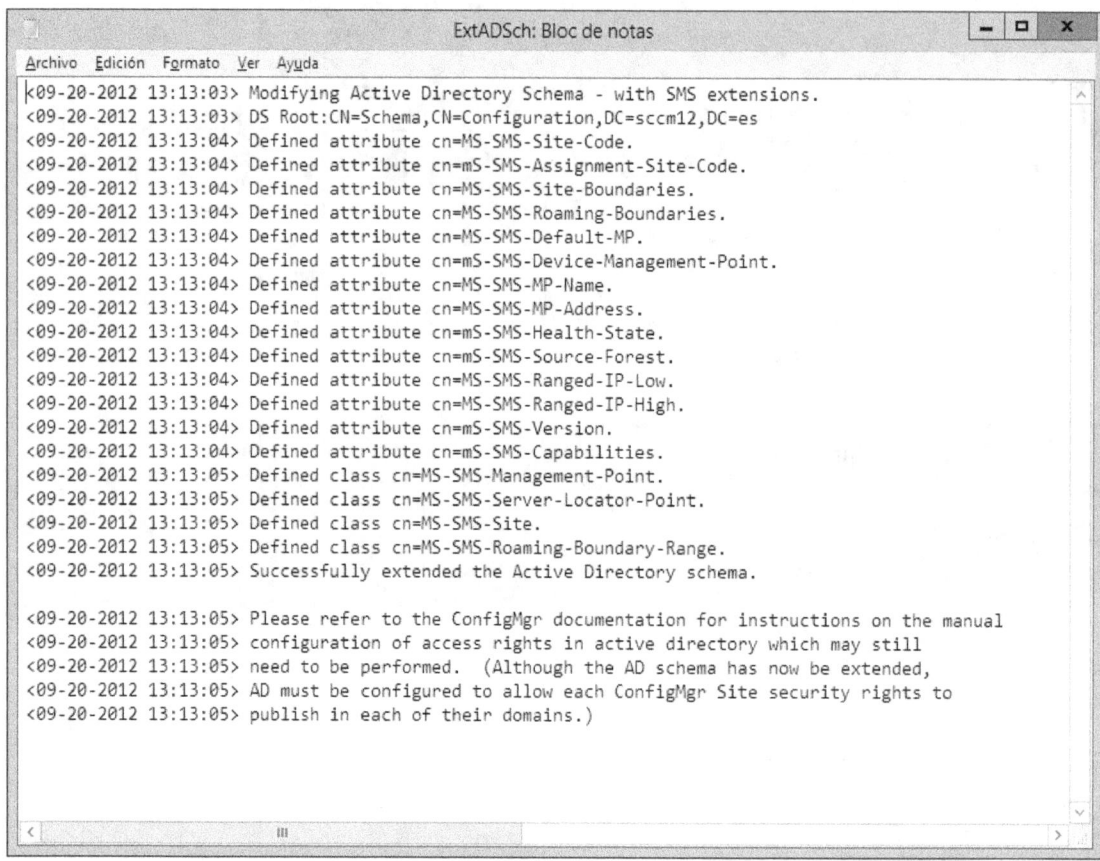

▷ **Creación de una GPO (Group Policy Objet) para el Firewall:**
Desde el "**Administrador del servidor**" inicia la herramienta de "**Administración de directivas de grupo**" y crea una nueva GPO:

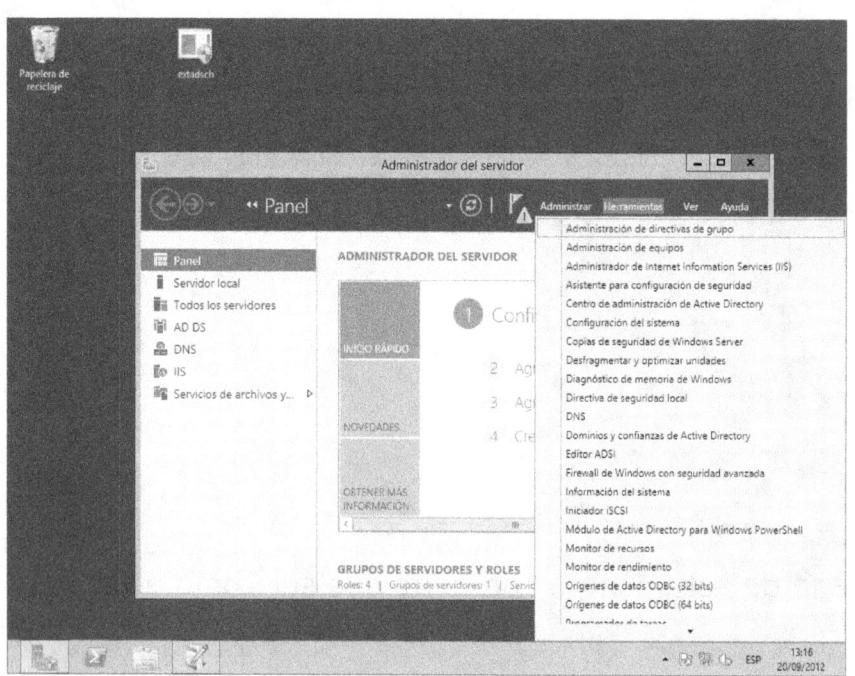

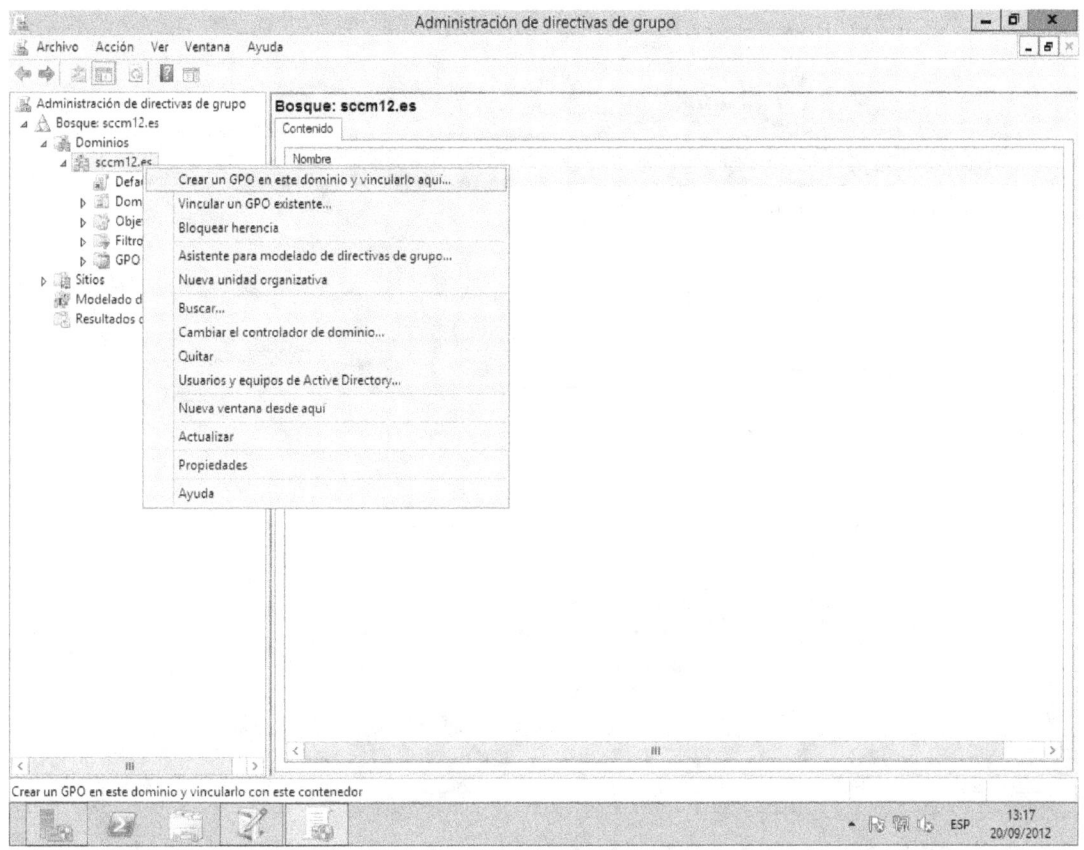

Expande el Bosque y selecciona el dominio "**sccm12.es**", con el botón derecho del ratón selecciona "**Crear una GPO en este dominio y vincularlo aquí**", aparecerá un asistente:

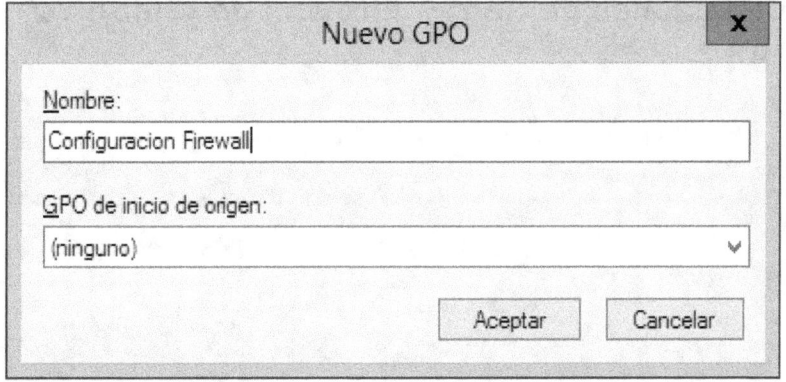

Proporciona un nombre, en esta práctica "**Configuración Firewall**" y pulsa en "**Aceptar**":

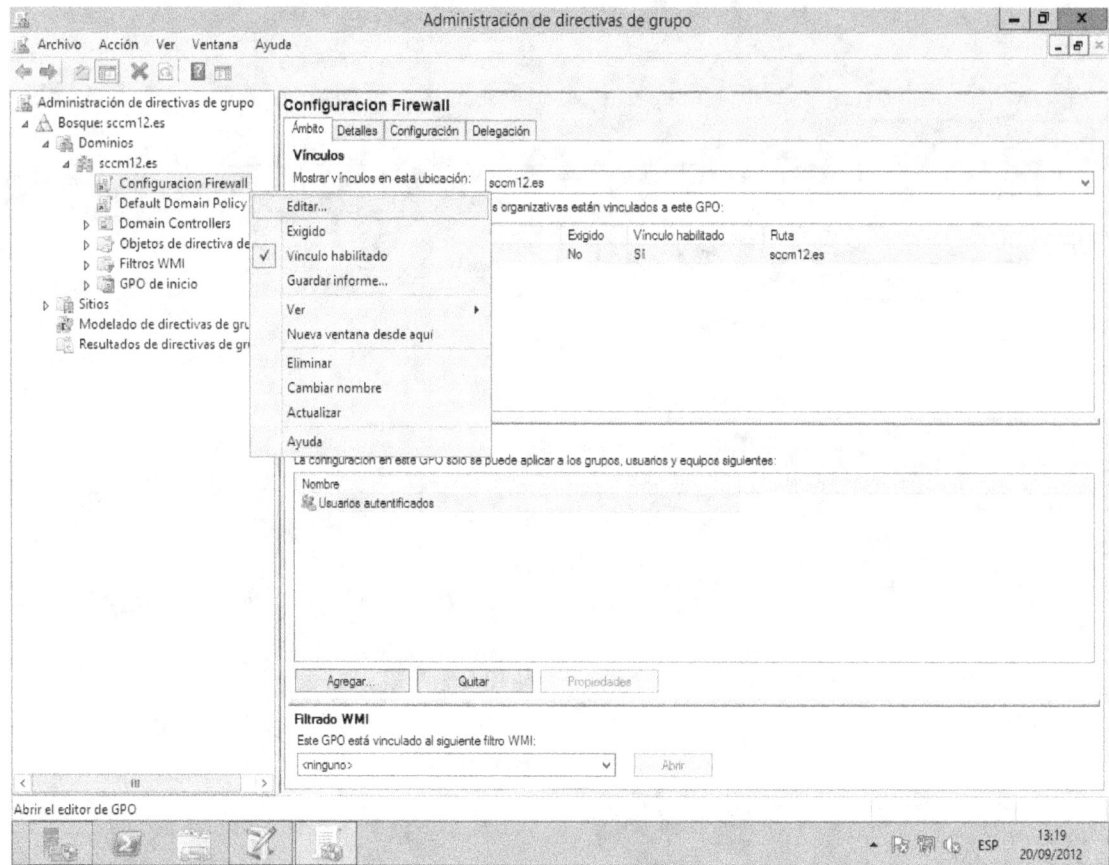

Ahora desde la consola selecciona la directiva creada y con el botón derecho del ratón pulsa en "**Editar**":

Expande: "Directiva **Configuración Firewall**"→"**Configuración del equipo**"→"**Directivas**"→"**Plantillas administrativas:..**" →**Red**"→"**Conexiones de Red**"→"**Firewall de Windows**"→"**Perfil de dominio**":

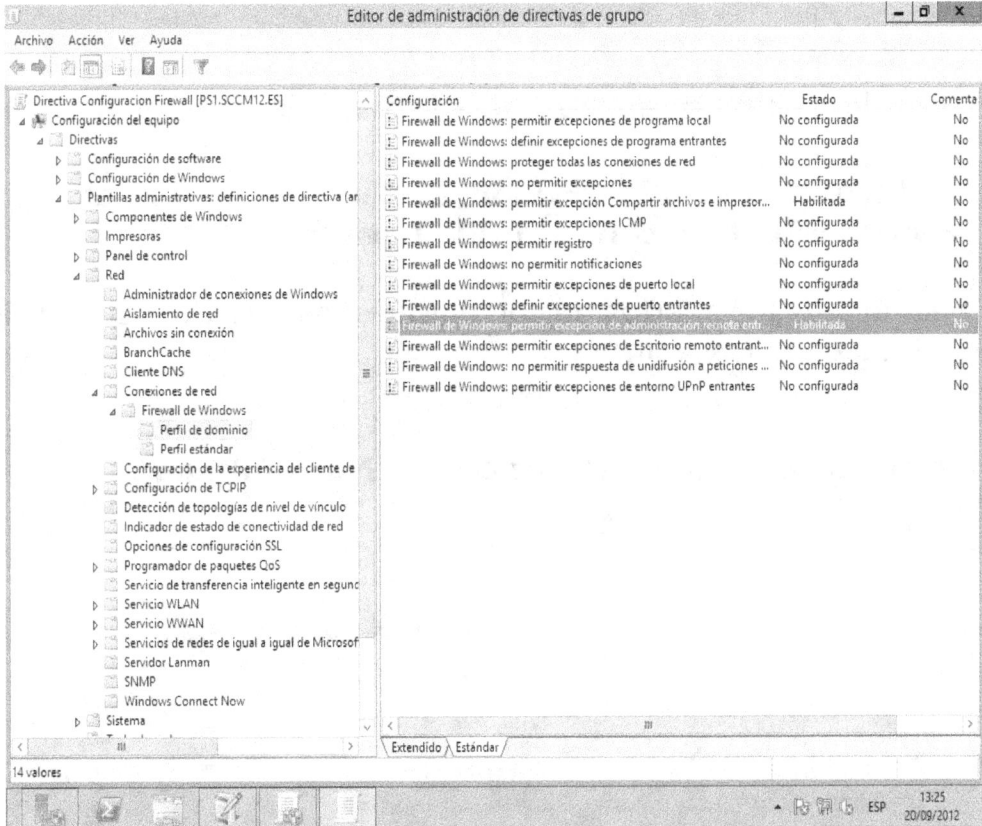

Como se muestra en la imagen anterior debemos "Habilitar" las siguientes políticas:

- **Firewall de Windows: permitir excepción Compartir archivos e impresoras.**
- **Firewall de Windows: permitir excepción de administración remota entrante.**

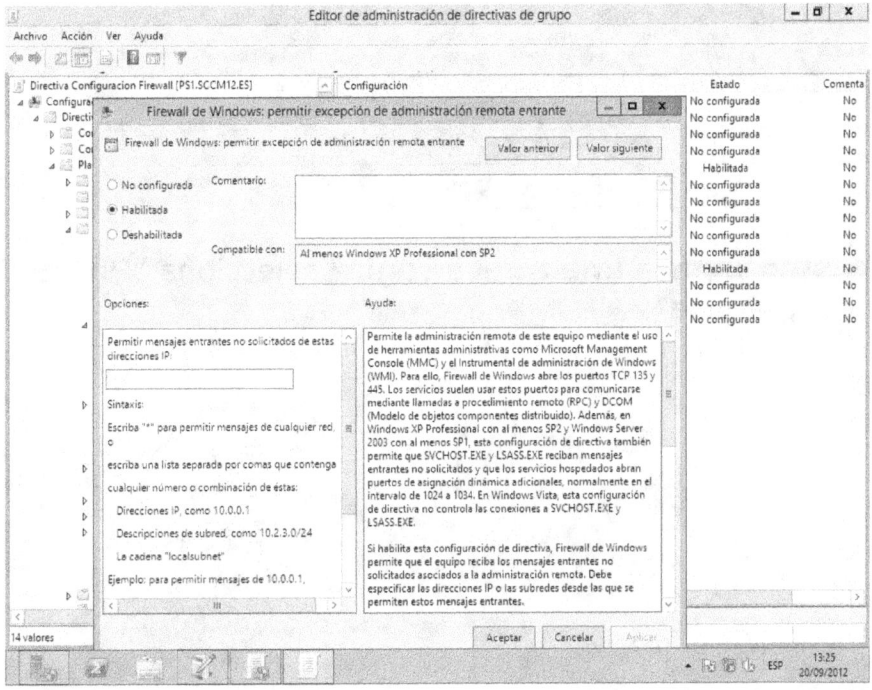

Configuración avanzada del Firewall de Windows

En el "**Administrador del servidor**" en "**Herramientas**", abre "**Firewall de Windows con seguridad avanzada**"

Ahora abriremos los puertos de comunicaciones de SCCM 2012 y SQL Server 2012 en el Firewall:

En el panel de "**Acciones**", haz clic en "**Nueva Regla**".

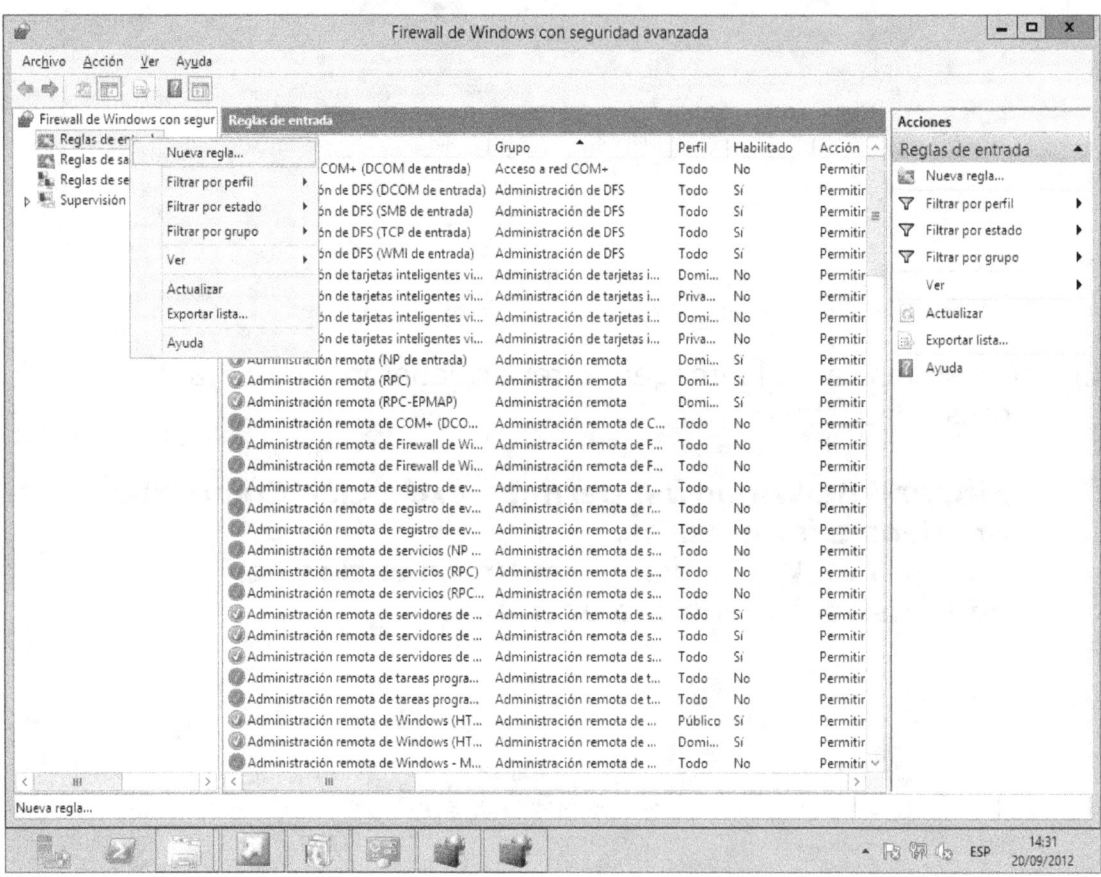

En el "**Asistente para una nueva regla**" selecciona "**Puerto**" y pulsa en "**Siguiente**":

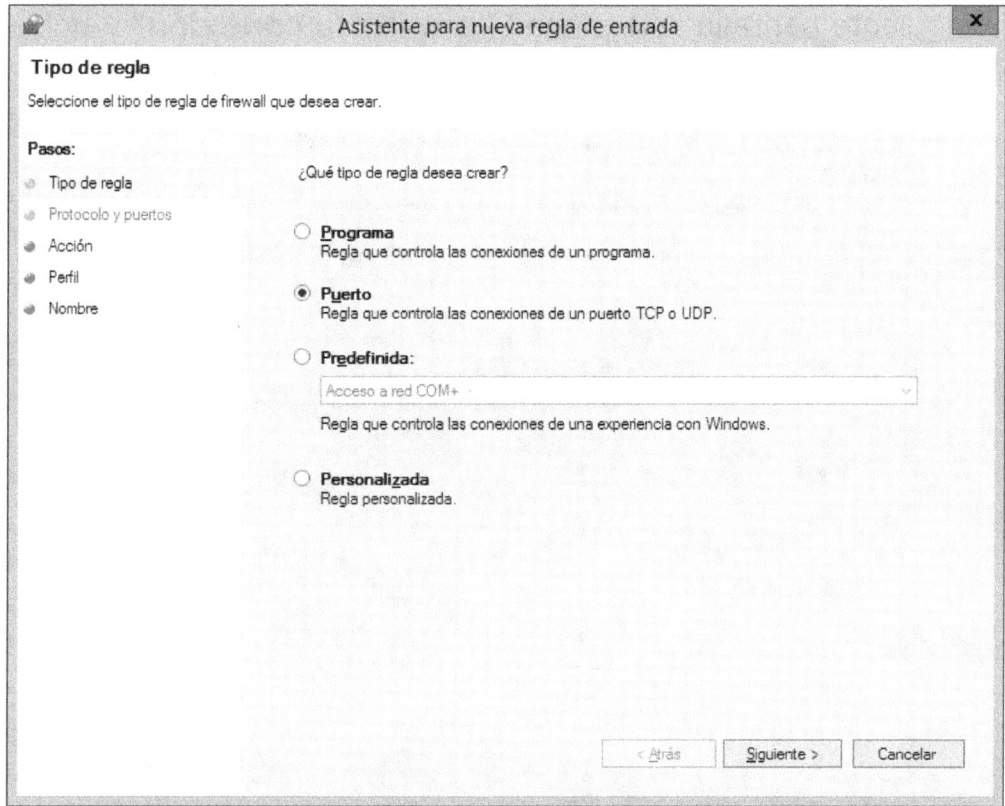

En la siguiente pantalla selecciona "**TCP**" y en "**Puertos locales específicos**" introduce: **80,443,1433,1434,4022** y pulsa en "**Siguiente**":

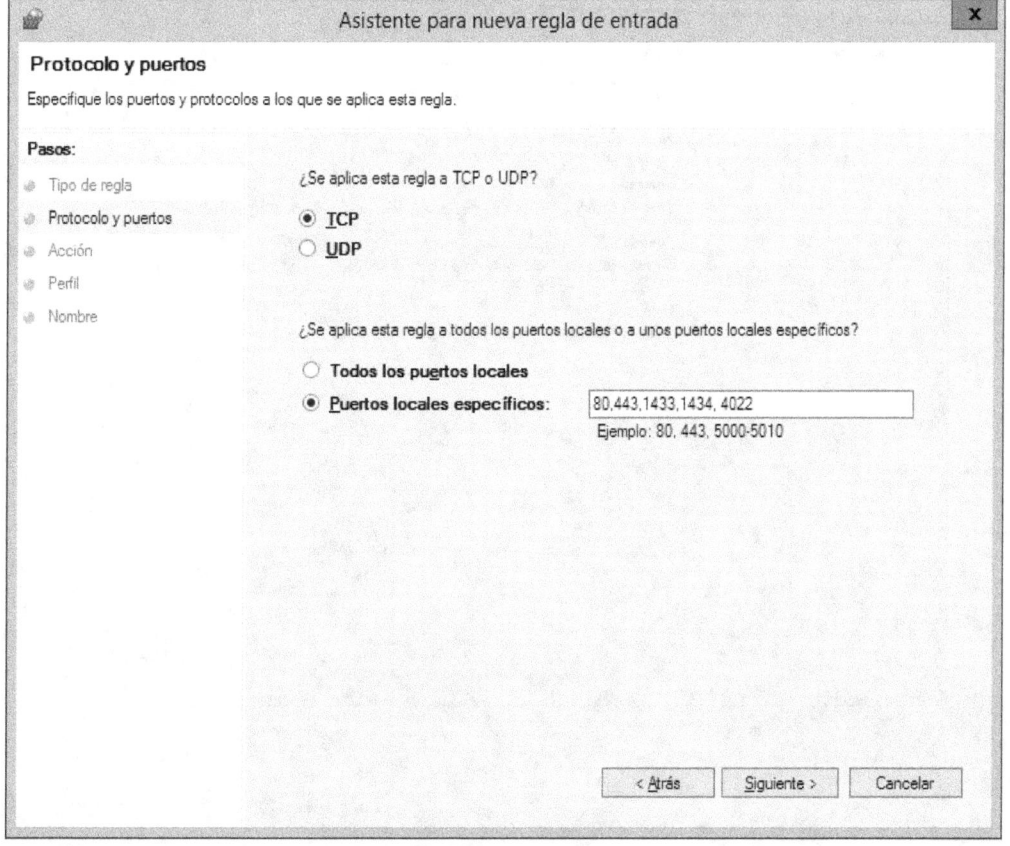

En la siguiente pantalla selecciona "**Permitir la conexión**" y pulsa en "**Siguiente**":

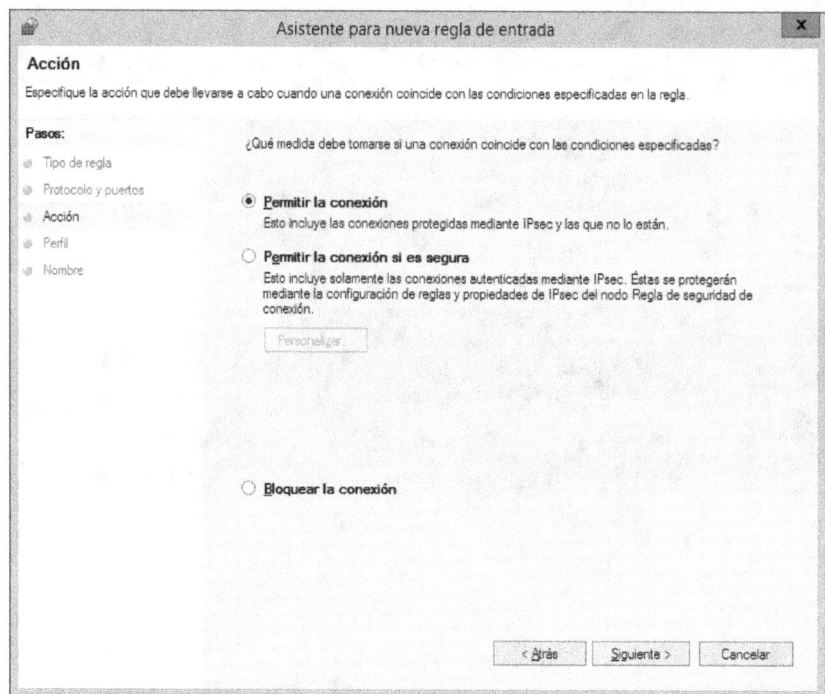

En la pantalla del perfil selecciona "**Dominio**" y pulsa en "**Siguiente**":

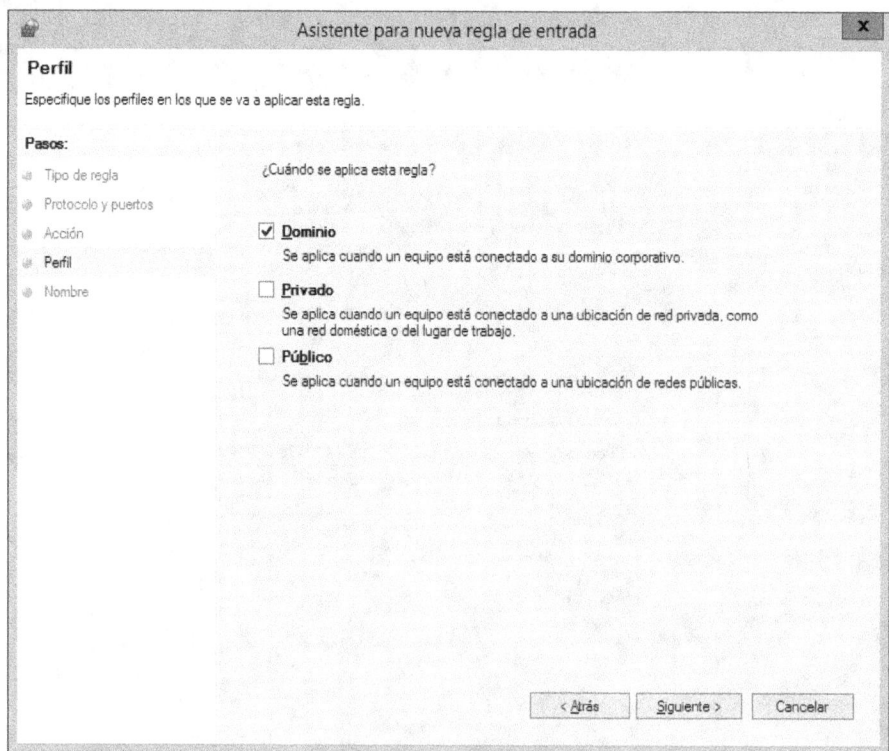

Dale un nombre a la regla, en esta práctica "**CM Excepciones**" y pulsa en "**Finalizar**" para terminar con el asistente:

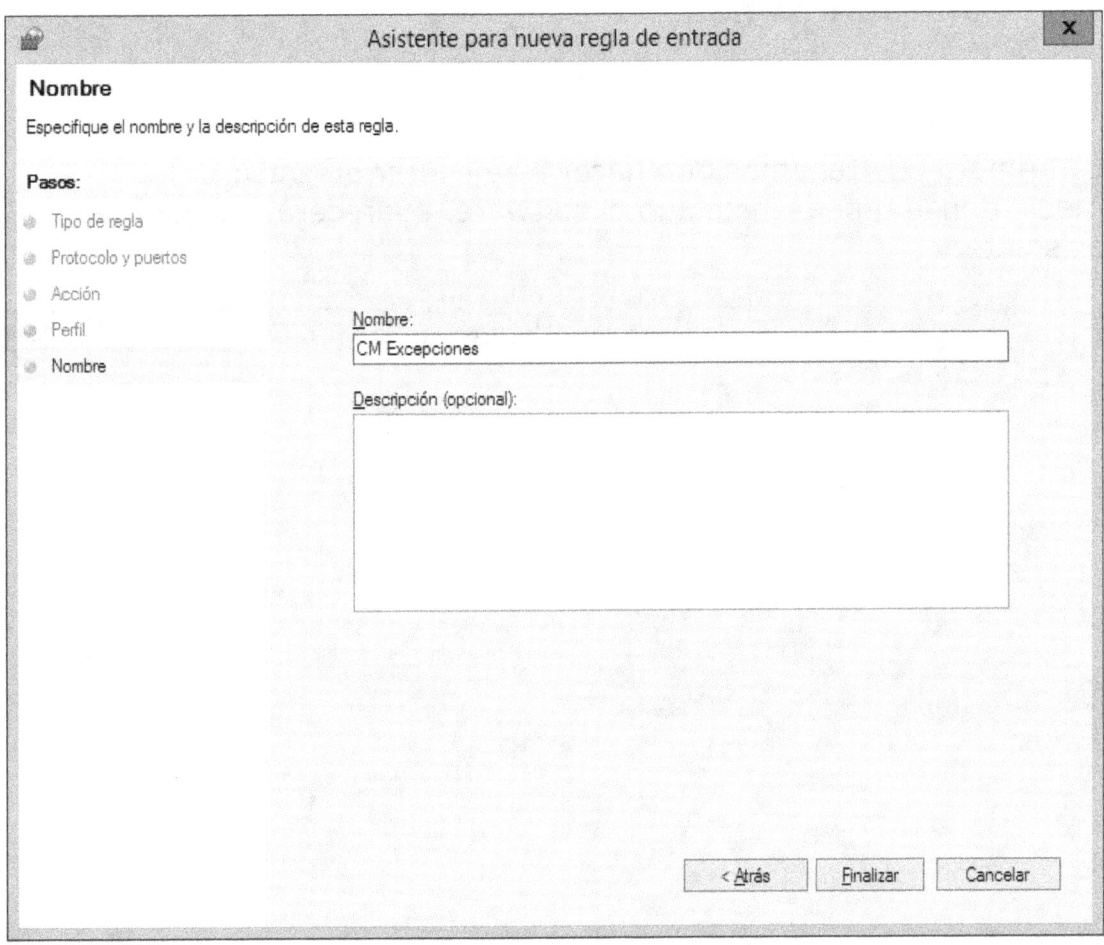

➡ 6. Instalación de SQL SERVER 2012 SP1 y Configuraciones:

Lo primero que tenemos que hacer es ejecutar el "**Setup.exe**" del medio donde tengas instalado el software, aparecerá el siguiente asistente:

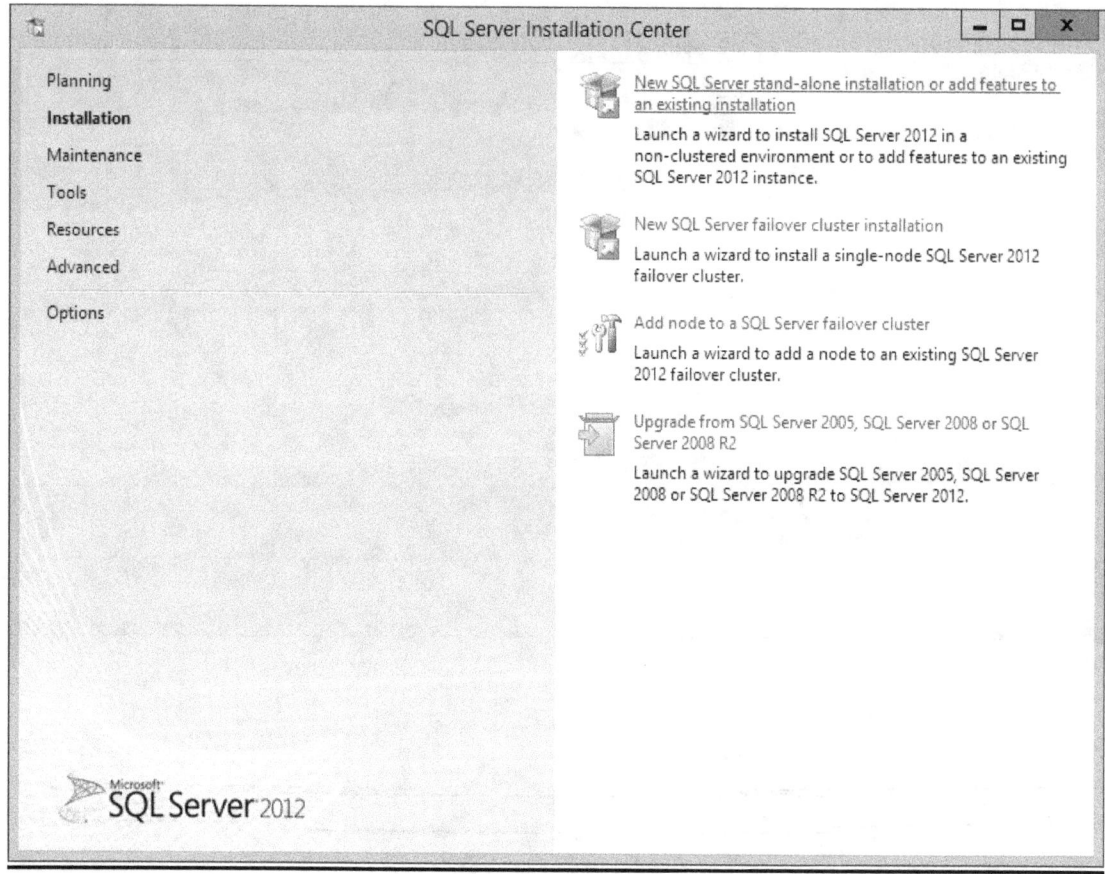

Pulsaremos en la primera opción "**New SQL Server Stand-alone installation or add features to existing installation**" :

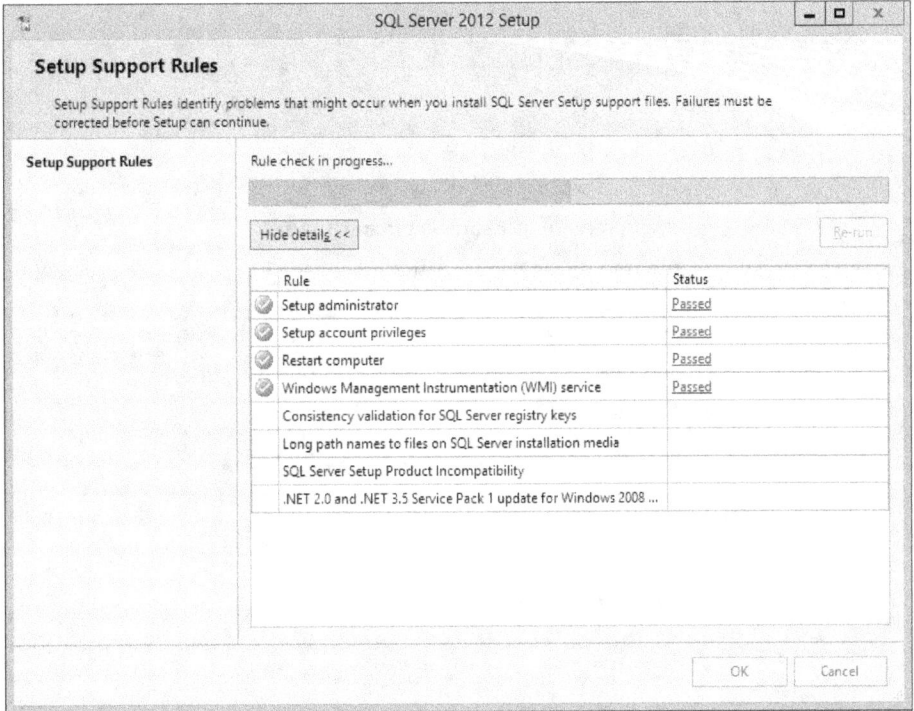

Se ejecutan los prerrequisitos de la instalación, una vez terminado pulsa en "**OK**":

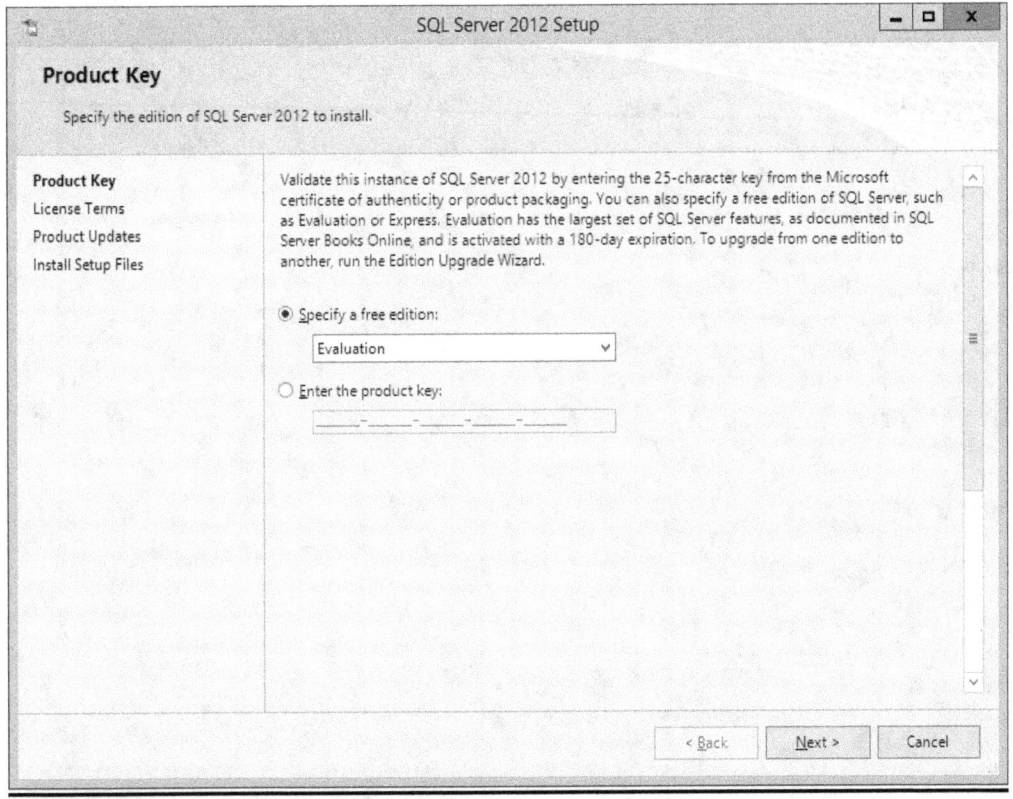

En la pantalla de "**Product Key**" seleccionamos "**Specify a free edition**" y pulsamos en "**Next**":

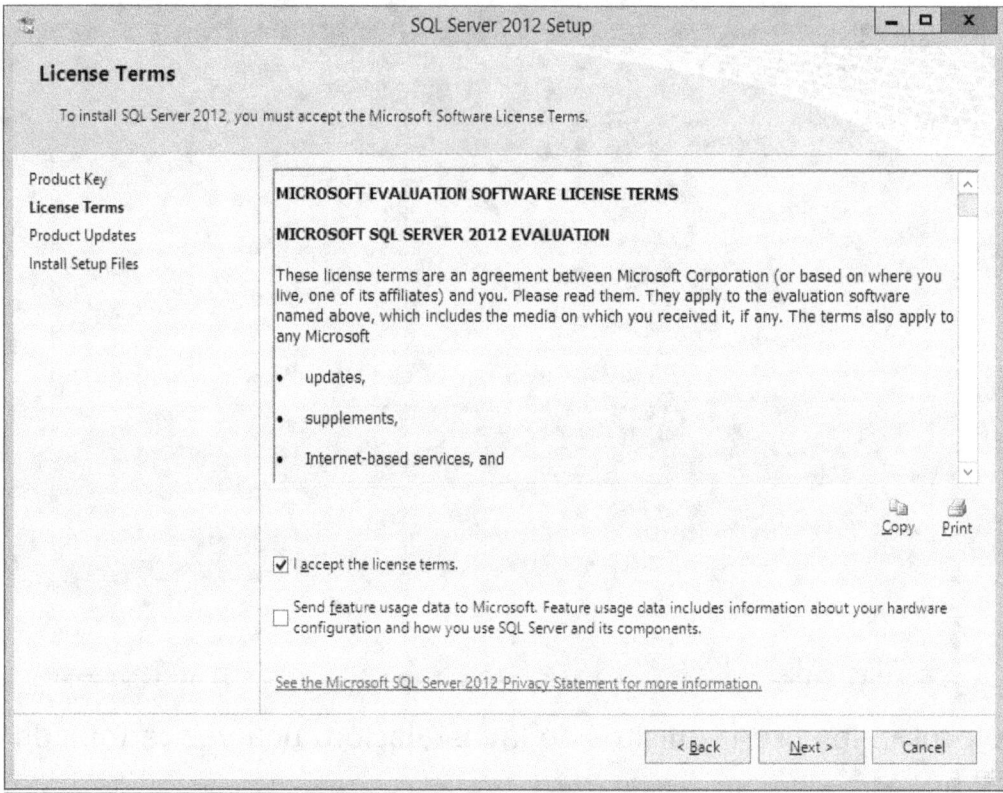

Marcamos la casilla "**I accept the license terms**" y pulsamos en "**Next**":

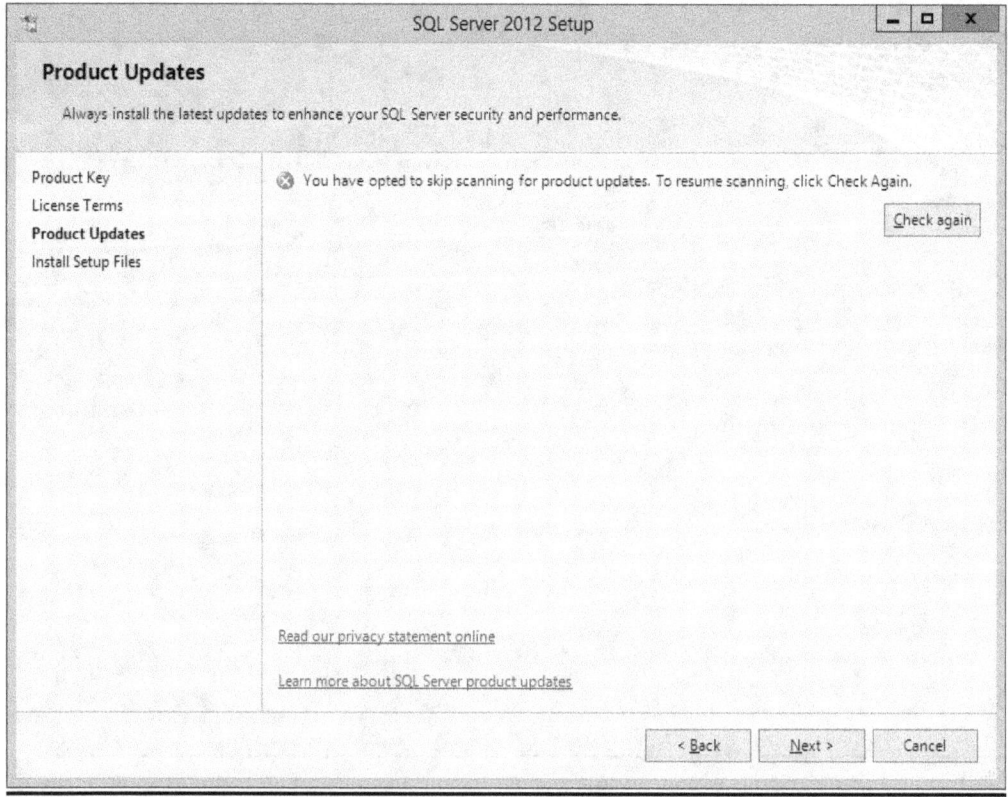

En la pantalla "**Product Updates**" cancelamos las actualizaciones, en este laboratorio no hay acceso a Internet. Pulsamos en "**Next**":

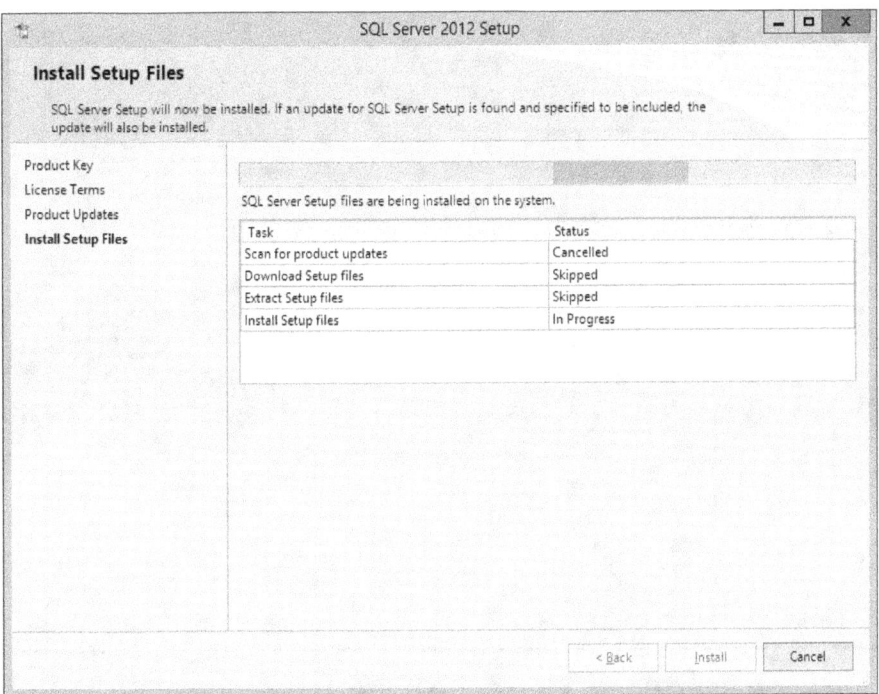

Comienza la extracción de los ficheros de instalación, una vez que termine pulsa en "**Install**":

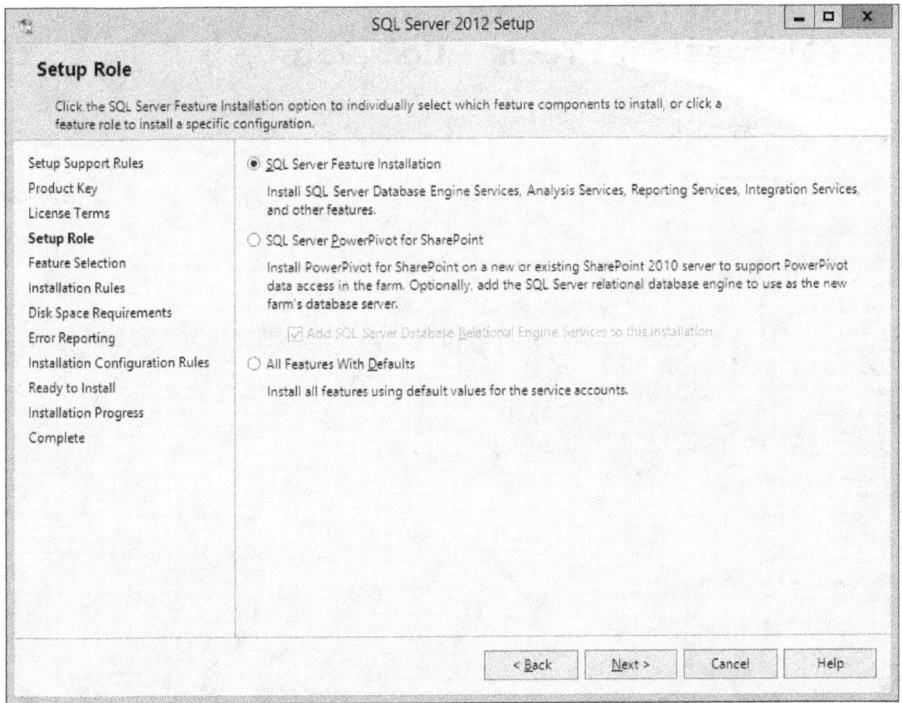

En la pantalla "**Setup Role**" seleccionamos "**SQL Server Feature Installation**" y pulsamos en "**Next**":

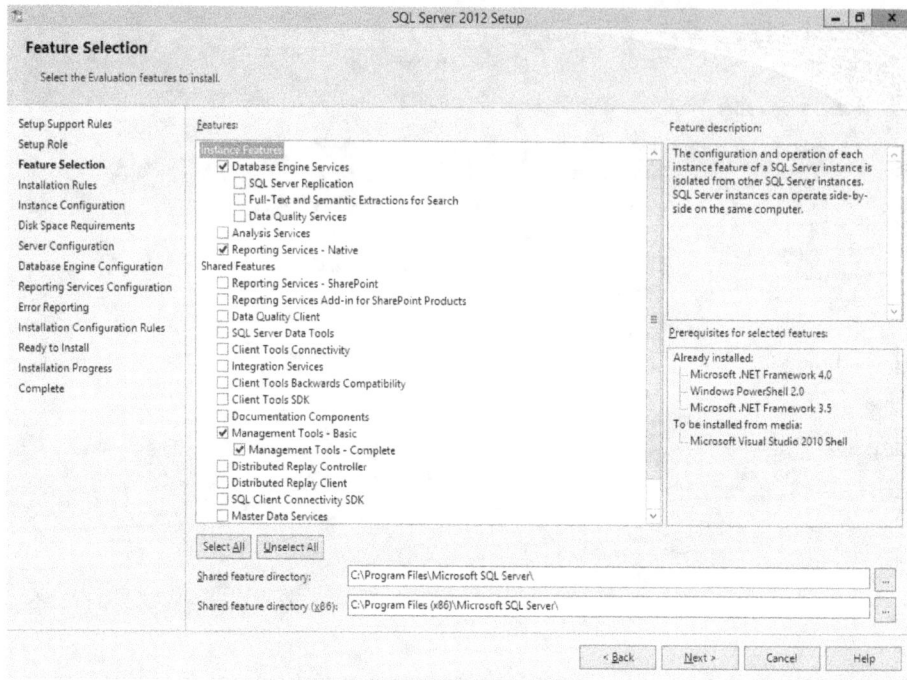

En la pantalla anterior llamada "Features Selection" marcamos las opciones:
- **Database Engine Services.**
- **Reporting Services –Native.**
- **Management Tools – Basic.**
    - **Management Tools – Complete**

y pulsamos en "**Next**":

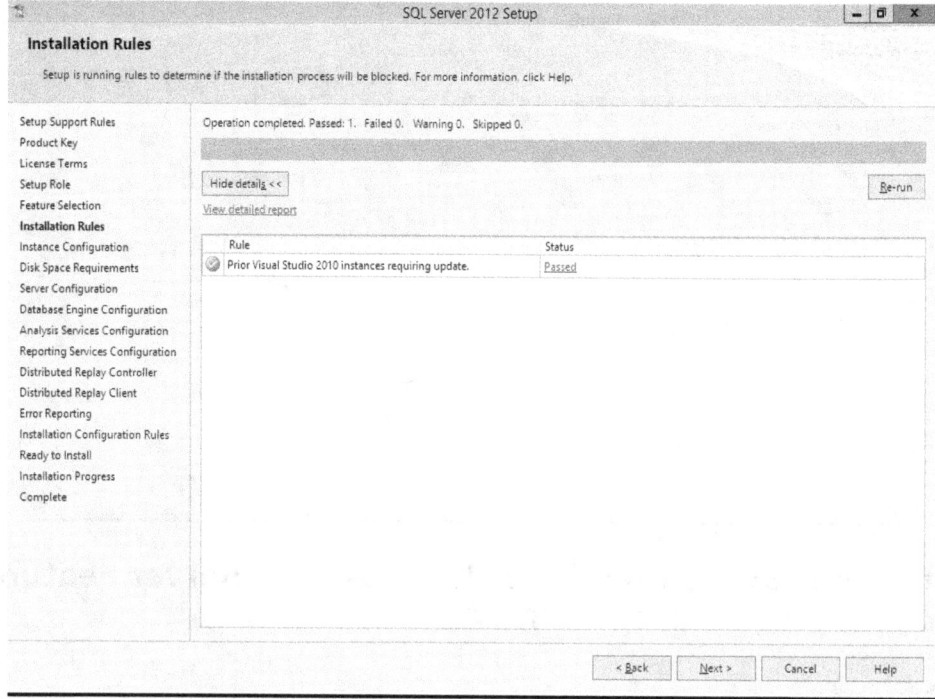

En la pantalla "**installation Rules**" se ejecutan las reglas de instalación, cuando acabe pulsamos en "**Next**":

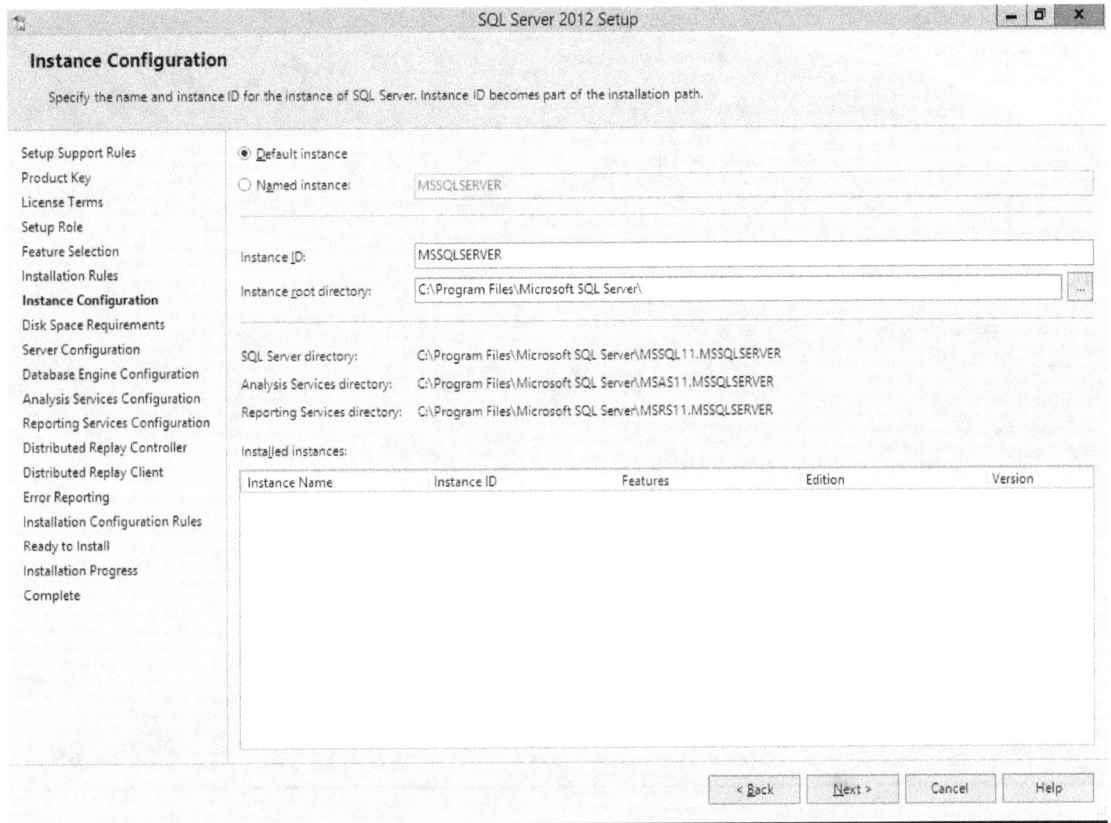

En "**Instante Configuration**" seleccionamos "**Default instance**" y dejamos "**Instante ID**" como "**MSSQLSERVER**" y en la ruta de instalación del programa la que viene por defecto y pulsamos en "**Next**":

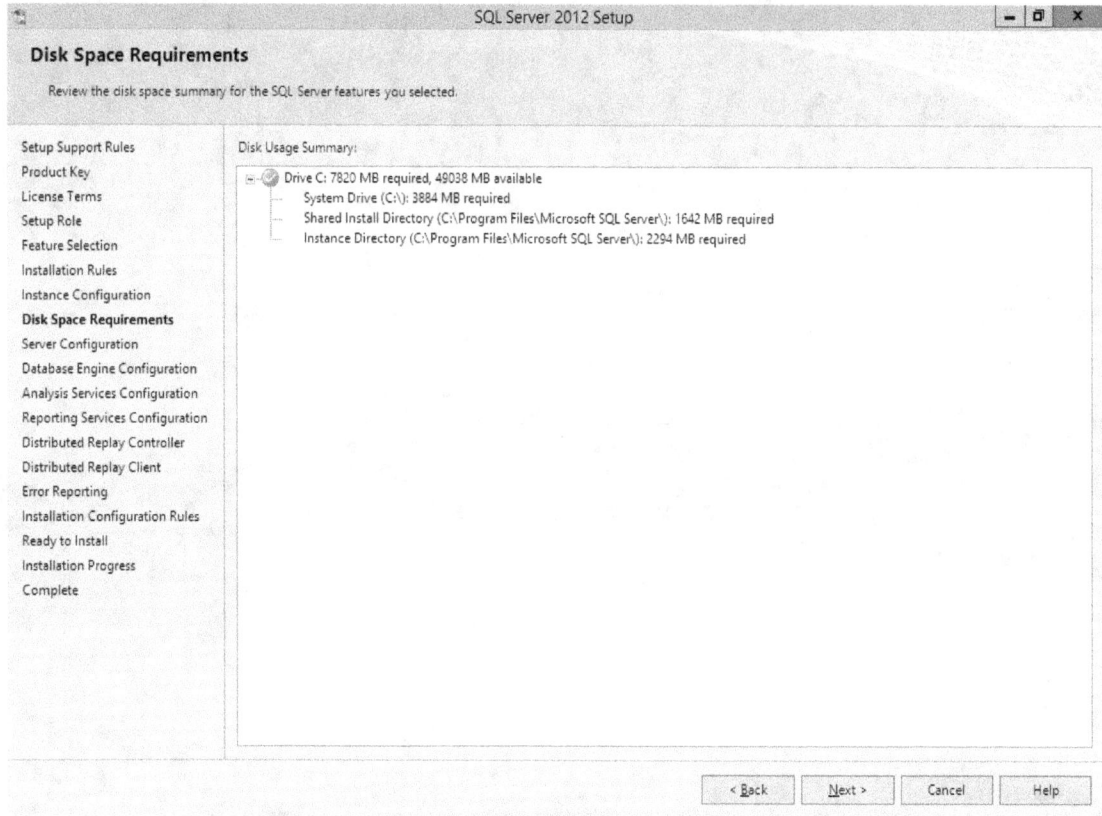

La pantalla anterior nos muestra si hemos pasado el chequeo del espacio en disco. Pulsamos en "**Next**":

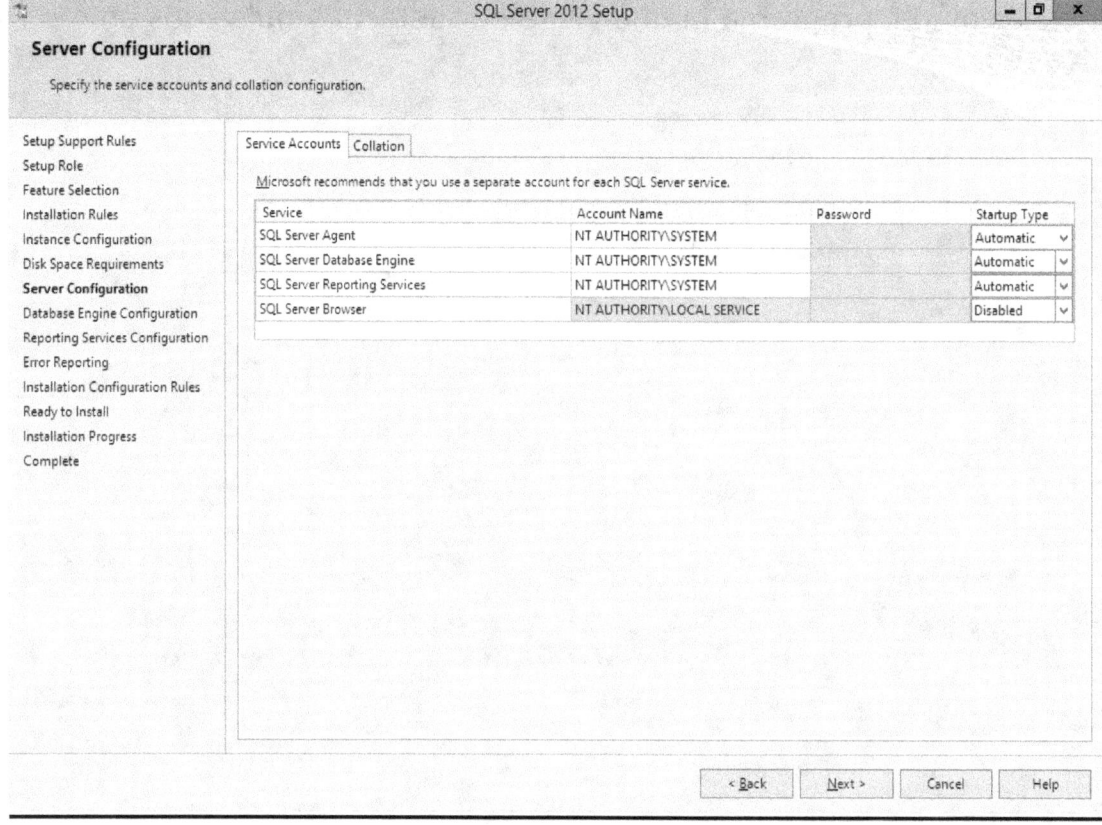

En la pantalla anterior de "**Server Configuration**" tenemos dos pestañas **MUY IMPORTANTES**, en la pestaña "**Services Accounts**" seleccionamos las cuentas y tipo de arranque de los servicios de SQL Server que vamos a instalar, Utilizar la cuenta "**NT AUTHORITY\SYSTEM**" y el tipo de inicio en "**Automatic**" en todos los servicios como se muestra en la imagen anterior.

Pulsa ahora en la pestaña "**Collation**" nos aparecerá la pantalla siguiente:

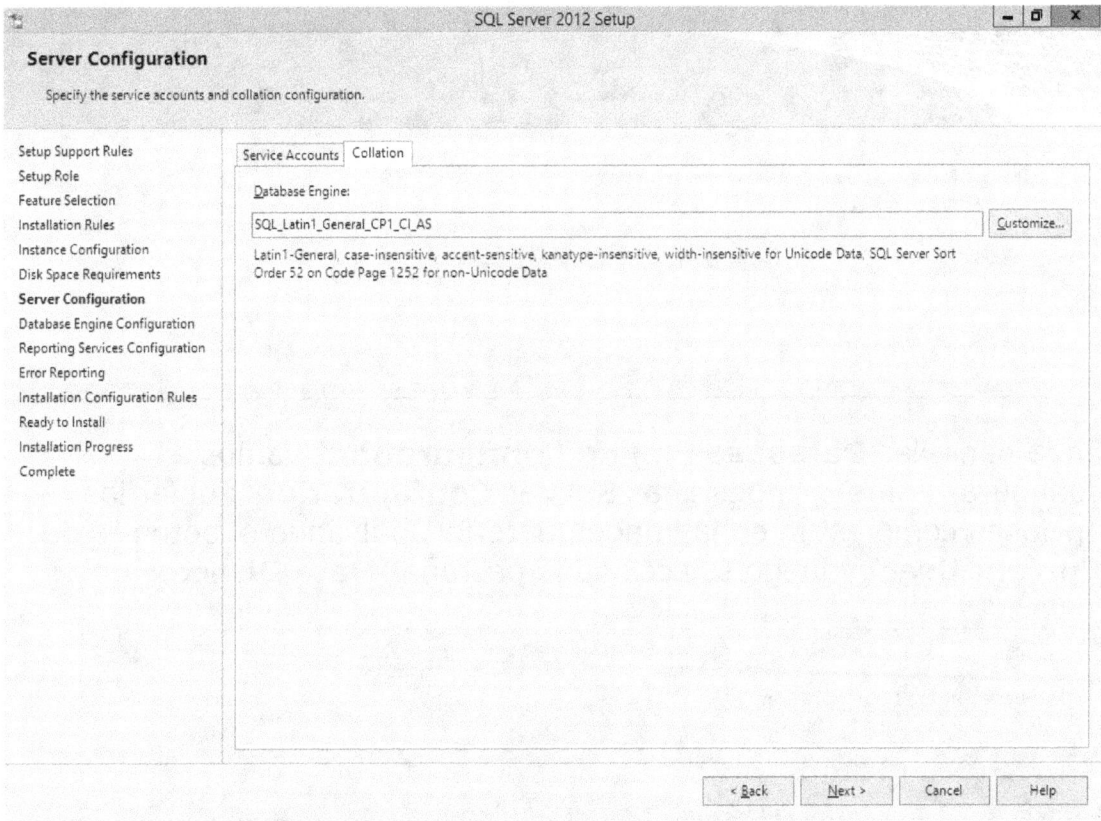

En la pestaña "**Collation**" pulsamos en "**Customize**" y seleccionamos como "**Database Engine**" el siguiente valor: "**SQL_Latin1_General_CP1_CI_AS**" como se muestra en la imagen anterior y pulsamos en "**Next**":

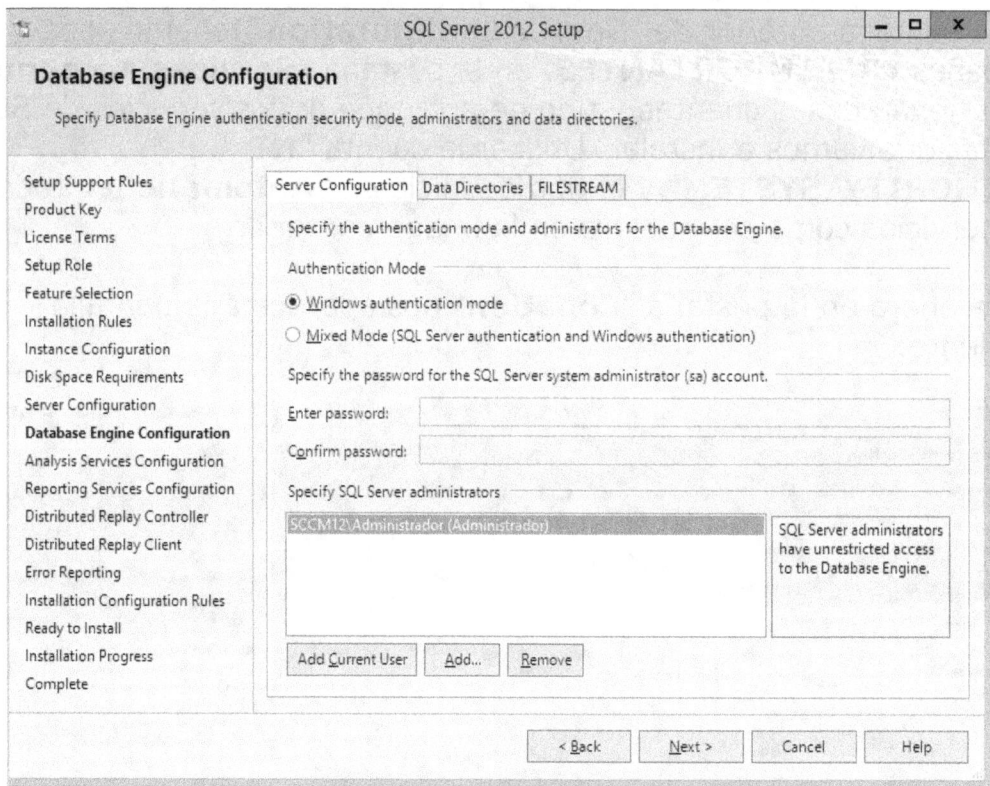

En la pantalla "**Database Engine Configuration**" vamos a configurar primero la pestaña "**Server Configuration**", dejar las opciones como están en la imagen anterior, pulsando el botón "**Add Current User**" y luego selecciona la pestaña "**Data Directories**":

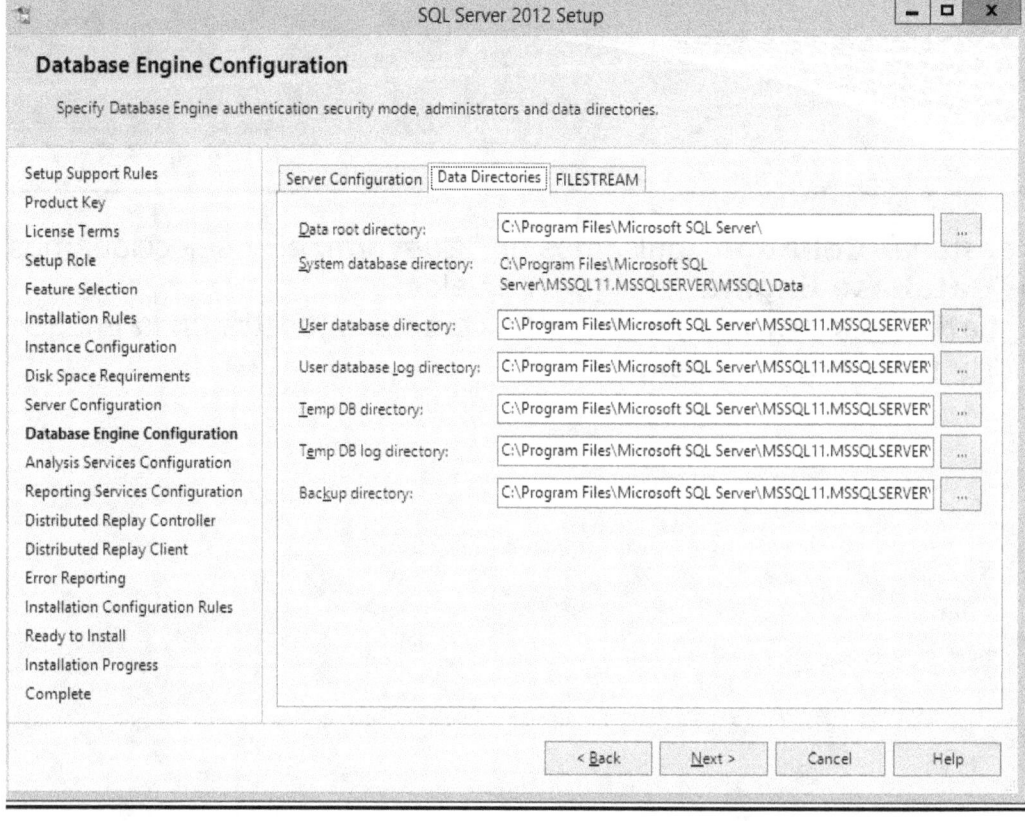

Aquí en "**Data Directories**" configuramos los directorios de log, base de datos y demás, como en la práctica solo tenemos un disco duro lo dejamos por defecto. En un entorno real es recomendable utilizar particiones distintas. Pulsamos en "**Next**":

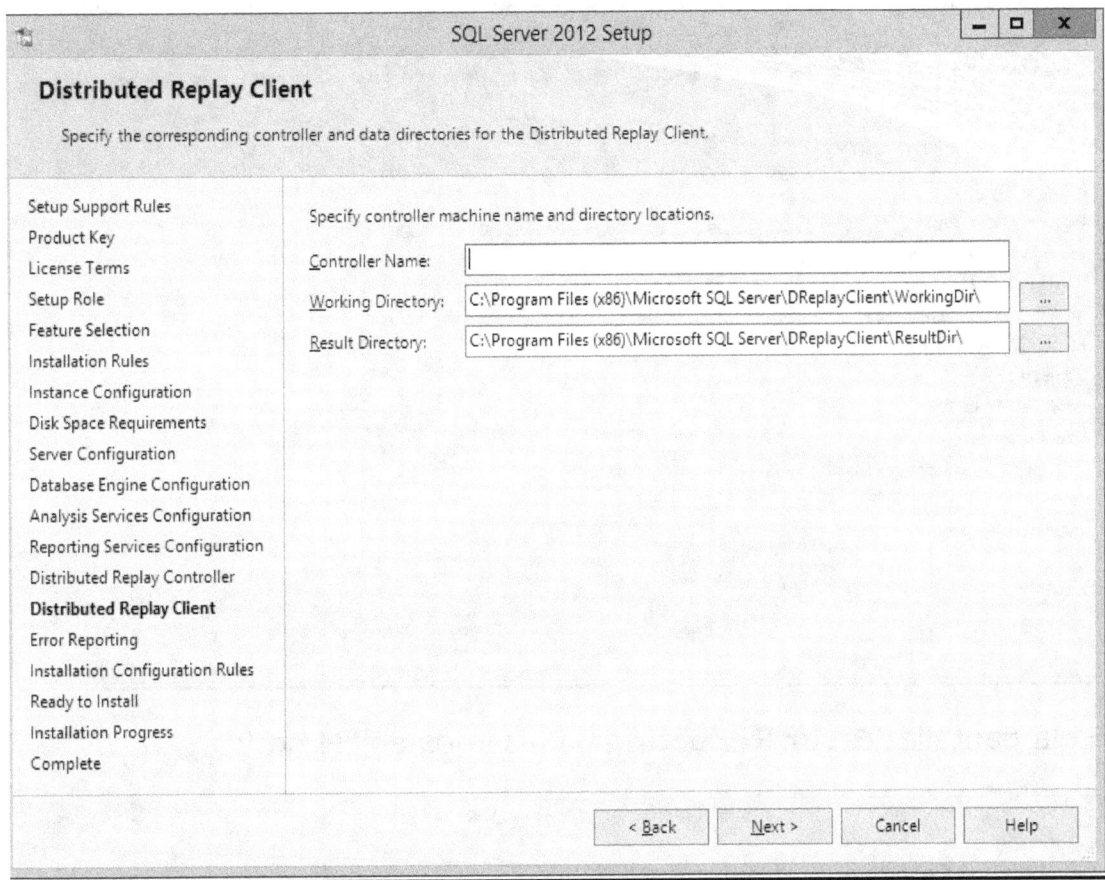

En la pantalla "**Distribuye Replan Client**" dejamos las opciones por defecto y pulsamos en "**Next**":

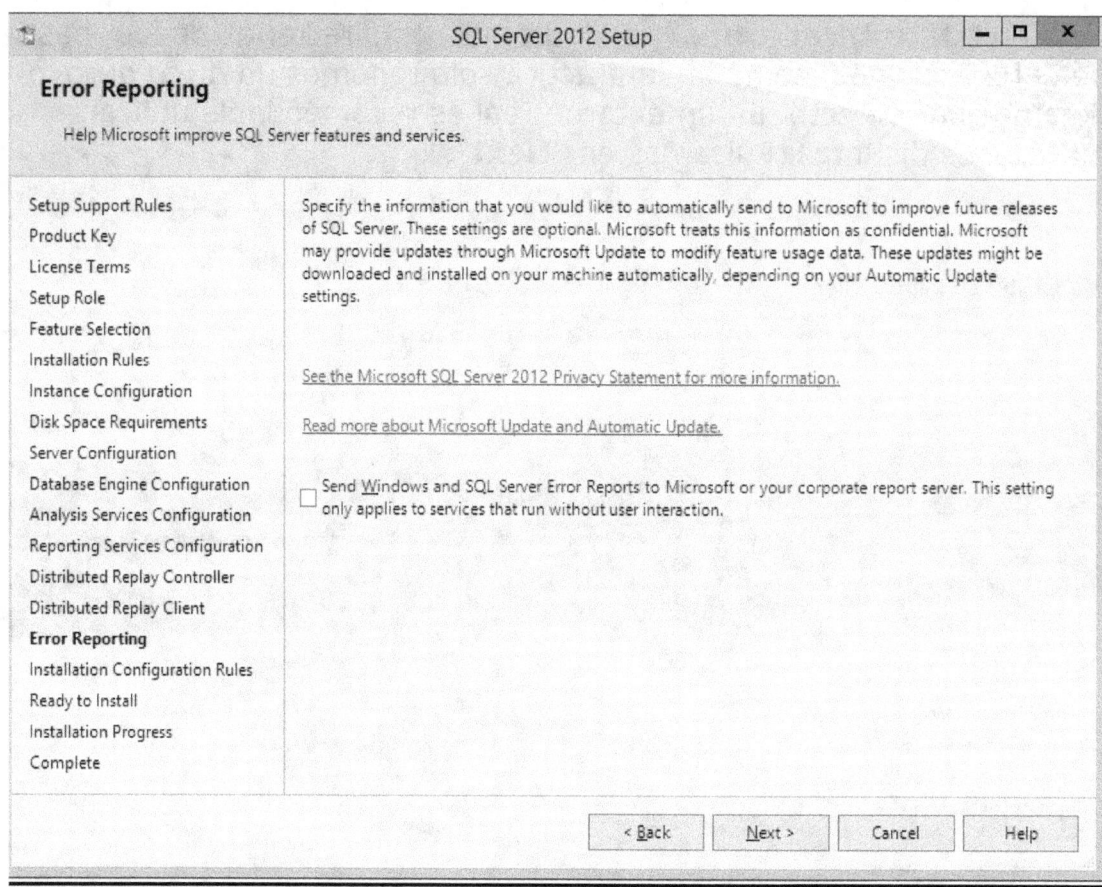

En la pantalla "**Error Reporting**" pulsamos en "**Next**":

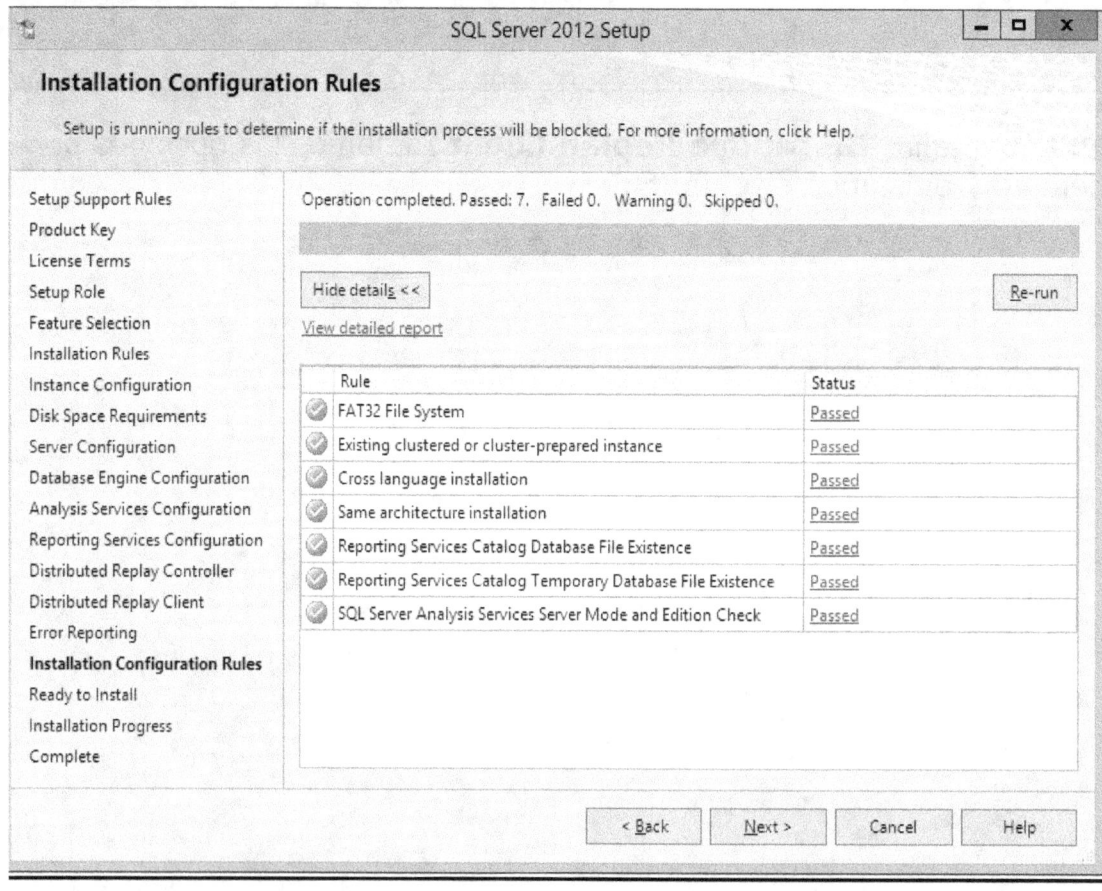

Se ejecutan las reglas de configuración, una vez finalizado pulsamos en "**Next**":

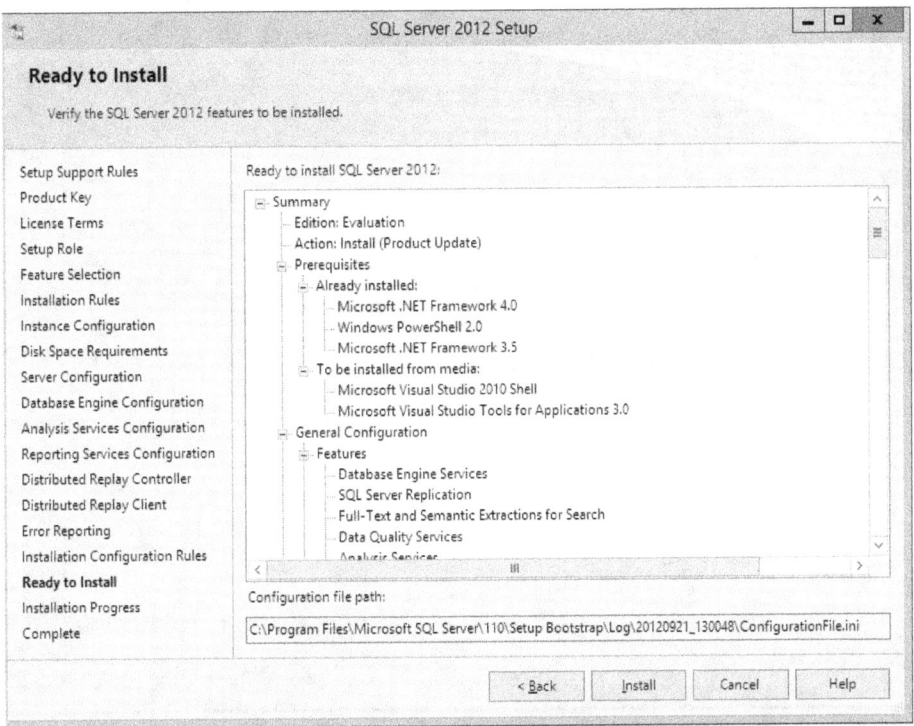

Aparecerá una ventana resumiendo lo que acabamos de configurar, pulsamos en "**Install**":

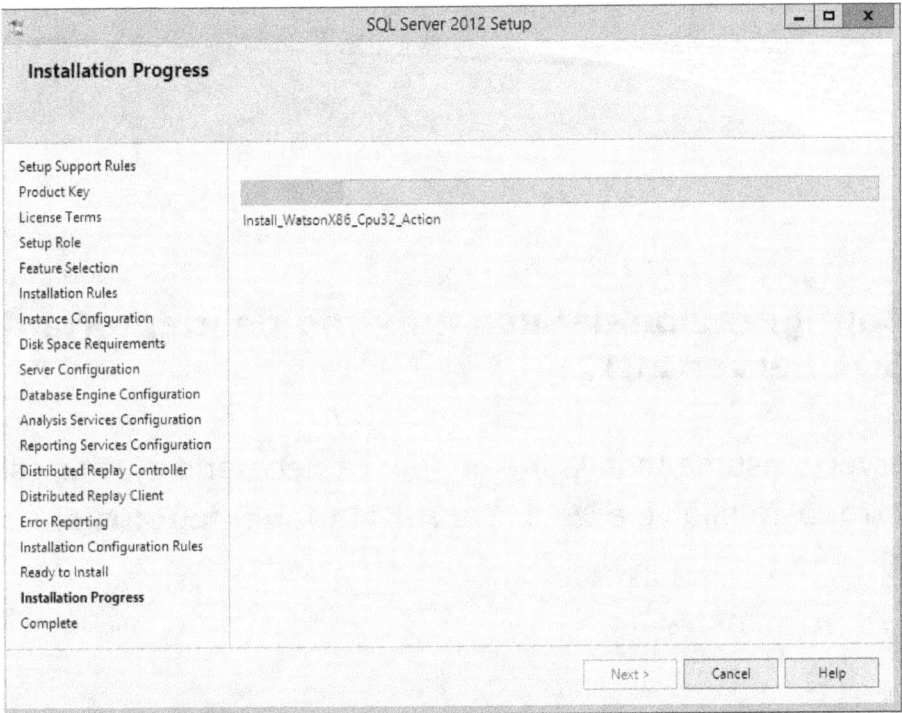

Comenzará la instalación de SQL Server 2012 Sp1, al terminar aparecerá una pantalla como la siguiente:

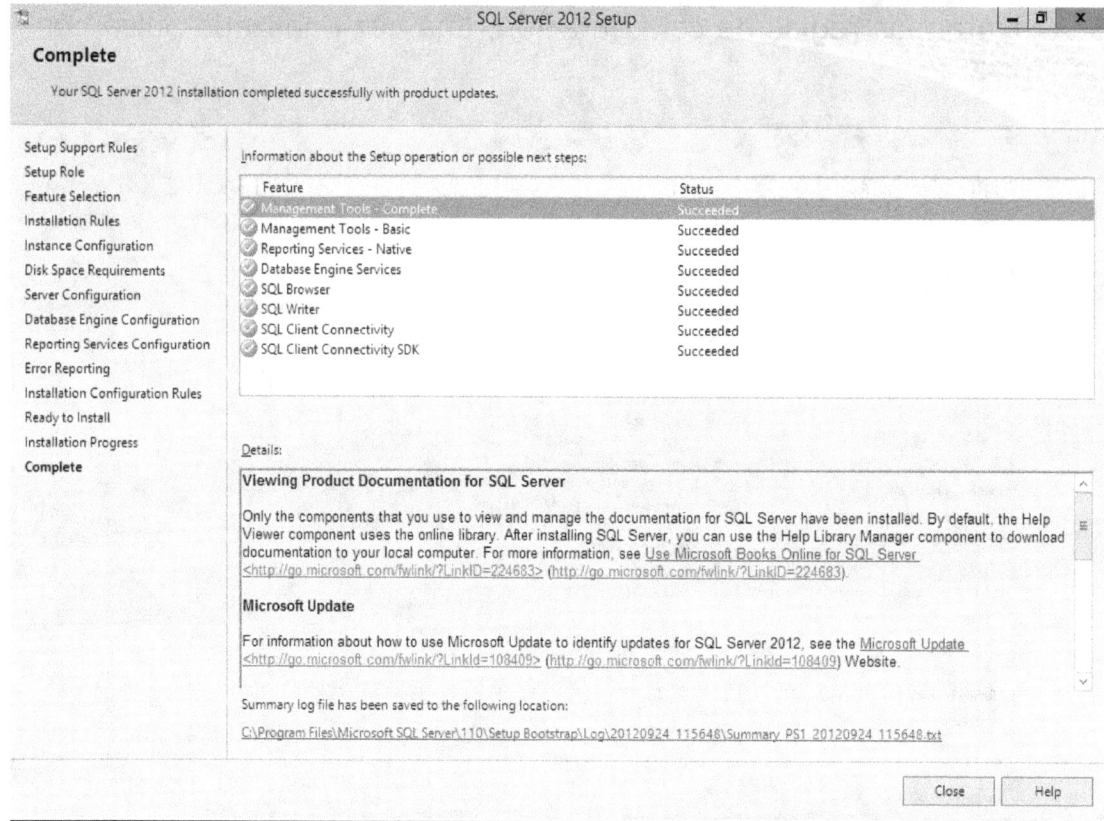

Pulsamos en "**Close**" para terminar la instalación.

▷ Configuración del uso máximo de memoria de SQL Server 2012:

SQL Server consume toda la memoria y es necesario ajustar este parámetro, para ello ve a "**SQL Server Management Studio**":

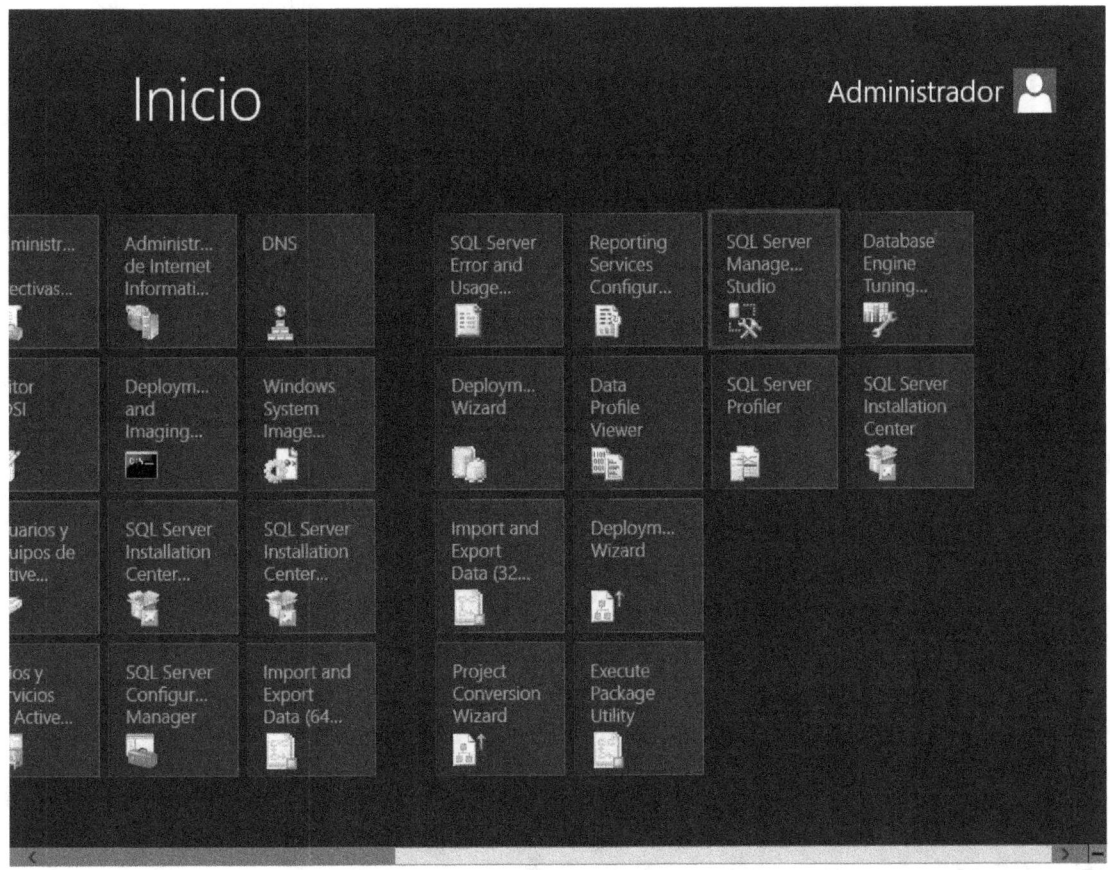

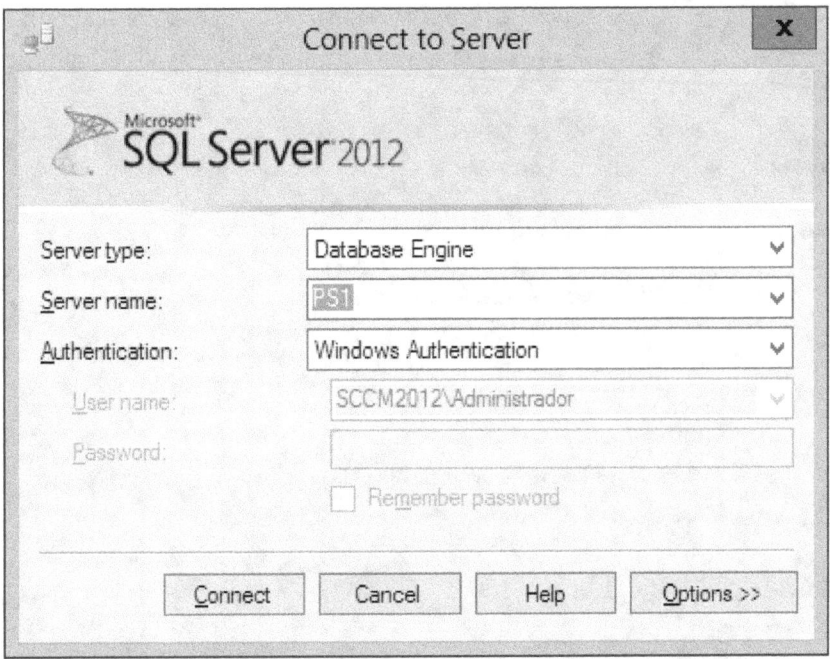

Conecta con la base de datos como se muestra en la pantalla anterior y arrancará la consola de **"SQL Server Management Studio"**:

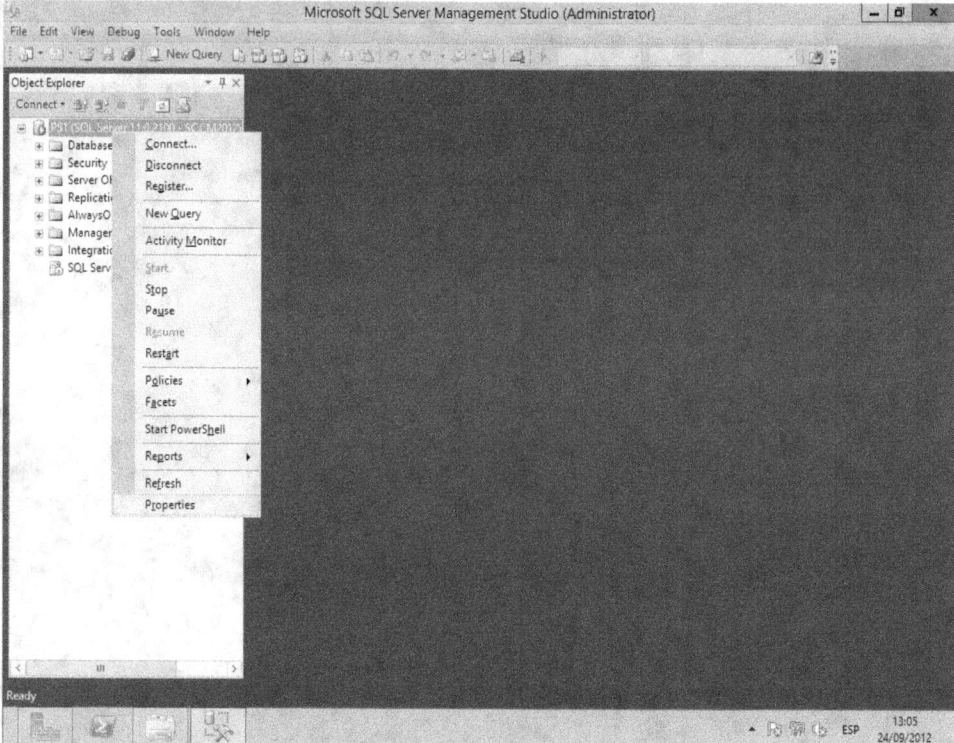

Sitúate sobre "**PS1....**" y pulsa con el botón derecho del ratón en "**Properties**", aparecerá la pantalla:

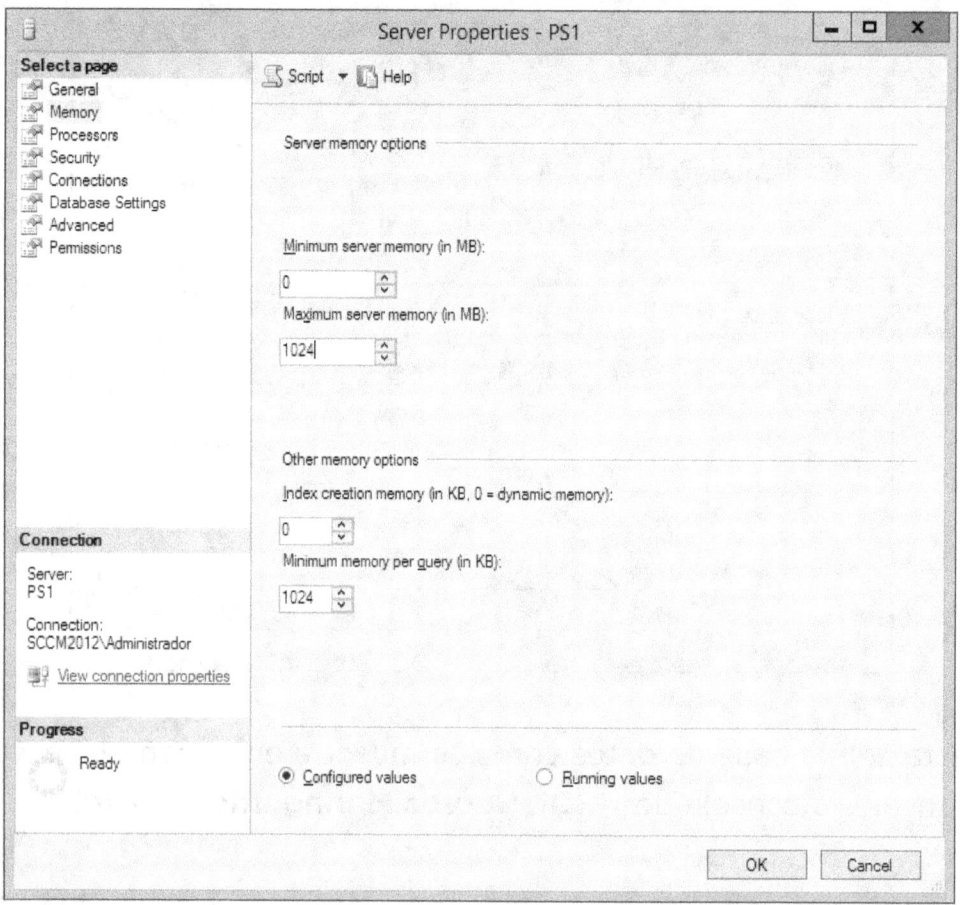

Selecciona "**Memory**" y para esta práctica configura los valores como aparecen en la imagen anterior. Pulsa en "**OK**" y cierra "**SQL Server Management Studio**".

↓ 7. Instalación SCCM 2012 SP1 Beta:

La Instalación se SCCM 2012 Sp1 Beta es muy sencilla, solo hay que ir siguiendo unos asistentes, lo realmente complicado es lo que hemos realizado hasta ahora. Preparar un Servidor para instalar SCCM 2012 es bastante complicado, montar una jerarquía complica mucho más las cosas, por lo que hay que hacer una planificación minuciosa antes de implantarse.

A lo largo de unas imágenes te voy a guiar en el proceso de instalación de SCCM 2012 SP1:

Lo primero que hay que hacer es ir a la ruta donde tenemos el programa y ejecutar el fichero: "**splash.hta**" aparece la siguiente pantalla:

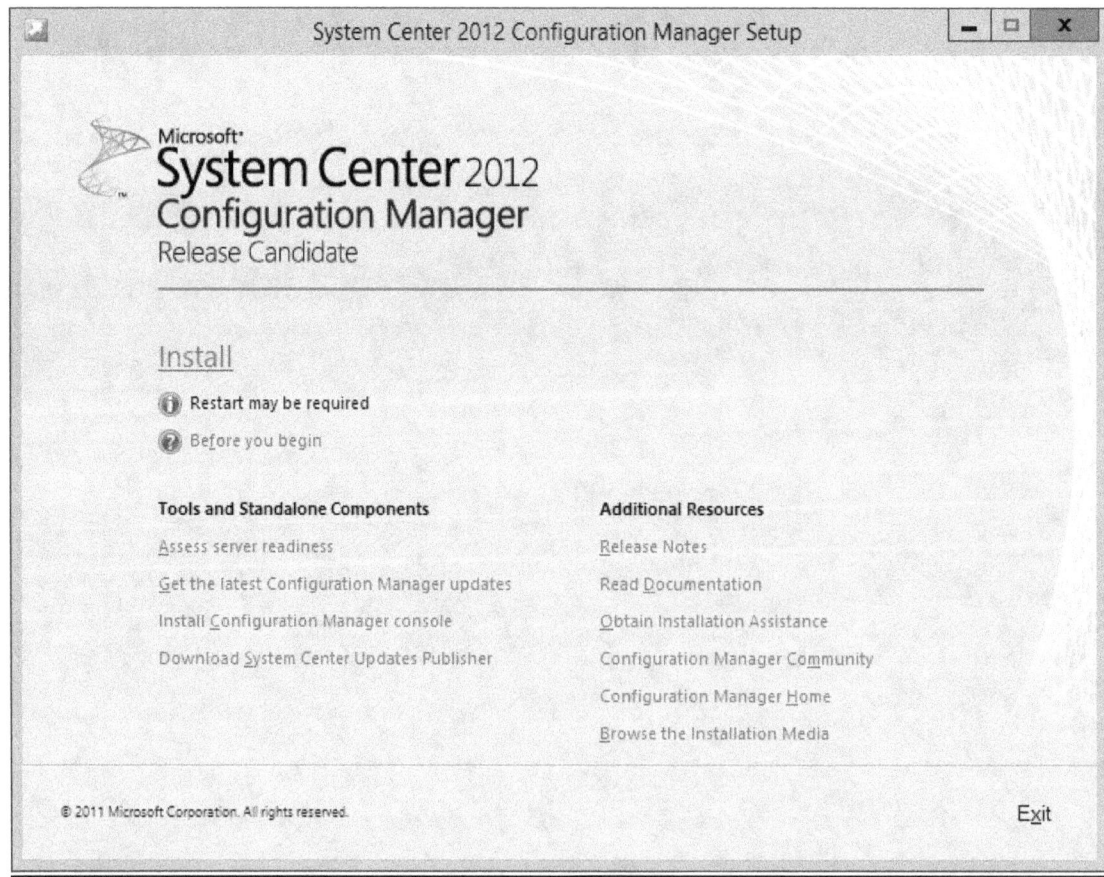

Aquí aparte de realizar una instalación podemos hacer más como ejecutar el programa que revisa los prerrequisitos de instalación de SCCM 2012 pulsando en "**Assess Server readness**", también podemos instalar la consola de administración pulsando en "**Install Configuration Manager console**", asi como obtener las últimas actualizaciones del producto y descargar System Center Updates

Publisher. También tenemos enlaces a la documentación oficial de Microsoft.

Vamos a empezar lo primero es pulsar en la opción "**Install**", nos aparecerá la siguiente pantalla:

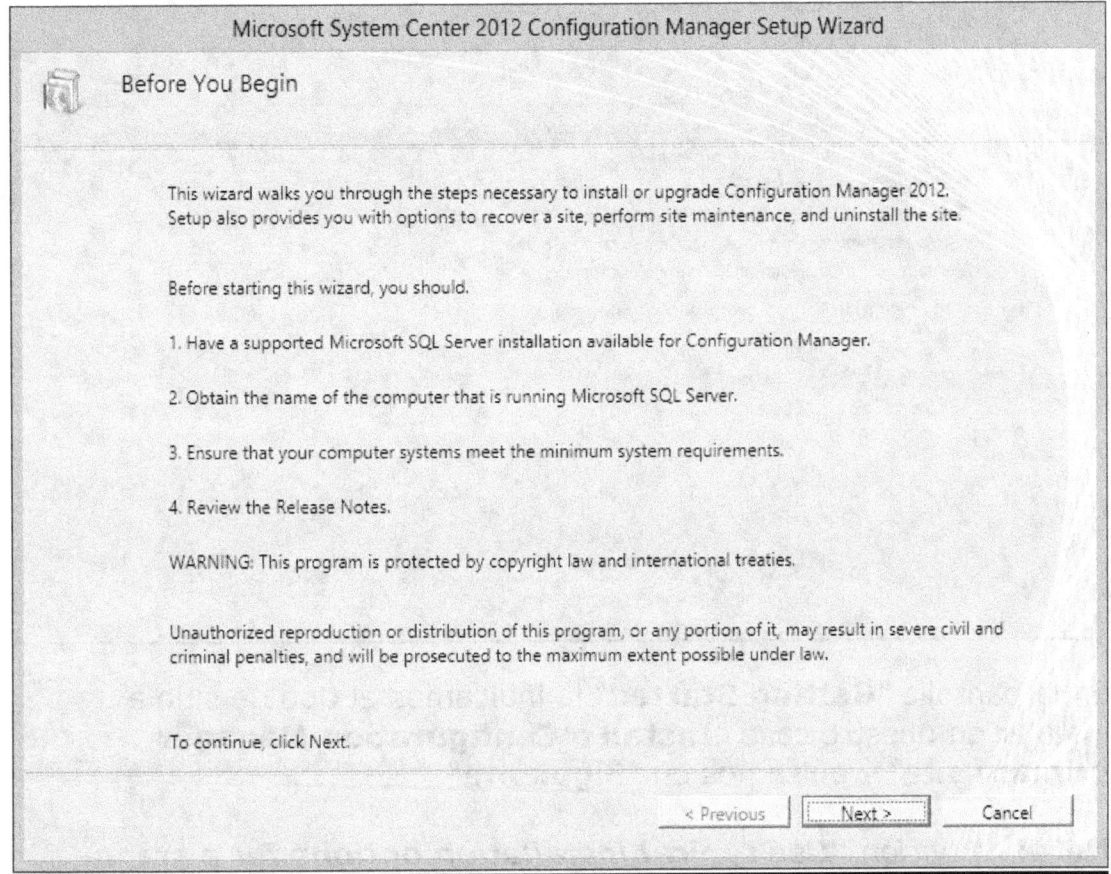

En esta pantalla llamada "**Before You Begin**" pulsamos en "**Siguiente**":

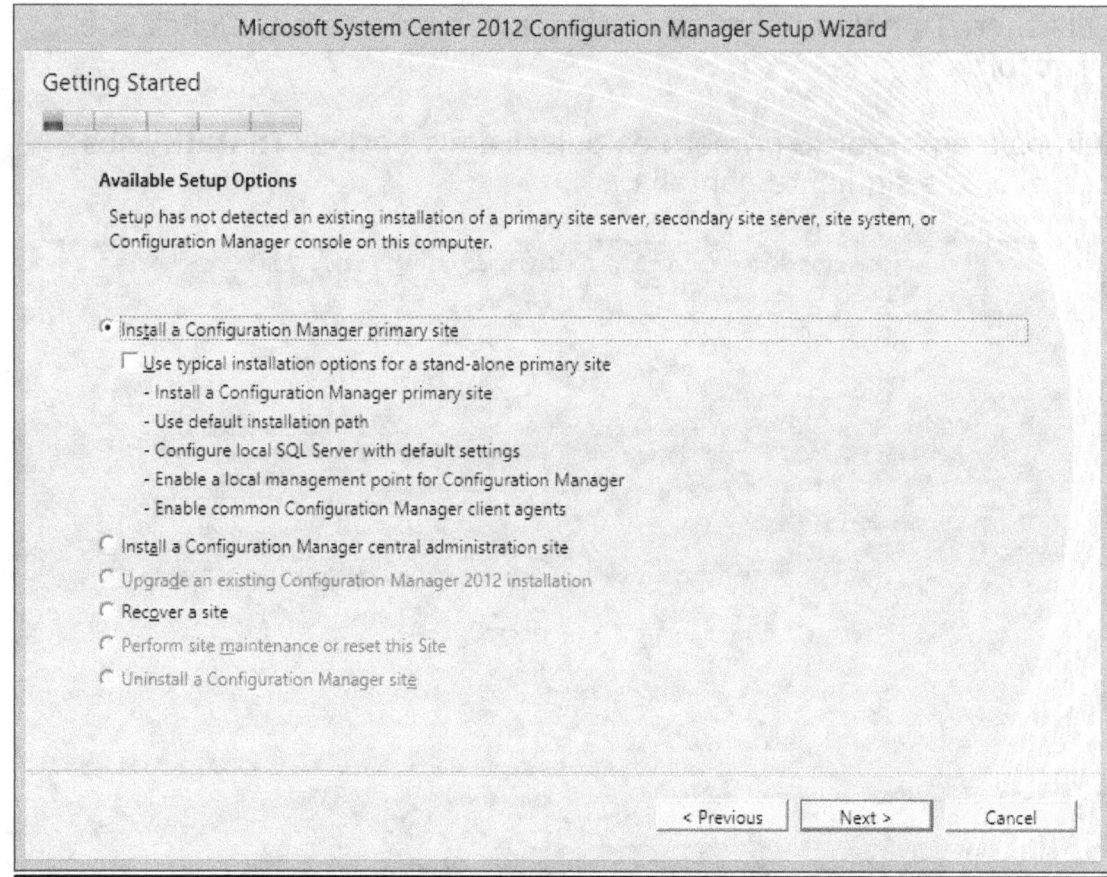

En la pantalla "**Getting Started**" le indicamos el tipo de sitio a instalar en nuestro caso "**Install a Configuration Manager primary site**" y pulsamos en "**Siguiente**".

Nota: *La opción **"Use typical installation options for a stand-alone primary site**" es recomendable para casos como el nuestro, sitios independientes y en entornos de prueba pero no lo actives ya que si lo activas no verás todas las pantallas de configuración, ya que muchas las instala por defecto.*

Desde esta pantalla también podemos instalar un Sitio de Administración Central (CAS-Central Administration Site) y también podemos ejecutar la opción "Recover a Site", podemos resetear un sitio, actualizarlo (siempre desde versiones SCCM 2012) o desinstalar un sitio.

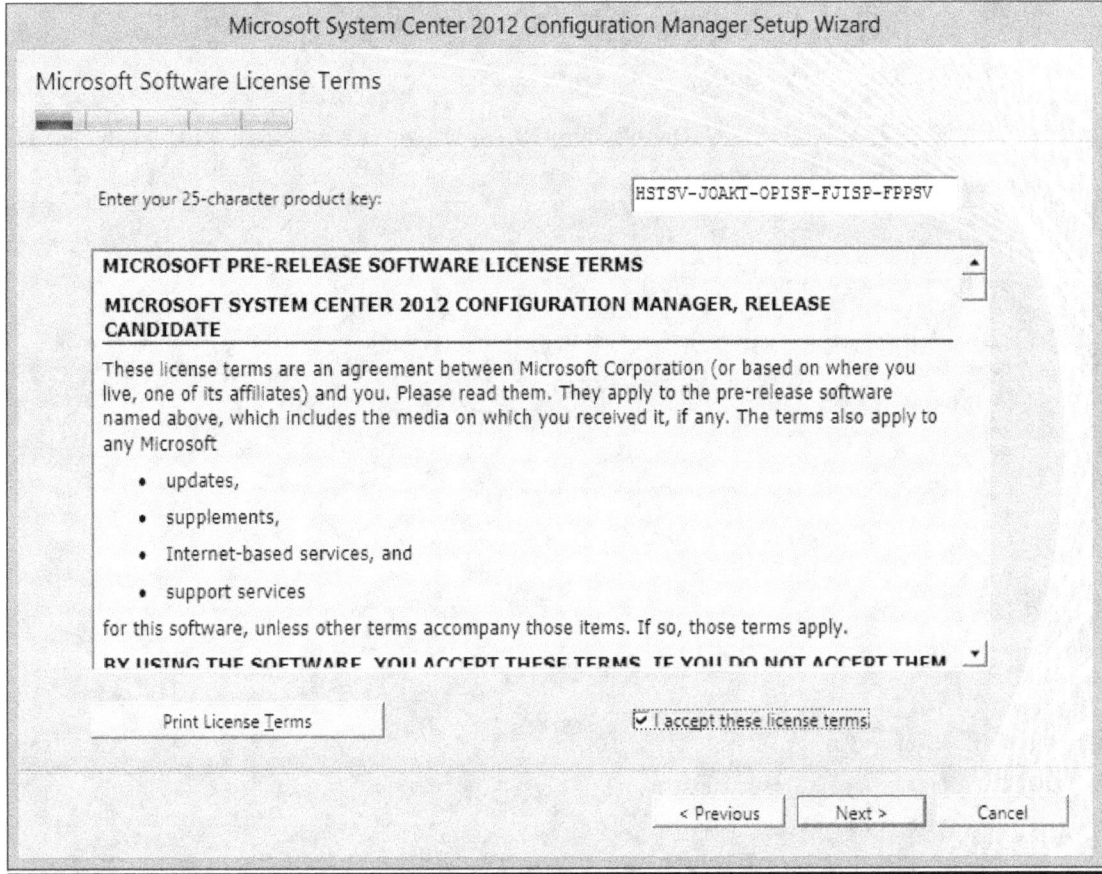

En esta pantalla de "**Microsoft Software License Terms**" introduciremos el Número de serie del producto, al ser de evaluación este número está marcado por defecto. Acepta los términos de la licencia marcando la casilla "**I accept these license terms**" y pulsa en "**Next**":

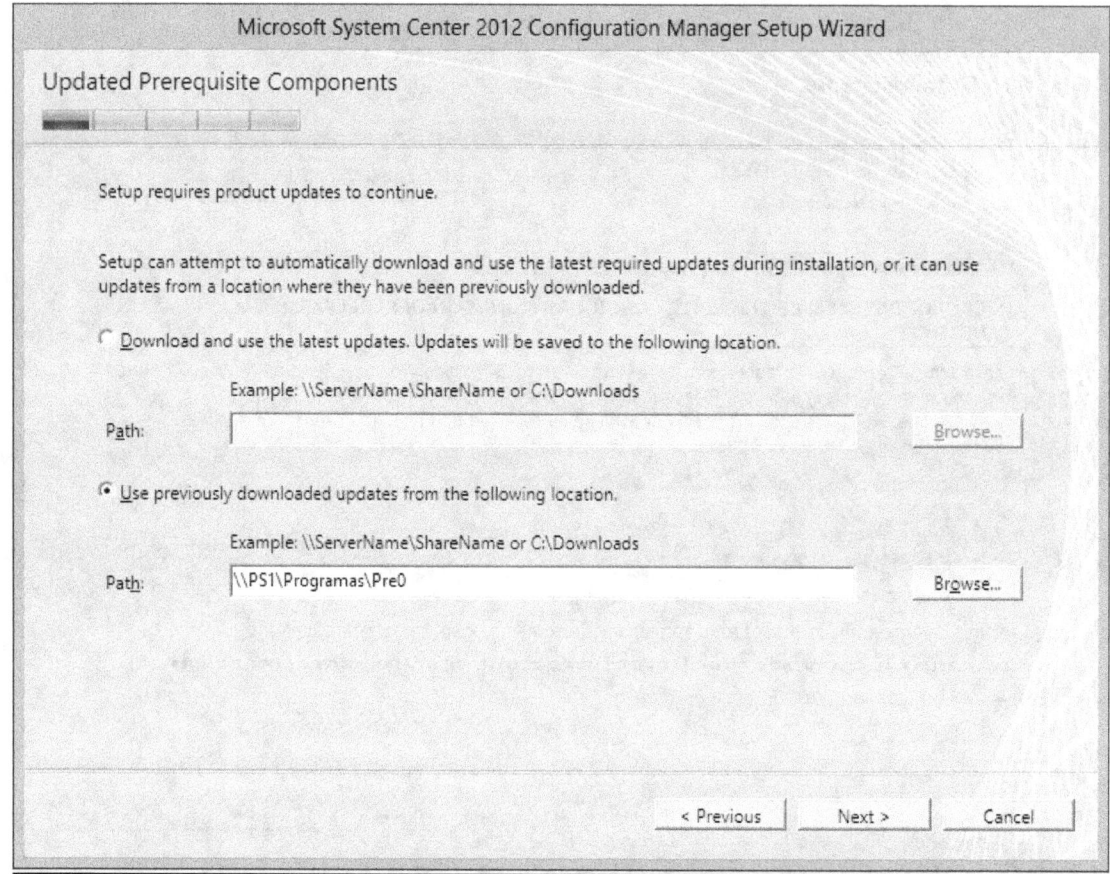

En la pantalla "**Update Prerequisite components**" tenemos dos opciones, la primera "**Download and use,....**" Descarga los componentes desde Internet y los almacena en la carpeta que se especifique en el campo "**Path**".

La segunda opción es "**Use previously downloaded updates,......**" y se utiliza cuando ya tenemos los archivos descargados previamente. En este caso ya los he descargado y guardado en la ruta "**\\PS1\Programas\Pre0**" pon esta ruta o la que tú tengas los archivos en el campo "**Path**" y pulsa en "**Next**":

Nota: Puedes descargar estos archivos ejecutando: <Directorio donde tengas el SP1 de SCCM2012>\SMSSETUP\BIN\X64\SETUPDL.exe

Se descargarán los ficheros a la ruta que indiques.

Recuerda ejecutar este fichero en un PC de 64Bits y con conexión a Internet.

Los ficheros que se descargan son:

- **ConfigMgr.LN.Manifest.cab**

- **ConfigMgr.Manifest.cab**
- **dotNetFx40_Client_x86_x64.exe**
- **dotNetFx40_Full_x86_x64.exe**
- **msrdcoob_amd64.exe**
- **msrdcoob_x86.exe**
- **msxml6_x64.msi**
- **SharedManagementObjects.msi**
- **Silverlight.exe**
- **SQLEXPR_x64_ENU.exe**
- **sqlncli.msi**
- **SQLSysClrTypes.msi**
- **windowsupdateagent30-x64.exe**
- **windowsupdateagent30-x86.exe**
- **wmirdist.msi**

Una vez que hemos pulsado en "**Next**" el asistente verifica que tenemos todos los ficheros.

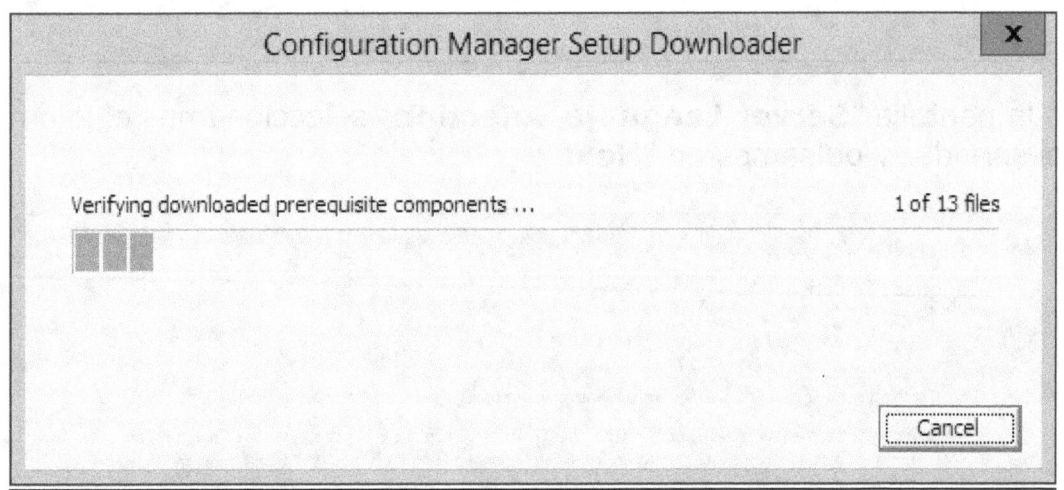

Una vez finalizada la comprobación pasamos a la siguiente pantalla:

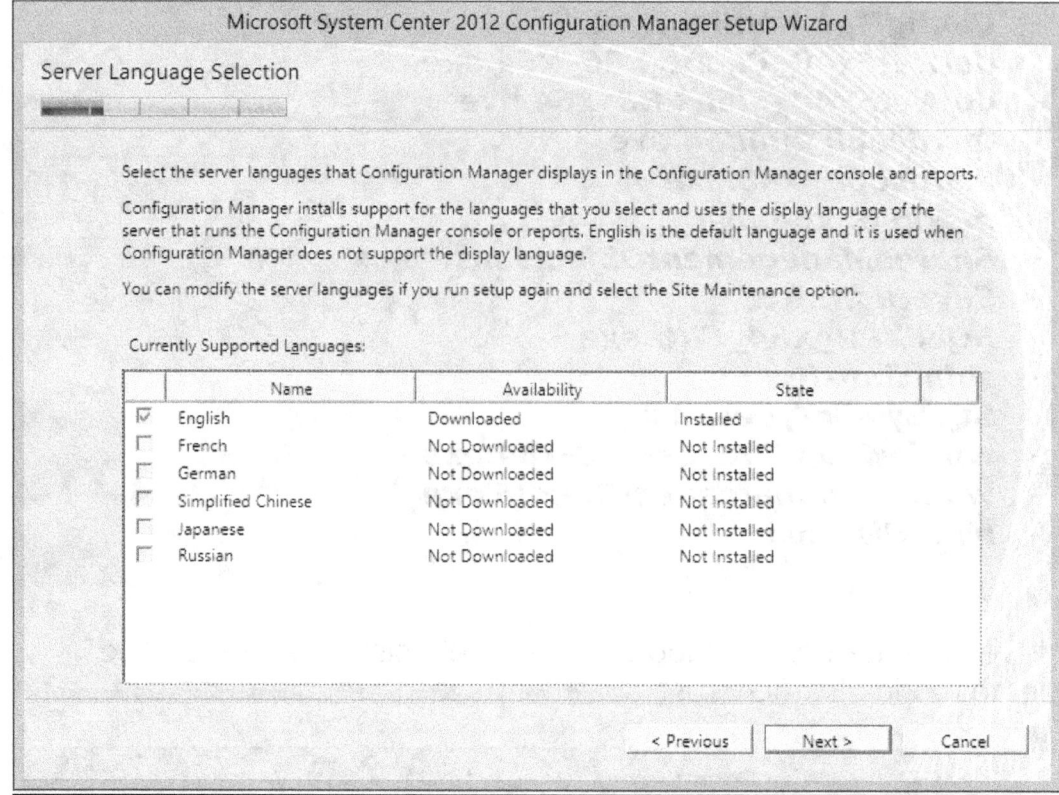

En la pantalla "**Server Lenguaje Selection**" seleccionamos el idioma del servidor y pulsamos en "**Next**":

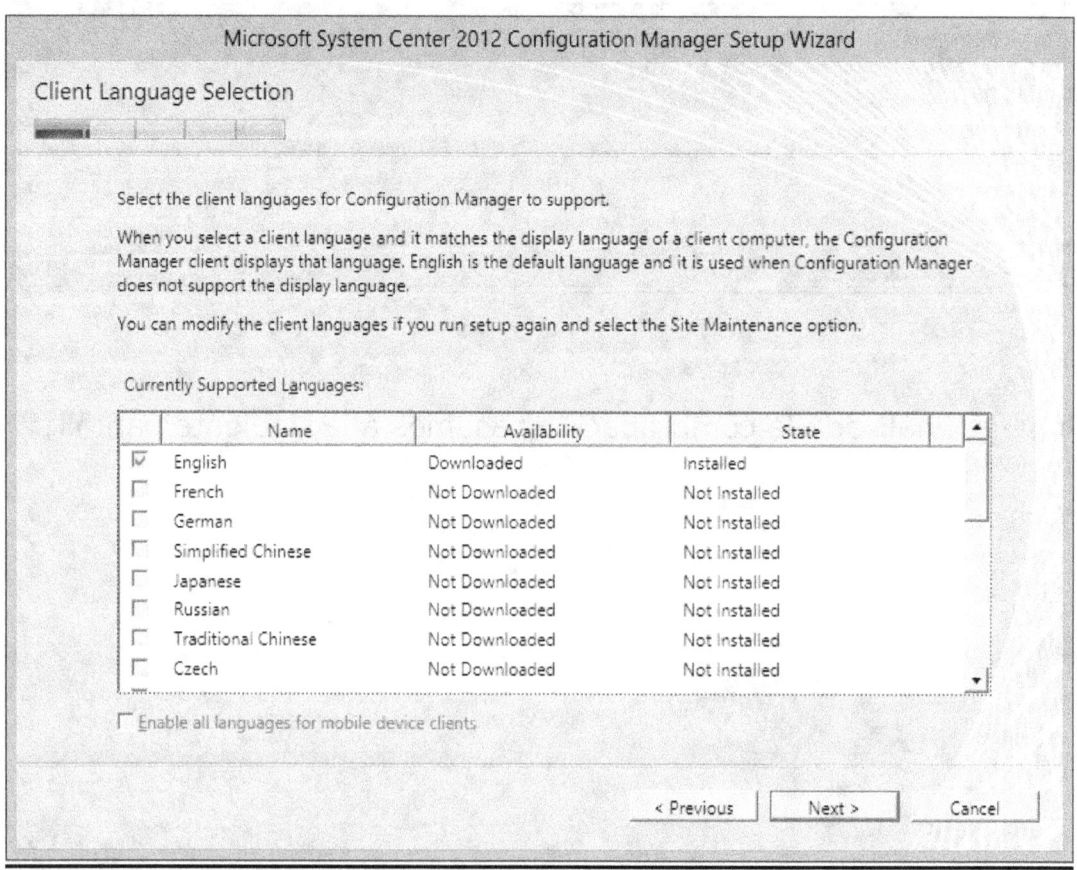

En la pantalla "**Client Language Selection**" seleccionamos el idioma o idiomas que tendrán los clientes de SCMM 2012. Pulsar en "**Next**":

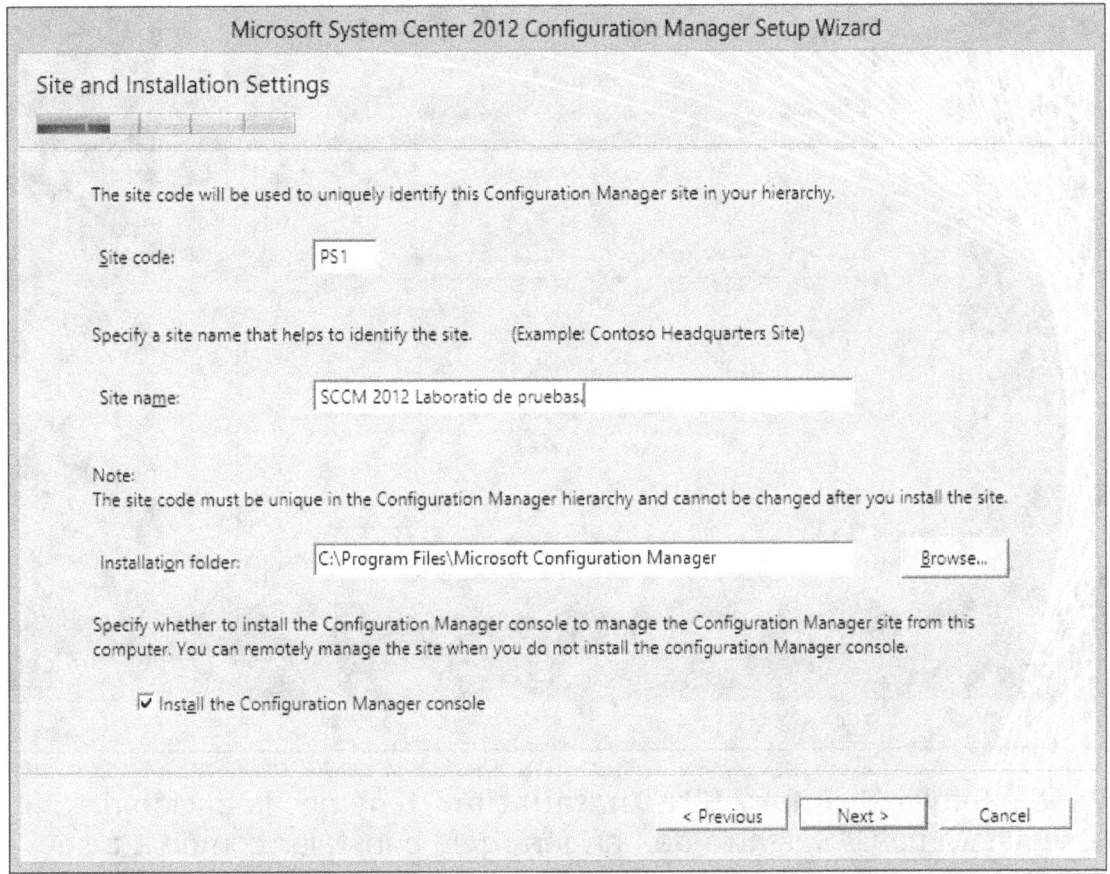

La pantalla "**Site and Installation Settings**" nos sirve para configurar:

Site code: "PS1". El código del sitio tiene que ser un conjunto de 3 caracteres alfanúmericos, evitando los caracteres especiales y algún conjunto de letras utilizado por Microsoft como por ejemplo "COM".

Site Name: "SCCM 2012 Laboratorio de pruebas". Especificamos un nombre descriptivo para nuestro sitio.

Installation Folder: "C:\Program Files\Microsoft Configuration Manager" aparece está opción por defecto, como en nuestra práctica solo tenemos un disco duro lo dejamos así. La recomendación es usar particiones diferentes para el sistema operativo, SQL Server y SCCM.

Marcar la casilla "**Install the Configuration Manager Console**" La marcamos para instalar la consola de administración, es el medio por el que nos comunicamos con SCCM 2012 y SQL Server.

Pulsamos en "**Next**":

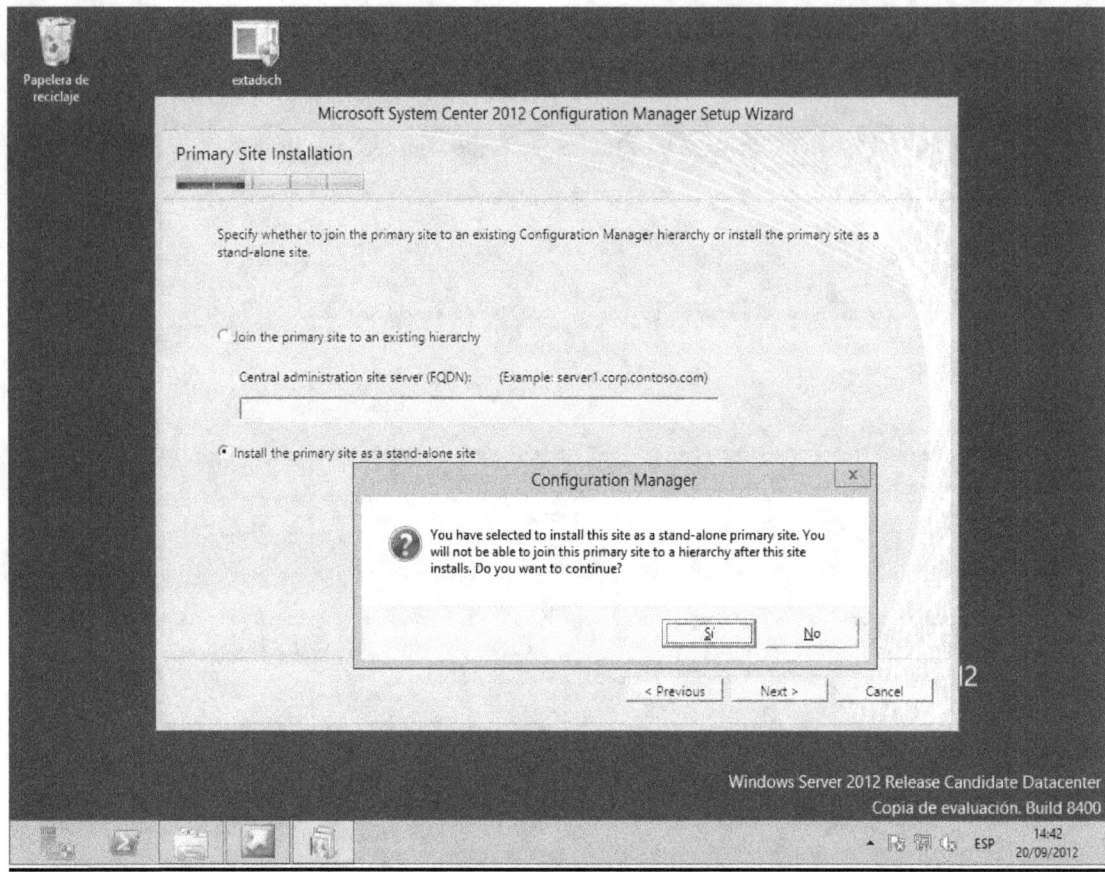

En la pantalla "**Primary Site Installation**" tenemos la opción de unir este sitio a un CAS dentro de una jerarquía o instalar como va a ser nuestro caso un sitio independiente, seleccionamos la opción "**Install the primary site as a estándar-alone site**" no aparece un mensaje de aviso, pulsa en "**si**":

En "**Database Information**" los campos que se muestran en la página anterior aparecen por defecto, en "**Database name**" podemos poner el nombre de base de datos que queramos, vamos a dejarlo como aparece en la imagen superior.

En "**SSB port**" está predeterminado el puerto "**4022**" que ya pusimos como regla en el Firewall.

Al pulsar en "" SCCM 2012 contacta con SQL Server para ver si hay comunicación y poder crear durante la instalación la base de datos.

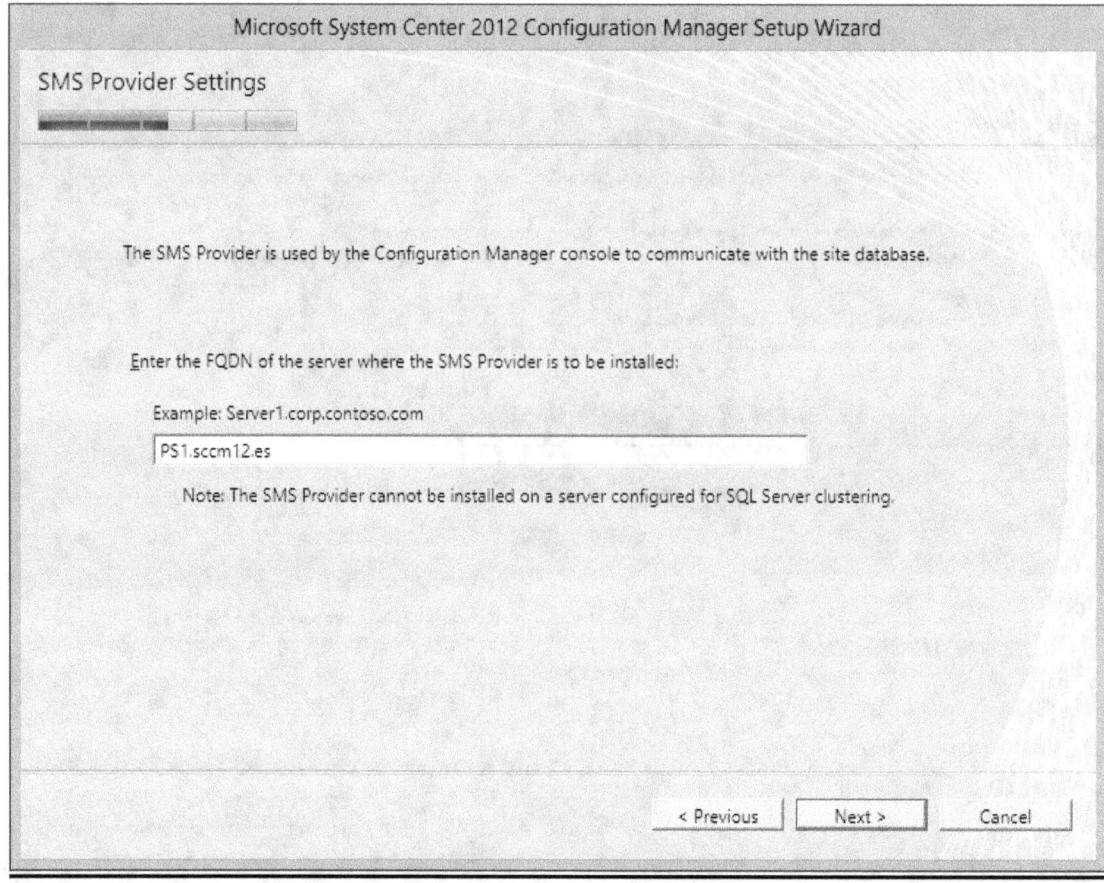

En la pantalla "**SMS Provider Settings**" indicamos el servidor donde instalar este componente, que es el encargado de las comunicaciones entre la consola de SCCM 2012 y la base de datos.

Pulsa en "**Next**":

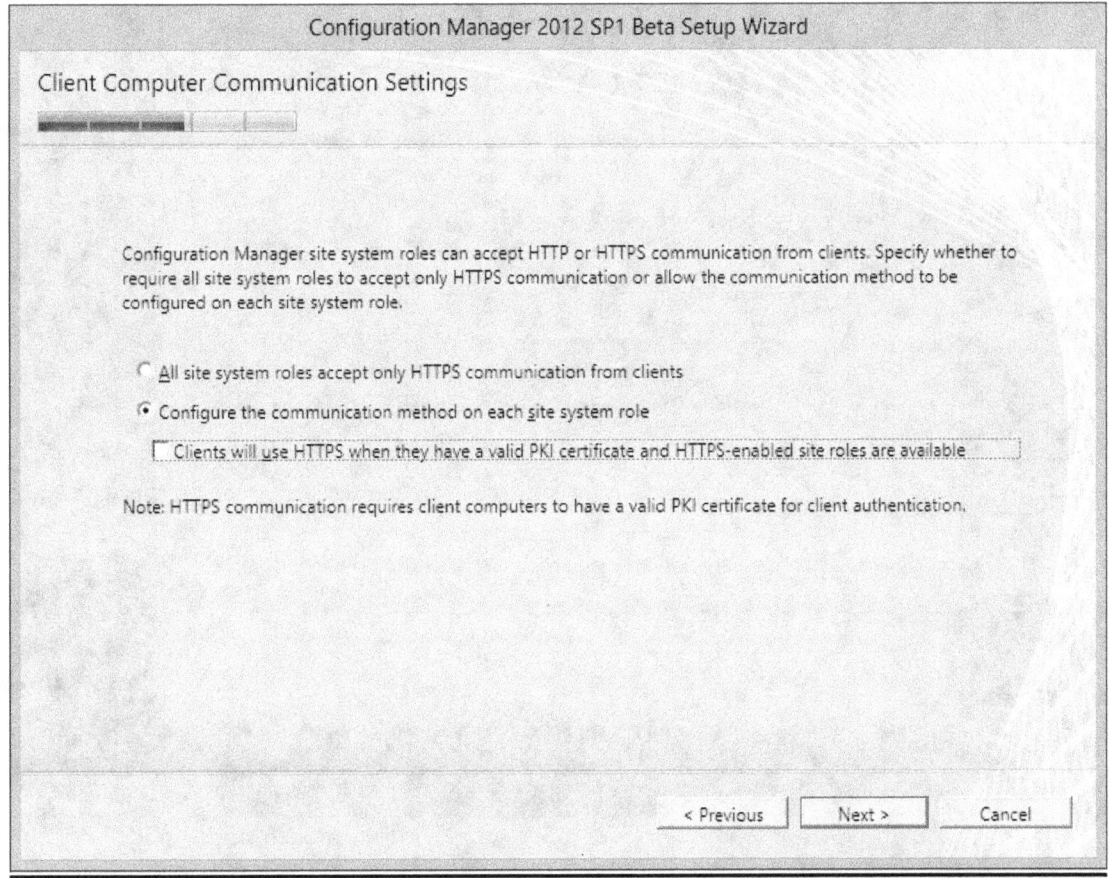

En la siguiente pantalla "**Client Computer Comumunications**" seleccionamos los puertos de comunicación para los roles, en nuestro caso vamos a seleccionar "**Configure the communications method on each site system role**" para configurar las comunicaciones más tarde. Las comunicaciones HTTPS son comunicaciones seguras que requieren una infraestructura de certificados, generalmente se usan para comunicaciones con dispositivos como los Móviles. Par una red interna donde los clientes y roles de servidor están dentro de la red corporativa se suele utilizar HTTP.

Pulsa "**Next**" para continuar:

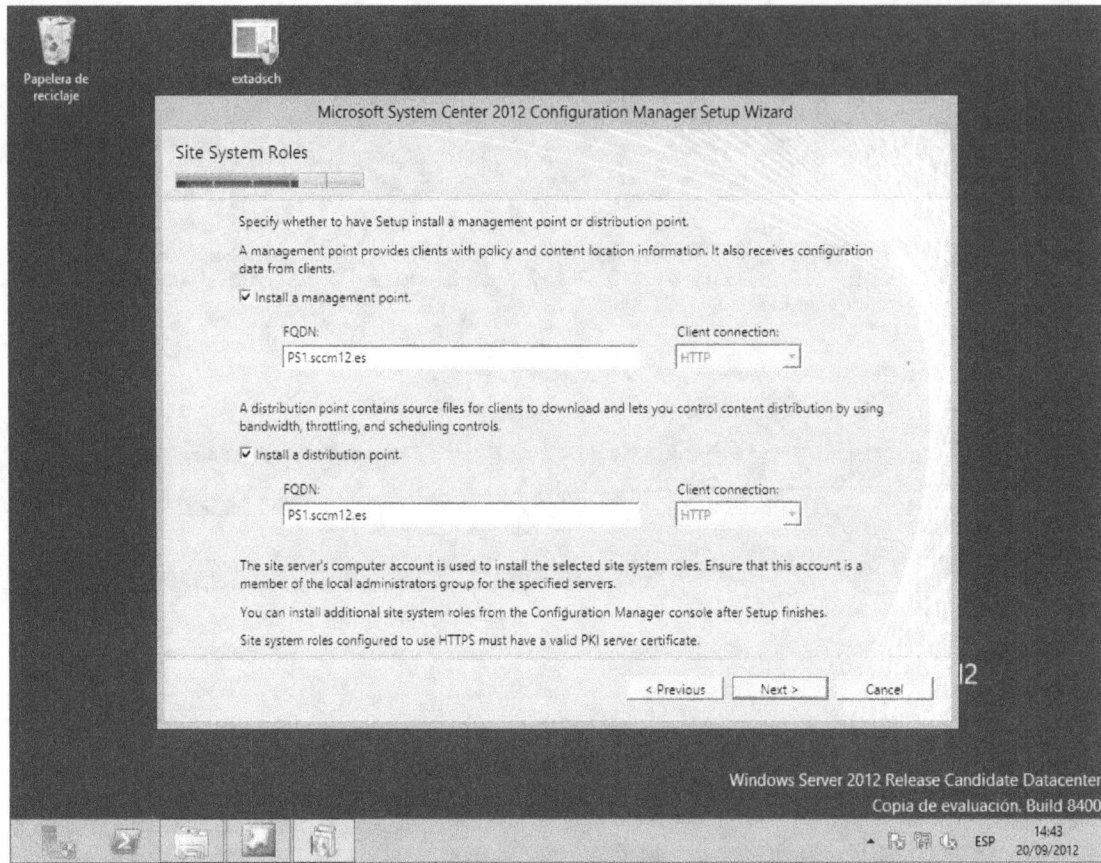

En "**Site System Roles**" podemos instalar un MP (Management Point) y un DP (Distribution Point) podemos elegir el servidor donde instalarlos.

Para esta práctica no sería necesario instalarlos ahora, pero te recomiendo hacerlo, para luego realizar prácticas adicionales, los MP y DP son dos de los componentes principales de SCCM 2012, los MP son los encargados de comunicarse con los clientes y los DP de almacenar y poner a disposición de los clientes los paquetes a instalar.

Pulsa en "**Next**" para continuar:

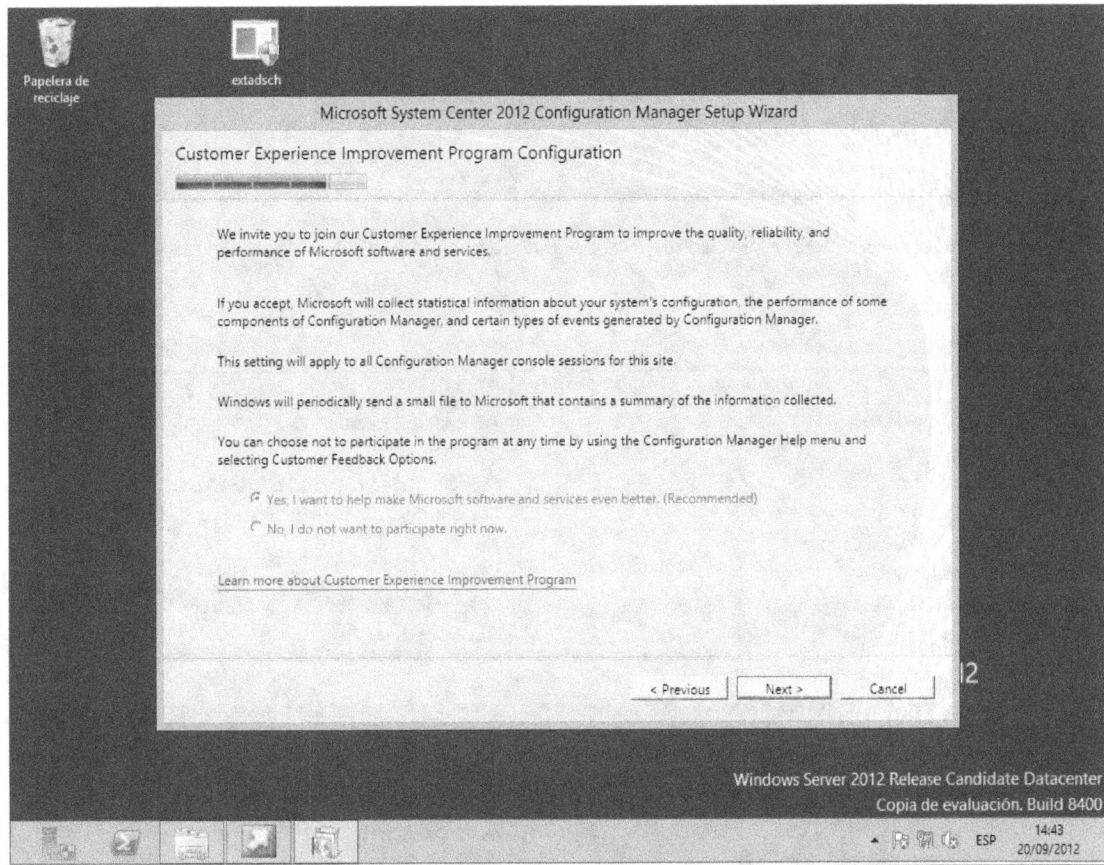

En la pantalla "**Customer Experience Improvement Program Configuration**" seleccionamos si queremos mandar datos a Microsoft para mejorar la aplicación o no. Elije lo que creas oportuno y pulsa en "**Next**":

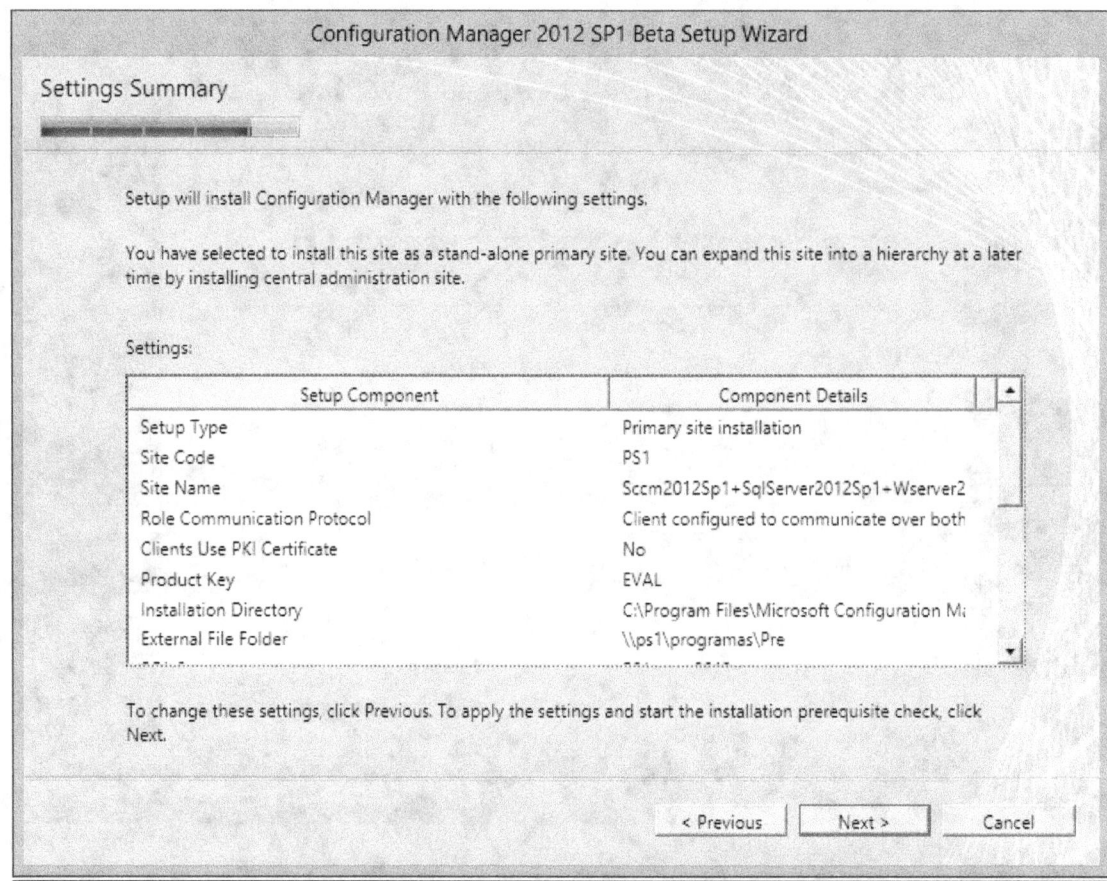

Estamos llegando al final la pantalla "Settings Summary" nos muestra un resumen de las configuraciones realizadas. Pulsa en "**Next**":

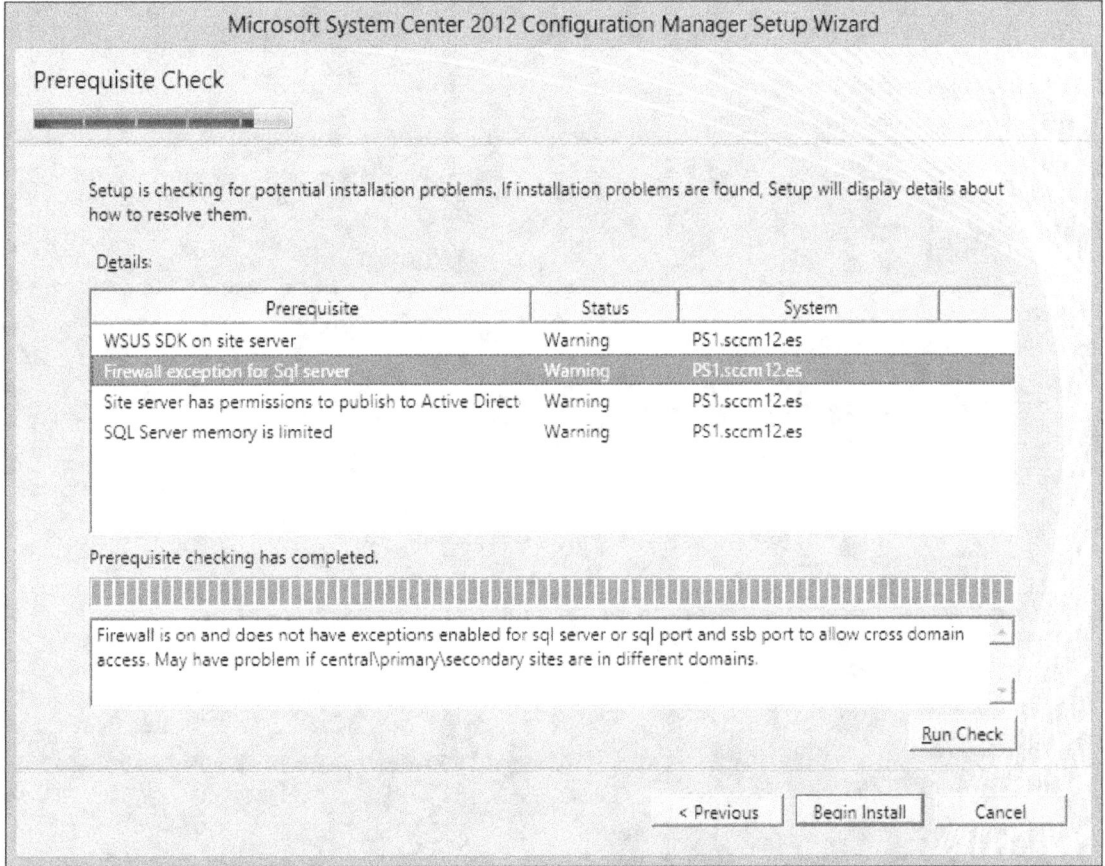

Se ejecuta el chequeador de los prerrequisitos si algún error aparece en el panel de detalles no podremos continuar hasta que esté resuelto, si aparece algún "Warning" icono de aviso amarillo podremos continuar.

Pulsa en "**Begin Install**" para comenzar la instalación de SCCM 2012 SP1 Beta.

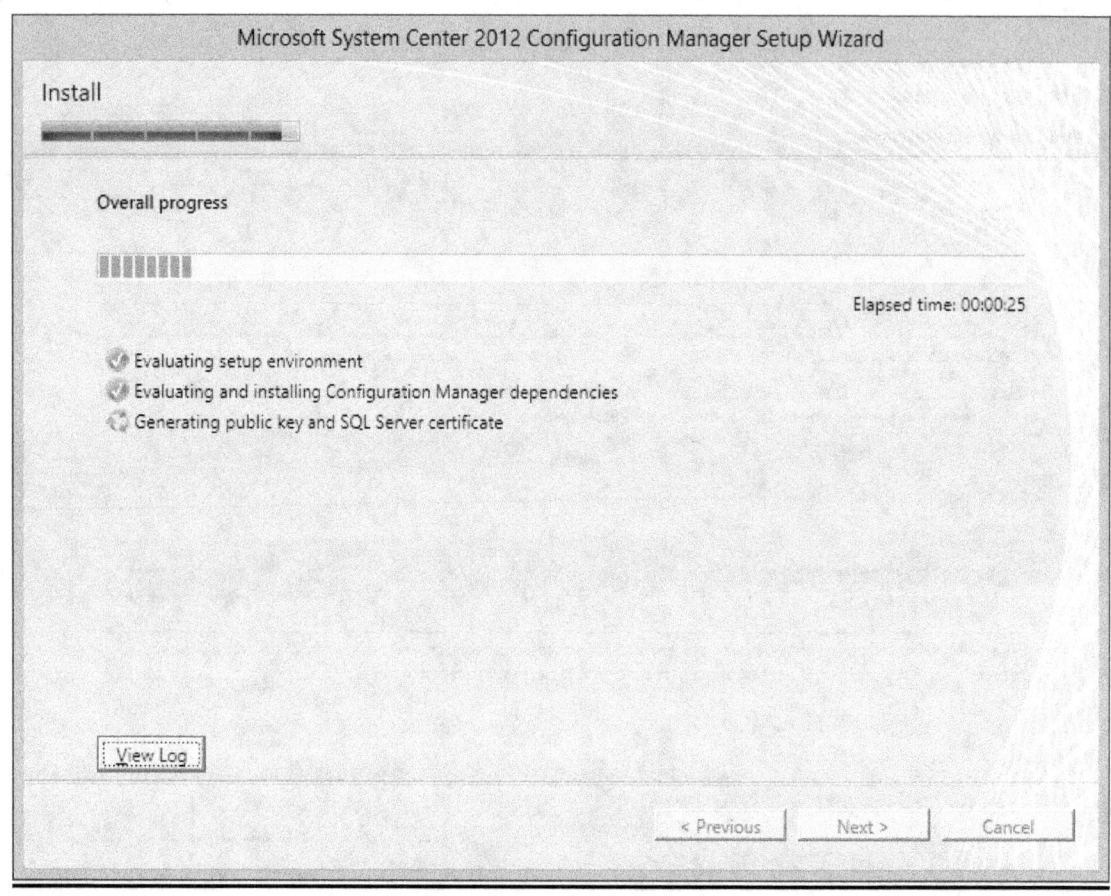

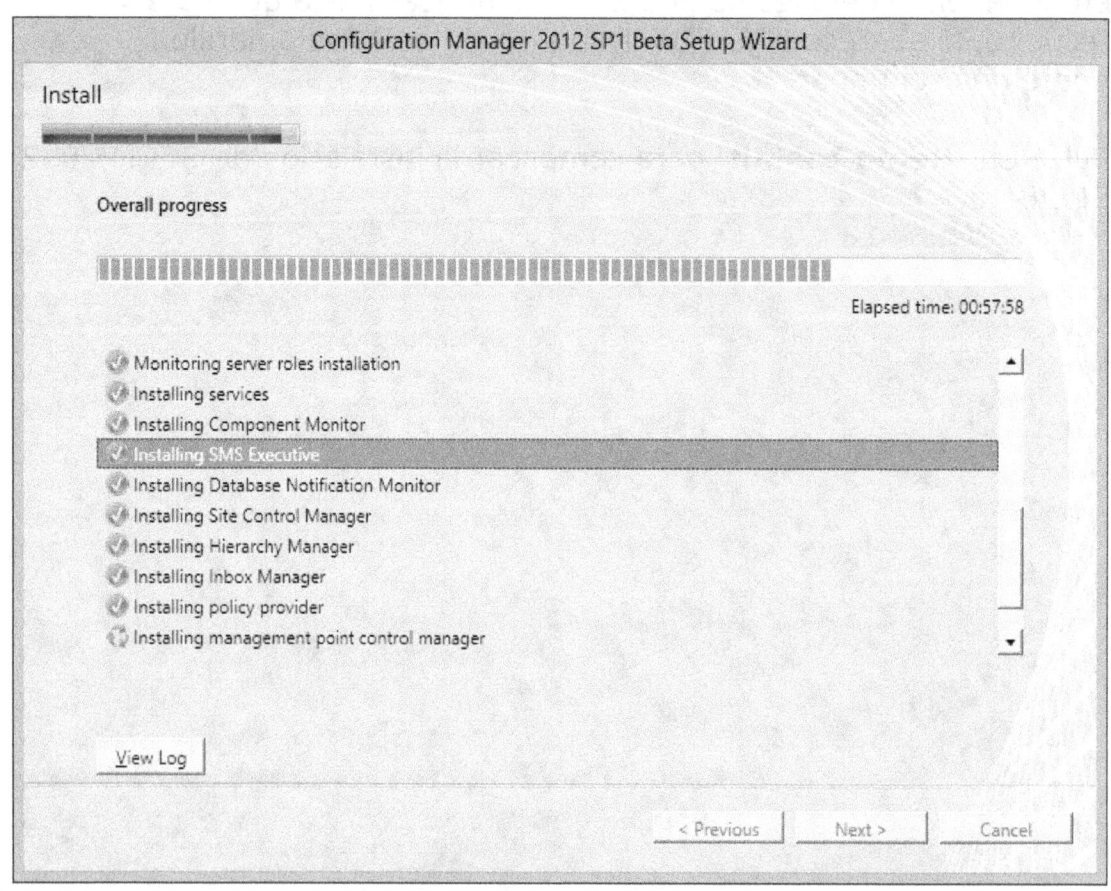

El proceso puede tardar un tiempo, depende de las características del servidor y de los componentes instalado.

Una vez finalizado podemos ver el fichero log en la raíz del sistema llamado "**ConfigMgrSetup.log**" para ver que todo ha salido bien:

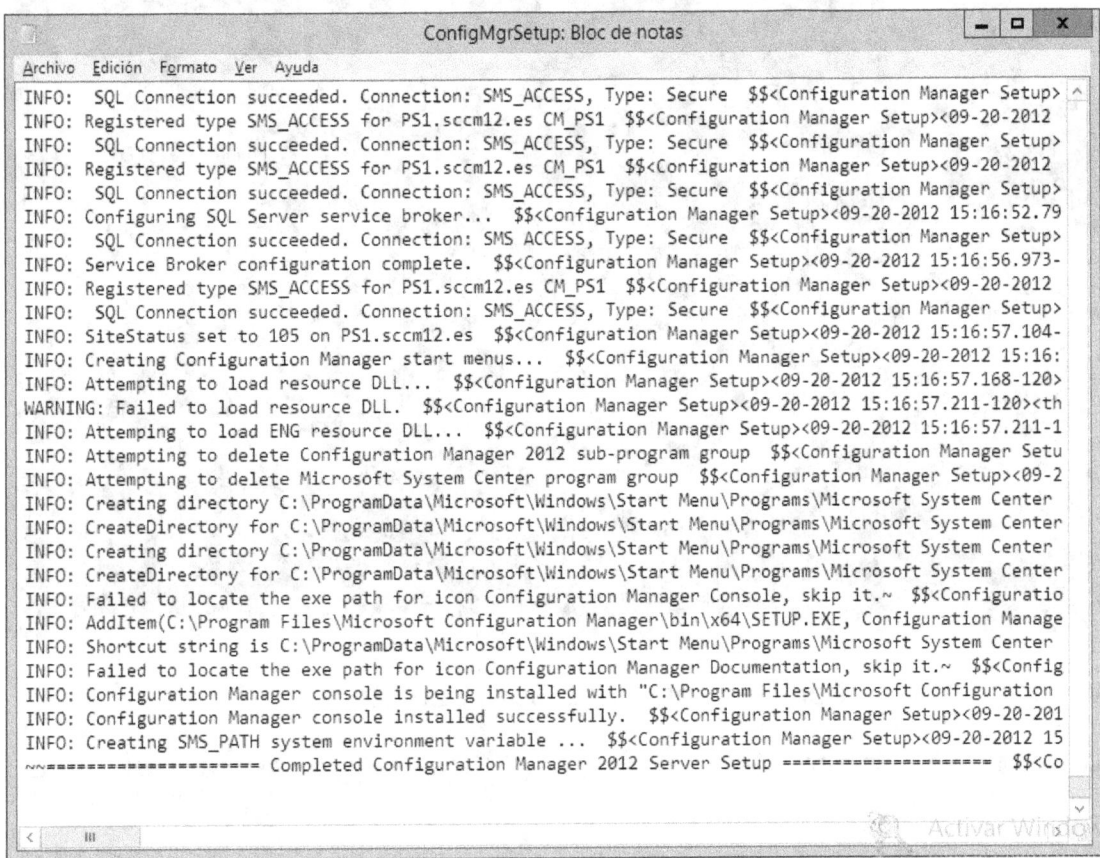

Vamos a arrancar la coséosla de SCCM 2012, Ejecuta el icono "**Configuration Manager Console**" como se muestra en la imagen inferior:

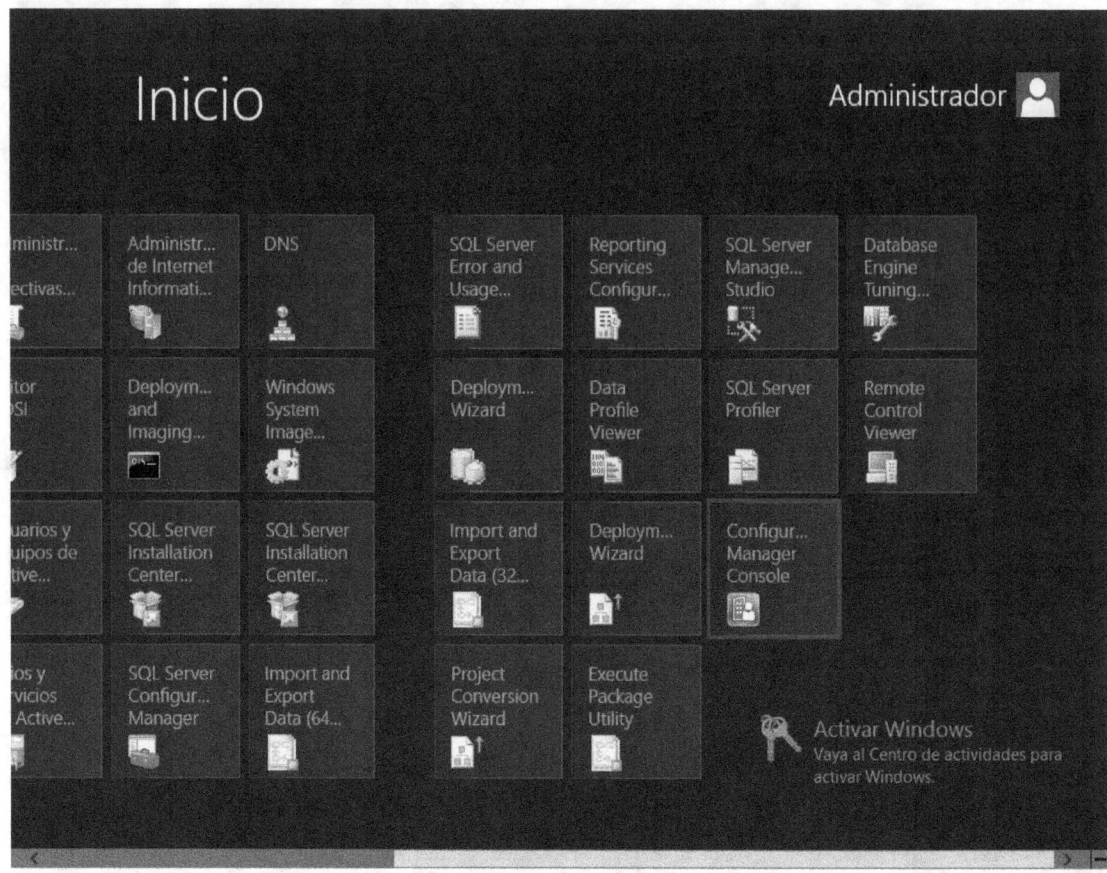

Veremos que se abre la consola de SCCM 2012:

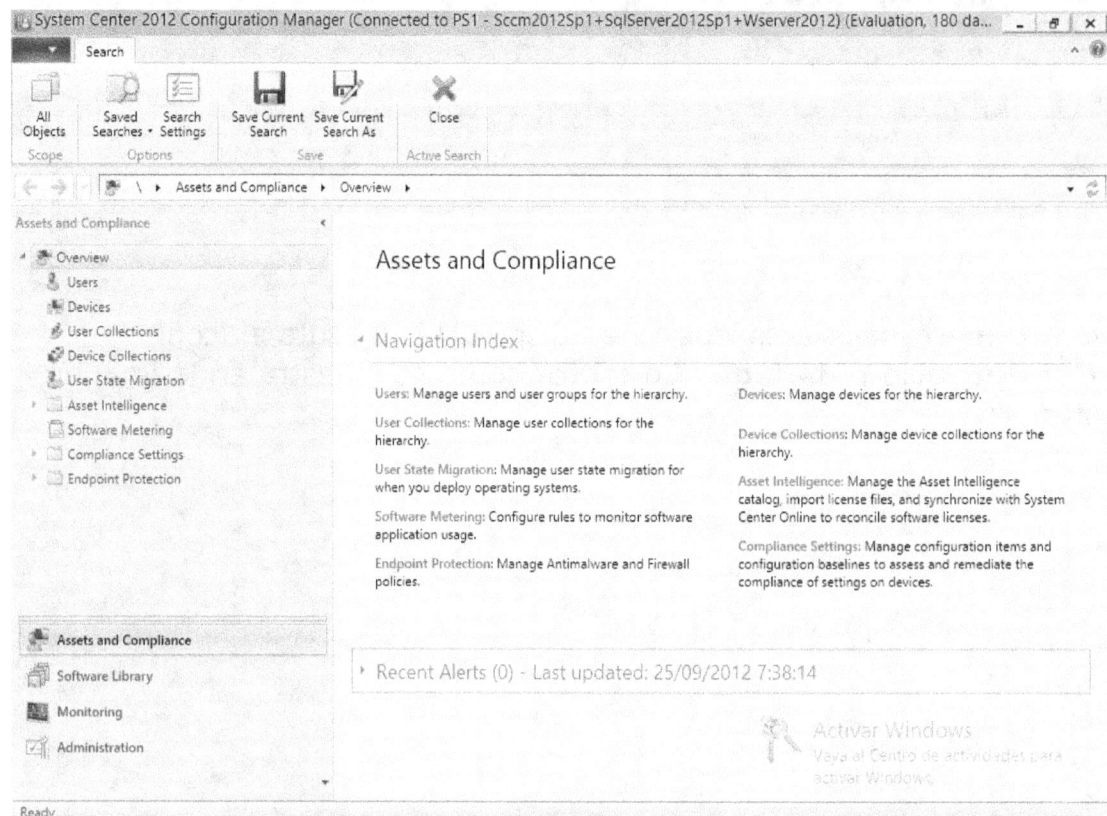

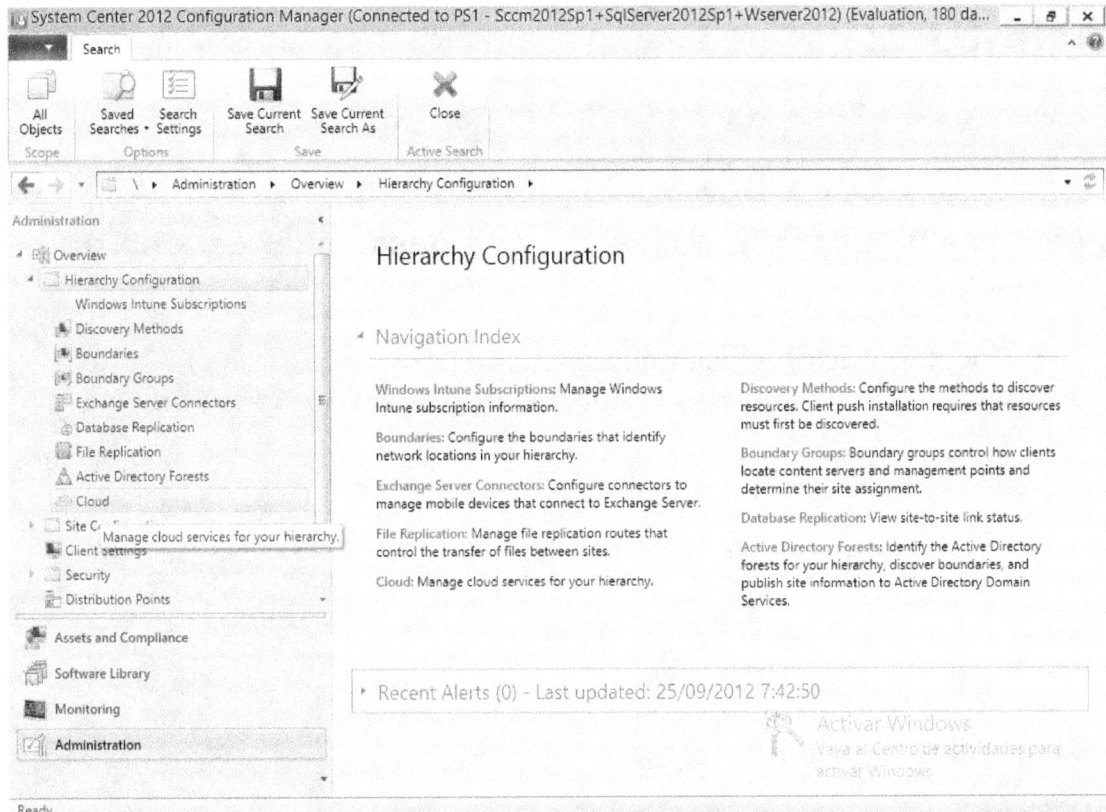

Con esto doy por finalizada la práctica de la instalación de SCCM 2012 SP1 Beta en un servidor Windows Server 2012 y SQL Server 2012 sp1.

Los siguientes pasos que hay que dar, es configurar los métodos de descubrimientos, los Límites (Boundaries) y grupos de límites y seleccionar un método de instalación para los clientes.

En próximo libros explicaré paso a paso como realizar estas tareas en un entorno de pruebas.

Espero que te sirva este libro para iniciarte en System Center Configuration Manager.

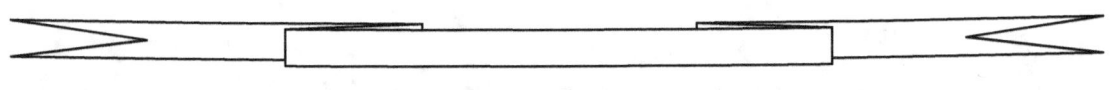

ANEXO 1:

Fuentes y Bibliografía utilizadas para desarrollar este libro:

- Documentación Oficial Microsoft: http://technet.microsoft.com/en-us/library/hh546785.aspx.

- Blog de Vasanth http://vasanthsccm.wordpress.com

- Blog de Marcela Berri ittechnologysite.blogspot.com.ar (En castellano)

- Blog: http://anoopcnair.com

- Página: http://myitforum.com

- Libro: Mastering System Center 2012 Configuration Manager

- Libro: System Center 2012 Configuration Manager: Mastering the Fundamentals

- Libro: System Center 2012 Configuration Manager (SCCM) Unleashed

www.ingramcontent.com/pod-product-compliance
Lightning Source LLC
Chambersburg PA
CBHW081048170526
45158CB00006B/1897

$$(T_{11} - \overline{\omega}^2)\left[(T_{22} - \overline{\omega}^2)(T_{33} - \overline{\omega}^2) - T_{33}^2\right] + T_{12}\left[T_{23}T_{13} - T_{12}(T_{33} - \overline{\omega}^2)\right] +$$
$$+ T_{13}\left[T_{12}T_{23} - T_{13}(T_{22} - \overline{\omega}^2)\right] = 0 \qquad (2.59)$$

Per ognuna delle tre radici $\overline{\omega}_p$ dell'equazione precedente (che definisce i tre rami dello spettro del fonone) deduciamo le componenti di e_p e scriverle nella forma:

$$\begin{aligned}
e_{p1} &= \left[T_{12}T_{23} - T_{13}(T_{22} - \overline{\omega}_p^2)\right] / D_p \\
e_{p2} &= \left[T_{13}T_{12} - T_{23}(T_{11} - \overline{\omega}_p^2)\right] / D_p \\
e_{p3} &= \left[(T_{11} - \overline{\omega}_p^2)(T_{22} - \overline{\omega}_p^2) - T_{12}^2\right] / D_p
\end{aligned} \qquad (2.60)$$

dove

$$D_p^2 = \left[T_{12}T_{23} - T_{13}(T_{22} - \overline{\omega}_p^2)\right]^2 + \left[T_{12}T_{12} - T_{23}(T_{11} - \overline{\omega}_p^2)\right]^2$$
$$+ \left[(T_{11} - \overline{\omega}_p^2)((T_{22} - \overline{\omega}_p^2) - T_{12}^2\right]^2 \qquad (2.61)$$

In Appendice è presentata la soluzione completa per il Neon (FCC), e una discussione dei reticolo FCC con base (Si, Ge, Diamante).

2.4 Fononi e interazione fonone-fonone

Nell'approssimazione armonica è stato analizzato il reticolo e si sono trovati i modi normali di vibrazione. Essi possono essere trattati come quasi-particelle (fononi) con quantità di moto $\hbar\mathbf{q}$. Il termine quasi-particella è dovuto al fatto che la quantità di moto $\hbar\mathbf{q}$ non può crescere indefinitamente. Infatti, quando essa è incrementata di $\hbar\mathbf{g}$, dove $\mathbf{g}$ è un vettore del reticolo reciproco, questa quantità è trasferita nel suo complesso al reticolo cristallino. Nell'approssimazione armonica i fononi sono indipendenti l'uno dall'altro: le vibrazioni però non sono nella realtà puramente armoniche.

Per trattare l'interazione fonone-fonone si torni allo sviluppo in serie dell'Hamiltoniana. Si scriva lo spostamento del punto $\mathbf{l}$ in serie di Fourier:
$$\mathbf{u}(\mathbf{l}) = \sum_{\mathbf{q}} \mathbf{X}(\mathbf{q})\, e^{i\mathbf{q}\cdot\mathbf{l}} \qquad (2.62).$$ Si ricordi lo sviluppo del potenziale

$$U = \frac{1}{2}\sum_{ll'}\sum_{\alpha\beta}\Phi_{\alpha\beta}(l,l')u_\alpha(l)u_\beta(l') + \frac{1}{3!}\sum_{ll'l''}\sum_{\alpha\beta\gamma}\Psi_{\alpha\beta\gamma}(l,l',l'')u_\alpha(l)u_\beta(l')u_\gamma(l'') + \ldots$$

(2.63)

Con $\quad \Phi_{\alpha\beta}(l,l') = \dfrac{\partial^2 U}{\partial u_\alpha(l)\,\partial u_\beta(l')}\bigg|_0$ (2.64)

$$\Psi_{\alpha\beta\gamma}(l,l',l'') = \frac{\partial^3 U}{\partial u_\alpha(l)\,\partial u_\beta(l')\,\partial u_\gamma(l'')}\bigg|_0 \qquad (2.65)$$

S'introduca il momento **p(l)** nell'Hamiltoniana:

$$H = \sum_l \frac{\mathbf{p}(l)\cdot\mathbf{p}(l)}{2m} + \frac{1}{2}\sum_{ll'}\sum_{\alpha\beta}\Phi_{\alpha\beta}(l,l')u_\alpha(l)u_\beta(l')$$
$$+ \frac{1}{3!}\sum_{ll'l''}\sum_{\alpha\beta\gamma}\Psi_{\alpha\beta\gamma}(l,l',l'')u_\alpha(l)u_\beta(l')u_\gamma(l'')$$

(2.66)

e si trascurino i termini superiori al terzo ordine nello sviluppo del potenziale. Si ponga

$$\mathbf{u}(l) = \frac{1}{\sqrt{VN}}\sum_{\mathbf{q}}\mathbf{X}(\mathbf{q})\,e^{i\mathbf{q}\cdot l} \qquad (2.67)$$

$$\mathbf{p}(l) = \frac{1}{\sqrt{VN}}\sum_{\mathbf{q}}\mathbf{P}(\mathbf{q})\,e^{-i\mathbf{q}\cdot l} \qquad (2.68)$$

dove N è il numero dei siti reticolari e V è il volume delle celle elementari.

Gli operatori $\mathbf{X}(\mathbf{q})$ e $\mathbf{P}(\mathbf{q})$ soddisfano la commutazione $[\mathbf{X}(\mathbf{q}),\mathbf{P}(\mathbf{q}')] = i\hbar\delta_{\mathbf{qq}'}\hat{I}$ (2.69), dove $\hat{I}$ è l'operatore unitario. L'Hamiltoniana diventa

$$H = \sum_\mathbf{q}\frac{\mathbf{P}(\mathbf{q})\cdot\mathbf{P}^+(\mathbf{q})}{2m} + \frac{1}{2}\sum_\mathbf{q}\Phi_{\alpha\beta}(\mathbf{q})X_\alpha(\mathbf{q})X_\beta^+(\mathbf{q}) + H' \qquad (2.70)$$

Per ora non si consideri ancora il termine anarmonico H'. Proiettando gli operatori **X** e **P** con gli autovettori $\mathbf{e}(\mathbf{q},p)$, già trovati nella determinazione dei modi normali di vibrazione, si ottiene

$$X(\mathbf{q},p) = \sqrt{m}\;\mathbf{e}^*(\mathbf{q},p)\cdot\mathbf{X}(\mathbf{q}) \qquad (2.71)$$

$$P(\mathbf{q},p) = \frac{1}{\sqrt{m}}\,\mathbf{e}(\mathbf{q},p)\cdot\mathbf{P}(\mathbf{q}) \qquad (2.72)$$

S'introducano le seguenti combinazioni lineari di P e X:

$$a_{\mathbf{q}p} = \frac{1}{\sqrt{2\hbar\omega_p(\mathbf{q})}}P(\mathbf{q},p) - i\sqrt{\frac{\omega(\mathbf{q})}{2\hbar}}X^+(\mathbf{q},p) \qquad (2.73)$$

$$a_{\mathbf{q}p}^+ = \frac{1}{\sqrt{2\hbar\omega_p(\mathbf{q})}}P^+(\mathbf{q},p) + i\sqrt{\frac{\omega(\mathbf{q})}{2\hbar}}X(\mathbf{q},p) \qquad (2.74)$$

Gli operatori a, a^+ di distruzione e creazione fononica obbediscono alla commutazione

$$\left[a_{\mathbf{q}p},a_{\mathbf{q}'p'}^+\right] = \delta_{\mathbf{q}\mathbf{q}'}\,\delta_{pp'}\,\hat{I} \qquad (2.75)$$

Quindi si ha

$$\mathbf{X}(\mathbf{q}) = \frac{1}{\sqrt{m}}\sum_p \mathbf{e}(\mathbf{q},p)X(\mathbf{q},p) = -i\sum_p\sqrt{\frac{\hbar}{2m\omega(\mathbf{q},p)}}\,\mathbf{e}(\mathbf{q},p)(a_{\mathbf{q}p}^+ - a_{-\mathbf{q}p}) \qquad (2.76)$$

$$\mathbf{P}(\mathbf{q}) = \sqrt{m}\sum_p \mathbf{e}^*(\mathbf{q},p)P(\mathbf{q},p) = \sum_p\sqrt{\frac{\hbar m\omega(\mathbf{q},p)}{2}}\,\mathbf{e}^*(\mathbf{q},p)(a_{\mathbf{q}p} - a_{-\mathbf{q}p}^+) \qquad (2.77)$$

Ricordando che vale l'equazione agli autovalori per $\Phi_{\alpha\beta}(\mathbf{q})$, l'Hamiltoniana armonica diventa:

$$H_{arm} = \frac{1}{2}\sum_{\mathbf{q}p}\hbar\omega(\mathbf{q},p)(a_{\mathbf{q}p}a_{\mathbf{q}p}^+ + a_{\mathbf{q}p}^+ a_{\mathbf{q}p}) = \sum_{\mathbf{q}p}\hbar\omega(\mathbf{q},p)\left(a_{\mathbf{q}p}^+ a_{\mathbf{q}p} + \frac{1}{2}\right) \qquad (2.78)$$

In questo modo si è espressa l'Hamiltoniana secondo le variabili di seconda quantizzazione $a_{\mathbf{q}p}, a_{\mathbf{q}p}^+$ mentre in precedenza si era usata la prima quantizzazione $X(\mathbf{q},p)$, $P(\mathbf{q},p)$. L'effetto degli operatori $a_{\mathbf{q}p}, a_{\mathbf{q}p}^+$ sullo stato $|n_{\mathbf{q}p}\rangle$ che ha n fononi di lunghezza d'onda $\mathbf{q}$ e polarizzazione p è il seguente:

$$a^+_{qp}|n_{qp}\rangle = \sqrt{n_{qp}+1}\,|n_{qp}+1\rangle$$
$$a_{qp}|n_{qp}\rangle = \sqrt{n_{qp}}\,|n_{qp}-1\rangle \quad ; \tag{2.79}$$
$$a^+_{qp}a_{qp}|n_{qp}\rangle = n_{qp}|n_{qp}\rangle$$

Dove ci sono gli stati con n_{qp} fononi e con n_{qp} fononi più uno che è stato creato e n_{qp} meno uno che è stato distrutto. Quindi vale

$$H_{arm}|n_{qp}\rangle = \sum_{qp}\hbar\omega(\mathbf{q},p)\left(n_{qp}+\frac{1}{2}\right)|n_{qp}\rangle \tag{2.80}$$

Il valor medio del numero di fononi $\overline{n}_{qp}$ è dato dalla media termica ottenuta con la funzione di distribuzione di Bose-Einstein:

$$n^0_{qp} = \frac{1}{e^{\hbar\omega(\mathbf{q},p)/k_BT}-1}, \tag{2.81}$$

dove k_B è la costante di Boltzmann e T è la temperatura. Con n^0_{qp} si indicherà la statistica fononica all'equilibrio termico.

Si passi ora a considerare il termine cubico nello sviluppo dell'Hamiltoniana H'. Per il potenziale centrale questo termine può essere scritto come

$$H' = \frac{1}{12}\sum_\mathbf{l}\sum_\mathbf{h}\alpha(h)\left[\mathbf{h}\cdot(\mathbf{u}(\mathbf{l}+\mathbf{h})-\mathbf{u}(\mathbf{l}))\right]^3 + \frac{1}{4}\sum_\mathbf{l}\sum_\mathbf{h}\beta(h)\left[\mathbf{h}\cdot\mathbf{u}(\mathbf{l}+\mathbf{h})\right]|\mathbf{u}_{\mathbf{l}+\mathbf{h}}-\mathbf{u}_\mathbf{l}|^2$$

$$\tag{2.82}$$

dove $\quad \alpha(h) = \frac{1}{h}\frac{\partial}{\partial h}\left(\frac{1}{h}\frac{\partial}{\partial h}\left(\frac{1}{h}\frac{\partial U}{\partial h}\right)\right) \tag{2.83}$

Si usi la seguente rappresentazione dello spostamento $\mathbf{u}_\mathbf{l}$ con gli operatori di creazione e distruzione fononica:

$$\mathbf{u}(\mathbf{l}) = \frac{i}{\sqrt{N}}\sum_\mathbf{q}e^{i\mathbf{q}\cdot\mathbf{l}}\sum_p\sqrt{\frac{\hbar}{2m\omega(\mathbf{q},p)}}\,\mathbf{e}(\mathbf{q},p)(a_{-\mathbf{q}p}-a^+_{\mathbf{q}p}) =$$
$$= \frac{i}{\sqrt{2mN}}\sum_{\mathbf{q}p}\sqrt{\frac{\hbar}{\omega(\mathbf{q},p)}}\,e^{i\mathbf{q}\cdot\mathbf{l}}\,\mathbf{e}(\mathbf{q},p)(a_{-\mathbf{q}p}-a^+_{\mathbf{q}p}) =$$

$$= i\sqrt{\frac{\hbar}{2mN}} \sum_{qp} \frac{1}{\sqrt{\omega(\mathbf{q},p)}} \left[\mathbf{e}^*(\mathbf{q},p) e^{-i\mathbf{q}\cdot\mathbf{l}} a_{\mathbf{q}p} - \mathbf{e}(\mathbf{q},p) e^{i\mathbf{q}\cdot\mathbf{l}} a_{\mathbf{q}p}^+ \right] \qquad (2.84)$$

dove si è utilizzata la relazione:

$$\mathbf{e}^*(-\mathbf{q},p) = \mathbf{e}(\mathbf{q},p). \qquad (2.85)$$

Vale la conservazione generalizzata della quantità di moto:

$$\mathbf{q} \pm \mathbf{q}' = \mathbf{q}'' + \mathbf{g} \qquad (2.86)$$

dove $\mathbf{g}$ è un vettore del reticolo reciproco. Un processo a tre fononi corrispondente a $\mathbf{q} + \mathbf{q}' = \mathbf{q}'' + \mathbf{g}$ può essere descritto come in figura 2.8

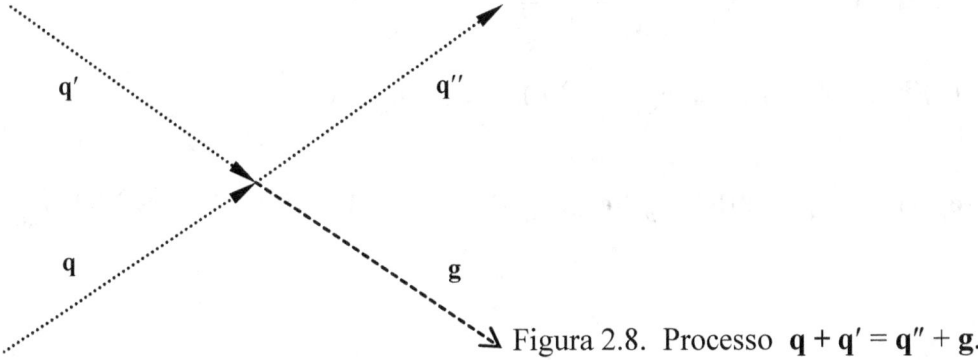

Figura 2.8. Processo $\mathbf{q} + \mathbf{q}' = \mathbf{q}'' + \mathbf{g}$.

Se $\mathbf{g}$ è nullo il processo di scattering si dice *normale*, altrimenti il processo è detto *umklapp*. L'elemento di matrice che corrisponde alla distruzione di $|\mathbf{q}p,\mathbf{q}'p'\rangle$ e alla creazione di $|\mathbf{q}''p''\rangle$ è il seguente:

$$\langle \mathbf{q}''p''| H' |\mathbf{q}p,\mathbf{q}'p'\rangle = -3iN \left(\frac{\hbar}{2MN}\right)^{\frac{3}{2}} \frac{1}{\sqrt{\omega_{\mathbf{q}p}\omega_{\mathbf{q}'p'}\omega_{\mathbf{q}''p''}}} \sum_{\mathbf{h}} \{\alpha(h)(\mathbf{h}\cdot\mathbf{e}_{\mathbf{q}p})(\mathbf{h}\cdot\mathbf{e}_{\mathbf{q}'p'})$$
$$(\mathbf{h}\cdot\mathbf{e}_{\mathbf{q}''p''}) + \beta(h)[(\mathbf{h}\cdot\mathbf{e}_{\mathbf{q}p})(\mathbf{e}_{\mathbf{q}'p'}\cdot\mathbf{e}_{\mathbf{q}''p''}) + (\mathbf{h}\cdot\mathbf{e}_{\mathbf{q}'p'})(\mathbf{e}_{\mathbf{q}p}\cdot\mathbf{e}_{\mathbf{q}''p''}) +$$
$$+ (\mathbf{h}\cdot\mathbf{e}_{\mathbf{q}''p''})(\mathbf{e}_{\mathbf{q}p}\cdot\mathbf{e}_{\mathbf{q}'p'})]\} \left(e^{i\mathbf{q}\cdot\mathbf{h}}-1\right)\left(e^{i\mathbf{q}'\cdot\mathbf{h}}-1\right)\left(e^{-i\mathbf{q}''\cdot\mathbf{h}}-1\right)\delta_{\mathbf{q}+\mathbf{q}',\mathbf{q}''+\mathbf{g}} \qquad (2.87)$$

E' anche permesso il processo del tipo raffigurato in figura, in cui un fonone $|\mathbf{q}''p''\rangle$ viene distrutto e due fononi $|\mathbf{q}'p',\mathbf{q}''p''\rangle$ vengono creati.

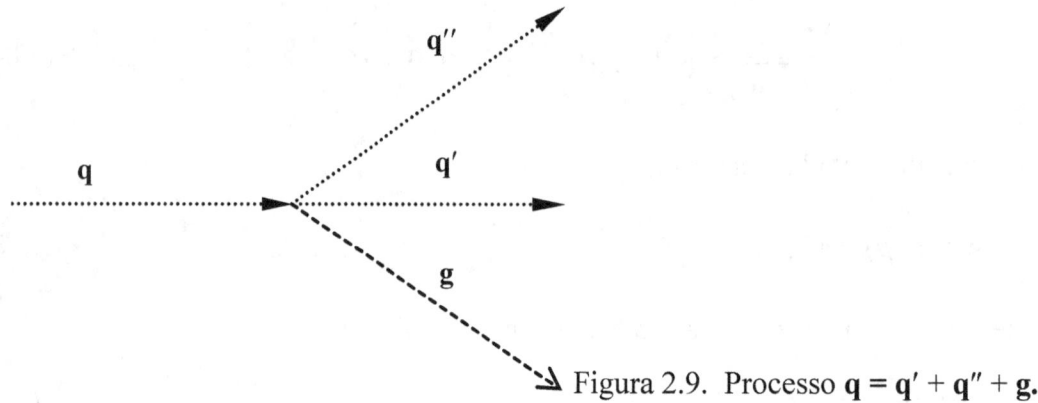

Figura 2.9. Processo **q** = **q**' + **q**" + **g**.

L'elemento di matrice corrispondente è

$$\langle \mathbf{q}''p''|H'|\mathbf{q}p,\mathbf{q}'p'\rangle = -3iN\left(\frac{\hbar}{2MN}\right)^{\frac{3}{2}}\frac{1}{\sqrt{\omega_{\mathbf{q}p}\omega_{\mathbf{q}'p'}\omega_{\mathbf{q}''p''}}}$$

$$\sum_{\mathbf{h}}\left\{\alpha(h)(\mathbf{h}\cdot\mathbf{e}_{\mathbf{q}p})(\mathbf{h}\cdot\mathbf{e}_{\mathbf{q}'p'})(\mathbf{h}\cdot\mathbf{e}_{\mathbf{q}''p''})+\beta(h)\left[(\mathbf{h}\cdot\mathbf{e}_{\mathbf{q}p})(\mathbf{e}_{\mathbf{q}'p'}\cdot\mathbf{e}_{\mathbf{q}''p''})+\right.\right.$$

$$\left.\left.(\mathbf{h}\cdot\mathbf{e}_{\mathbf{q}'p'})(\mathbf{e}_{\mathbf{q}p}\cdot\mathbf{e}_{\mathbf{q}''p''})+(\mathbf{h}\cdot\mathbf{e}_{\mathbf{q}''p''})(\mathbf{e}_{\mathbf{q}p}\cdot\mathbf{e}_{\mathbf{q}'p'})\right]\right\}\left[e^{i\mathbf{q}\cdot\mathbf{h}}-1\right]\left[e^{-i\mathbf{q}'\cdot\mathbf{h}}-1\right]\left[e^{-i\mathbf{q}''\cdot\mathbf{h}}-1\right]\delta_{\mathbf{q},\mathbf{q}'+\mathbf{q}''+\mathbf{g}}$$

(2.88)

I processi in cui sono creati o distrutti tre fononi non sono permessi dalla conservazione dell'energia. Ci si limiti allo studio dei processi a tre fononi: i processi di ordine superiore avvengono ad alta temperatura e non verranno perciò considerati nello studio attuale.

La probabilità che avvengano processi a tre fononi descritti prima è data dalle seguenti espressioni:

$$Q_{\mathbf{q}p,\mathbf{q}'p'}^{\mathbf{q}''p''}=\frac{\pi\hbar}{16M^3N}\frac{n_{\mathbf{q}p}^0 n_{\mathbf{q}'p'}^0(1+n_{\mathbf{q}''p''}^0)}{\omega_{\mathbf{q}p}\omega_{\mathbf{q}'p'}\omega_{\mathbf{q}''p''}}\delta(\omega_{\mathbf{q}p}+\omega_{\mathbf{q}'p'}-\omega_{\mathbf{q}''p''})R_{\mathbf{q}p,\mathbf{q}'p',\mathbf{q}''p''}^{+} \qquad (2.89)$$

$$Q_{\mathbf{q}p}^{\mathbf{q}'p',\mathbf{q}''p''}=\frac{\pi\hbar}{16M^3N}\frac{n_{\mathbf{q}p}^0(1+n_{\mathbf{q}'p'}^0)(1+n_{\mathbf{q}''p''}^0)}{\omega_{\mathbf{q}p}\omega_{\mathbf{q}'p'}\omega_{\mathbf{q}''p''}}\delta(\omega_{\mathbf{q}p}-\omega_{\mathbf{q}'p'}-\omega_{\mathbf{q}''p''})R_{\mathbf{q}p,\mathbf{q}'p',\mathbf{q}''p''}^{-}$$

(2.90)

dove $\delta(\omega_{\mathbf{q}p}+\omega_{\mathbf{q}'p'}-\omega_{\mathbf{q}''p''})$, $\delta(\omega_{\mathbf{q}p}-\omega_{\mathbf{q}'p'}-\omega_{\mathbf{q}''p''})$ rappresentano la conservazione dell'energia e con R^+, R^- si è indicato

$$R^{\pm}_{\mathbf{q}p,\mathbf{q}'p',\mathbf{q}''p''}= \left| \sum_{\mathbf{h}} \left\{ \alpha(h)(\mathbf{h}\cdot\mathbf{e}_{\mathbf{q}p})(\mathbf{h}\cdot\mathbf{e}_{\mathbf{q}'p'})(\mathbf{h}\cdot\mathbf{e}_{\mathbf{q}''p''}) + \beta(h)\left[(\mathbf{h}\cdot\mathbf{e}_{\mathbf{q}p})(\mathbf{e}_{\mathbf{q}'p'}\cdot\mathbf{e}_{\mathbf{q}''p''}) + \right.\right.\right.$$
$$\left.\left.\left. + (\mathbf{h}\cdot\mathbf{e}_{\mathbf{q}'p'})(\mathbf{e}_{\mathbf{q}p}\cdot\mathbf{e}_{\mathbf{q}''p''}) + (\mathbf{h}\cdot\mathbf{e}_{\mathbf{q}''p''})(\mathbf{e}_{\mathbf{q}p}\cdot\mathbf{e}_{\mathbf{q}'p'}) \right] \right\} \left[e^{i\mathbf{q}\cdot\mathbf{h}}-1 \right]\left[e^{\pm i\mathbf{q}'\cdot\mathbf{h}}-1 \right]\left[e^{-i\mathbf{q}''\cdot\mathbf{h}}-1 \right] \right|^{2}$$

(2.91)

I processi a tre fononi saranno descritti dalle seguenti equazioni di conservazione:

(momento) $\qquad \mathbf{q} \pm \mathbf{q}' = \mathbf{q}'' + \mathbf{g}$ (2.92)

(energia) $\qquad \hbar\omega_{\mathbf{q}p} \pm \hbar\omega_{\mathbf{q}'p'} - \hbar\omega_{\mathbf{q}''p''} = 0$ (2.93)

Introducendo la frequenza ridotta, l'ultima equazione diventa

$$\overline{\omega}_{\mathbf{q}p} \pm \overline{\omega}_{\mathbf{q}'p'} - \overline{\omega}_{\mathbf{q}''p''} = 0 \qquad (2.94)$$

Si esprima ora il vettore $\mathbf{g}$ in termini dei vettori $\mathbf{u}$ precedentemente introdotti. La conservazione del momento diventa

$$\eta_i \pm \eta_i' - \frac{1}{2}\mu_{ki}^{\upsilon} = \eta_i'' \qquad (2.95)$$

dove μ_{k1}^{υ}, μ_{k2}^{υ}, μ_{k3}^{υ} sono nella forma (1,1,0), (1,0,1) ecc. Il caso con $\upsilon = 0$ corrisponde a $\mathbf{g} = \mathbf{0}$ e cioè ai processi normali. Ritornando alla notazione in coordinate cilindriche e tenendo conto della conservazione del momento, si ha che la conservazione dell'energia è data da:

$$\overline{\omega}_p(\theta,\eta,\zeta) \pm \overline{\omega}_{p'}(\theta',\eta',\zeta') = \overline{\omega}_{p''}(\theta'',\eta'',\zeta\pm\zeta'-\mu_{k3}^{\upsilon}) \qquad (2.96)$$

Dove $\eta'' = \left\{ \left(\eta\cos\theta \pm \eta'\cos\theta' - \lambda_{k1}^{\upsilon}\right)^2 + \left(\eta\sin\theta \pm \eta'\sin\theta' - \lambda_{k2}^{\upsilon}\right)^2 \right\}^{1/2}$ (2.97)

$$tg\theta'' = \frac{\eta\sin\theta \pm \eta'\sin\theta' - \lambda_{k2}^{\upsilon}}{\eta\cos\theta \pm \eta'\cos\theta' - \lambda_{k1}^{\upsilon}} \qquad (2.98)$$

con $\zeta_{\pm}'(j)$ si indichi la j-esima soluzione dell'equazione (2.96).

Capitolo 3
L'equazione di Boltzmann fononica

3.1 Introduzione

Un gradiente di temperatura in un solido eccita gli elettroni e i fononi presenti nel cristallo, che così acquistano energia e quindi trasferiscono, ossia conducono, calore dalla parte più calda a quella più fredda del campione. Nei metalli sia gli elettroni sia i fononi giocano un ruolo importante nella conduzione: nei dielettrici invece sono presenti solo i fononi. Nel determinare la resistività termica del materiale concorrono le interazioni fonone-fonone, elettrone-elettrone, elettrone-fonone e quelle dei fononi e degli elettroni con le impurità e i difetti presenti nel materiale, oltre alla dimensione fisica del cristallo.

Il problema della conducibilità termica nei solidi dal punto di vista microscopico può essere risolto tramite il metodo basato sul tempo di rilassamento, il metodo variazionale, il metodo iterativo oppure il calcolo delle funzioni di Green. Sia l'approccio con il tempo di rilassamento che il metodo variazionale e quello iterativo si basano sull'equazione di Boltzmann, mentre la funzione di Green si basa sulla statistica quantistica.

3.2 La conducibilità termica fononica

L'assunzione fondamentale per derivare l'equazione di Boltzmann è che esista una funzione di distribuzione $n_{q\,p}(\mathbf{r}, t)$ determinante lo stato fononico $(\mathbf{q}, p)$ nell'intorno di $\mathbf{r}$ al tempo t. Se vi è un gradiente ∇T che modifica la temperatura $T = T(\mathbf{r})$ punto per punto del campione, vi sarà un processo di diffusione nella distribuzione. In questo caso si può scrivere

$$\left.\frac{\partial n_{\mathbf{q}p}}{\partial t}\right|_{\text{scatt}} = -k_B T\, \mathbf{v}_p(\mathbf{q}) \cdot \vec{\nabla} T \frac{\partial n_{\mathbf{q}p}}{\partial T} \qquad (3.1)$$

dove $v_p(\mathbf{q})$ è la velocità di gruppo del fonone $(\mathbf{q}, p)$. La dipendenza dallo spazio di $n_{\mathbf{q}p}$ avviene attraverso la temperatura $T = T(\mathbf{r})$. Tutti i processi di scattering produrranno una modifica della distribuzione fononica. Se però n è in situazione stazionaria, la variazione totale dovrà annullarsi:

$$-k_B T \, \mathbf{v}_p(\mathbf{q}) \cdot \nabla T \frac{\partial n_{\mathbf{q}p}}{\partial T} + \left.\frac{\partial n_{\mathbf{q}p}}{\partial t}\right|_{scatt} = 0 \qquad (3.2)$$

Questa è la forma generale dell'equazione di Boltzmann nel caso stazionario. Per se stessa, l'equazione è integro-differenziale e quindi complicata. Per semplificare la soluzione dell'equazione si può considerare uno sviluppo nella deviazione dall'equilibrio, data da $n_{\mathbf{q}p} - n^o_{\mathbf{q}p}$, e tenere solo i termini lineari. L'equazione che si ottiene è l'equazione linearizzata di Boltzmann.

Consideriamo il caso più semplice, quello dello scattering elastico. Il processo fononico è un processo del tipo $(\mathbf{q}, p) \to (\mathbf{q}', p')$ che conserva l'energia. La relativa probabilità di transizione per unità di tempo è data da:

$$P^{\mathbf{q}'p'}_{\mathbf{q}p} = n_{\mathbf{q}p}(n_{\mathbf{q}'p'} + 1) Z^{\mathbf{q}'p'}_{\mathbf{q}p} \qquad (3.3)$$

dove $Z^{\mathbf{q}'p'}_{\mathbf{q}p}$ è la probabilità intrinseca, ossia quella non dipendente dall'occupazione dello stato $(\mathbf{q}, p)$ e di $(\mathbf{q}', p')$. La probabilità di transizione da $(\mathbf{q}', p')$ a $(\mathbf{q}, p)$ è

$$P^{\mathbf{q}p}_{\mathbf{q}'p'} = n_{\mathbf{q}'p'}(n_{\mathbf{q}p} + 1) Z^{\mathbf{q}p}_{\mathbf{q}'p'} \qquad (3.4)$$

dove

$$Z^{\mathbf{q}p}_{\mathbf{q}'p'} = Z^{\mathbf{q}'p'}_{\mathbf{q}p} \qquad (3.5)$$

In totale si ha che la variazione della distribuzione fononica è uguale alla probabilità per unità di tempo che avvenga il processo di scattering e quindi

$$\left.\frac{\partial n_{\mathbf{q}p}}{\partial t}\right|_{scatt} = \sum_{\mathbf{q}'p'} \left(P^{\mathbf{q}p}_{\mathbf{q}'p'} - P^{\mathbf{q}'p'}_{\mathbf{q}p} \right) = \sum_{\mathbf{q}'p'} \left[n_{\mathbf{q}'p'}(n_{\mathbf{q}p} + 1) - n_{\mathbf{q}p}(n_{\mathbf{q}'p'} + 1) \right] Z^{\mathbf{q}'p'}_{\mathbf{q}p} \qquad (3.6)$$

Il segno meno è dovuto al fatto che consideriamo un incremento nello stato $n_{\mathbf{q}p}$. Sviluppando i prodotti si ottiene

$$\left.\frac{\partial n_{\mathbf{q}p}}{\partial t}\right|_{scatt} = \sum_{\mathbf{q}'p'} \left[(n_{\mathbf{q}'p'} - n^o_{\mathbf{q}'p'}) - (n_{\mathbf{q}p} - n^o_{\mathbf{q}p})\right] Z^{\mathbf{q}'p'}_{\mathbf{q}p} \qquad (3.7)$$

dove $n^o_{\mathbf{q}p} = n^o_{\mathbf{q}'p'}$, dato che $n^o_{\mathbf{q}p}$ dipende solo dall'energia, e che nel processo elastico

$$\hbar \omega_{\mathbf{q}p} = \hbar \omega_{\mathbf{q}'p'} \qquad (3.8)$$

L'equazione linearizzata di Boltzmann è

$$-k_B T\, \mathbf{v}_p(\mathbf{q}) \cdot \nabla T \frac{\partial n^o_{\mathbf{q}p}}{\partial T} = \sum_{\mathbf{q}'p'} \left[(n_{\mathbf{q}p} - n^o_{\mathbf{q}p}) - (n_{\mathbf{q}'p'} - n^o_{\mathbf{q}'p'})\right] Z^{\mathbf{q}'p'}_{\mathbf{q}p} \qquad (3.9)$$

dove $(\partial n_{\mathbf{q}p} / \partial T)$ è sostituito da un termine col solo contributo della distribuzione di equilibrio $n^o_{\mathbf{q}p}$. Per ottenere l'equazione linearizzata di Boltzmann nel caso generico si introduca la deviazione dall'equilibrio $\Psi_{\mathbf{q}p}$ nella seguente maniera:

$$n_{\mathbf{q}p} = n^o_{\mathbf{q}p} - \Psi_{\mathbf{q}p} \frac{\partial n^o_{\mathbf{q}p}}{\partial(\hbar \omega_{\mathbf{q}p})} = n^o_{\mathbf{q}p} + \Psi_{\mathbf{q}p}\, n^o_{\mathbf{q}p}(n^o_{\mathbf{q}p} + 1) \qquad (3.10)$$

Quindi per lo scattering elastico vale

$$-k_B T\, \mathbf{v}_p(\mathbf{q}) \cdot \nabla T \frac{\partial n^o_{\mathbf{q}p}}{\partial T} = \sum_{\mathbf{q}'p'} \left[\Psi_{\mathbf{q}p} n^o_{\mathbf{q}p}(n^o_{\mathbf{q}p}+1) - \Psi_{\mathbf{q}'p'} n^o_{\mathbf{q}'p'}(n^o_{\mathbf{q}'p'}+1)\right] Z^{\mathbf{q}'p'}_{\mathbf{q}p} \qquad (3.11)$$

$$k_B T\, \mathbf{v}_p(\mathbf{q}) \cdot \nabla T \frac{\partial n^o_{\mathbf{q}p}}{\partial T} = \sum_{\mathbf{q}'p'} \left[\Psi_{\mathbf{q}'p'} - \Psi_{\mathbf{q}p}\right] Q^{\mathbf{q}'p'}_{\mathbf{q}p} \qquad (3.12)$$

con

$$Q^{\mathbf{q}'p'}_{\mathbf{q}p} = n^o_{\mathbf{q}p}(n^o_{\mathbf{q}p}+1) Z^{\mathbf{q}'p'}_{\mathbf{q}p} \qquad (3.13)$$

Nel caso in cui siano presenti solo processi a tre fononi, l'equazione di Boltzmann linearizzata è data da

$$k_B T \mathbf{v}_p(\mathbf{q}) \cdot \nabla T \frac{\partial n^o_{\mathbf{q}p}}{\partial T} = \sum_{\mathbf{q}'p'\mathbf{q}''p''} Q^{\mathbf{q}''p''}_{\mathbf{q}p,\mathbf{q}'p'} \left[\Psi_{\mathbf{q}''p''} - \Psi_{\mathbf{q}'p'} - \Psi_{\mathbf{q}p} \right] +$$

$$+ \frac{1}{2} \sum_{\mathbf{q}'p'\mathbf{q}''p''} Q^{\mathbf{q}'p',\mathbf{q}''p''}_{\mathbf{q}p} \left[\Psi_{\mathbf{q}''p''} + \Psi_{\mathbf{q}'p'} - \Psi_{\mathbf{q}p} \right] \qquad (3.14)$$

Nell'equazione di Boltzmann linearizzata compaiono le somme su $\mathbf{q}'$ e $\mathbf{q}''$, dove i fononi appartengono alla zona di Brillouin. E' possibile convertire la sommatoria in un integrale:

$$\sum_{\mathbf{q}'} \to \frac{\Omega}{(2\pi)^3} \int d^3 \mathbf{q}' = \frac{\Omega}{(2\pi)^3} \left(\frac{2\pi\sqrt{2}}{h_1} \right) \int_0^{2\pi} d\theta' \int_0^{H(\theta')} \eta' d\eta' \int_{-M(\theta',\eta')}^{M(\theta',\eta')} d\zeta' \qquad (3.15)$$

dove $\Omega = NV$ è il volume del cristallo. La (3.15) è stata scritta per le coordinate cilindriche, che abbiamo usato nel secondo capitolo. Una volta ottenuta la funzione $\Psi_{\mathbf{q}p}$ con un opportuno metodo di calcolo, ad esempio con un metodo iterativo, si può calcolare la densità di corrente termica $\mathbf{U}$ che sarà data da

$$\mathbf{U} = \frac{1}{\Omega} \sum_{\mathbf{q}p} \hbar \omega_{\mathbf{q}p} \mathbf{v}_{\mathbf{q}p} n_{\mathbf{q}p} = -\frac{1}{\Omega} \sum_{\mathbf{q}p} \hbar \omega_{\mathbf{q}p} \mathbf{v}_{\mathbf{q}p} \frac{\partial n^o_{\mathbf{q}p}}{\partial (\hbar \omega_{\mathbf{q}p})} \Psi_{\mathbf{q}p} \qquad (3.16)$$

Nel riferimento cartesiano con vettori unitari $\mathbf{u}_i$ si ha che la corrente $\mathbf{U}$ è data da

$$U_j = -\sum_i \kappa_{ji} \frac{\partial T}{\partial x_i} \qquad (3.17)$$

Il fattore κ_{ij} è il tensore della conducibilità termica, i cui elementi non nulli sono quelli diagonali $\kappa_{xx} = \kappa_{yy} = \kappa_{zz} = \kappa$, se si assume il trasporto di calore come isotropo.

3.3 Il libero cammino medio fononico

Abbiamo visto finora l'approccio rigoroso al calcolo della conducibilità termica. Esso richiede la valutazione dello scattering fonone-fonone e dello scattering del fonone contro i difetti del reticolo cristallino. C'è però un approccio più semplice al problema della conduzione termica ed è quello che discuteremo ora. Se pensiamo all'insieme dei fononi come un gas di particelle, la teoria cinetica elementare dei gas dice che la conducibilità teorica è data da:

$$k = \frac{1}{3} C v \Lambda \qquad (3.18)$$

C è il calore specifico, e v e Λ sono rispettivamente la velocità e il libero cammino medio dei portatori. Ad alte temperature, i fononi hanno un calore specifico pari a $3Nk_B$, dove N è il numero di particelle per unità di volume. Per calcolare Λ dobbiamo fare delle approssimazioni sui vari processi di scattering. I fononi interagiscono tra di loro con processi di tipo normale e umklapp. I processi di tipo normale non danno resistenza termica ma servono a mischiare i fononi. I processi di tipo U, che sono resistivi, diventano importanti ad alta temperatura. Ricordiamo che i processi di tipo U sono quelli dove valgono le seguenti regole di conservazione:

$$\mathbf{q} + \mathbf{q}' = \mathbf{q}'' + \mathbf{g} \quad ; \quad \omega + \omega' = \omega'' \qquad (3.19)$$

Il vettore $\mathbf{g}$ appartiene al reticolo reciproco. Quindi il vettore $\mathbf{q}''$ deve essere abbastanza grande da permettere alla sua energia di uguagliare la somma dell'energia di $\mathbf{q}$ e $\mathbf{q}'$. Ma la somma di questi vettori deve uscire dalla prima Zona di Brillouin, se i processi devono essere di tipo U. La lunghezza di $\mathbf{q}''$ non può essere molto minore di $g/2$. Nel modello di Debye questo significa che:

$$q'' \geq \beta q_D \qquad (3.20)$$

q_D e il numero d'onda di Debye e β è dell'ordine di ½ o 2/3. Per l'energia si ha:

$$\hbar \omega'' \geq \beta K_B \Theta \qquad (3.21)$$

Θ è la temperatura di Debye. La probabilità di un processo U cresce come il prodotto dei numeri di occupazione dei modi fononici:

$$n_q n_{q'} \approx e^{(-\hbar\omega/k_B T)} e^{(-\hbar\omega'/k_B T)} \approx e^{(-\hbar\omega''/k_B T)} \approx e^{(-\beta\Theta/k_B T)} \qquad (3.22)$$

A basse temperature questo fattore tende rapidamente a zero. La diffusione Umklapp è bloccata e la conducibilità tende ad infinito come:

$$k \propto T^n e^{(-\beta\Theta/k_B T)} \qquad (3.23)$$

dove *n* è un esponente che dipende dal campione.

Ciò che avviene a temperature molto basse è che il libero cammino medio dei fononi diventa paragonabile alle dimensioni del cristallo. Supponiamo di avere un campione cilindrico di diametro *D*. In questo caso il libero cammino medio è pari a *D*, ossia abbiamo che Λ= *D* e quindi:

$$k \propto T^3 D \tag{3.24}$$

a causa della legge del calore specifico che varia come il cubo della temperatura, quando è bassa. Questo effetto di dimensione è stato dimostrato sperimentalmente. Quindi:

$$k \propto T^3 e^{(-\beta\Theta/k_B T)} \tag{3.25}$$

La figura seguemte mostra l'andamento della conduttività con la temperatura. Nella figura successiva invece, sono anche presentati dei dati sperimentali del comportamento a basse ed alte temperature.

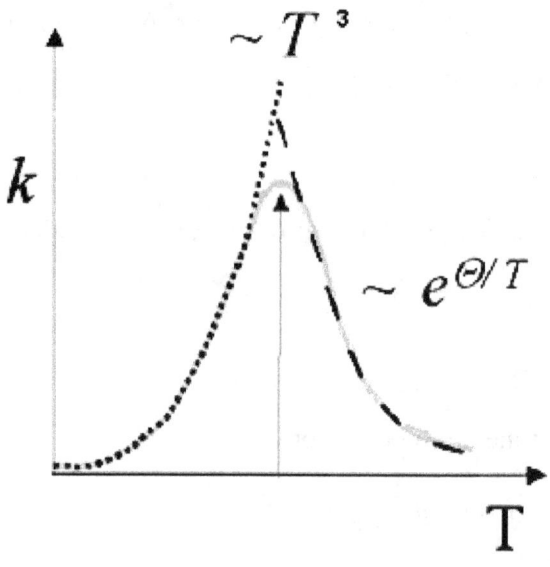

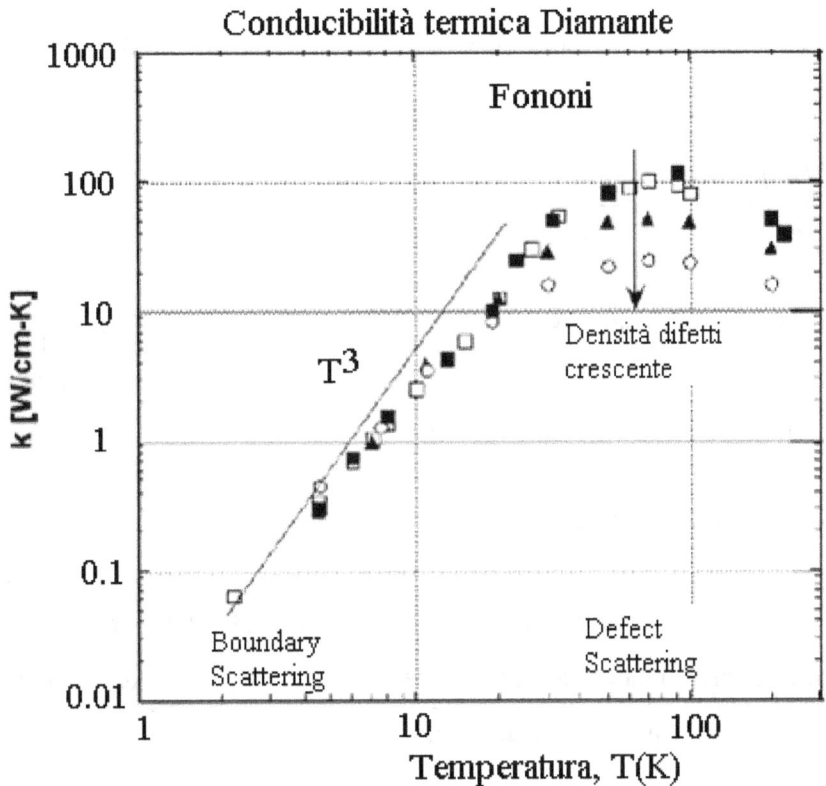

L'andamento della conducibilità termica cresce a basse temperature perché aumenta il numero dei fononi. Raggiunge un valore massimo e poi decresce, perché il numero sempre più altro di fononi provoca un numero sempre più alto di urti umklapp fonone-fonone.

Ci sono altri meccanismi tuttavia per la diffusione dei fononi. Anche in un cristallo perfetto gli atomi non sono tutti equivalenti: per ogni elemento chimico ci sarà un miscuglio d'isotopi di masse diverse. Queste variazioni della massa possono diffondere i fononi. Per mezzo della teoria elastica elementare, si può dimostrare la formula di Rayleigh per la sezione d'urto di diffusione di un punto di massa δM in un mezzo di densità ρ per onde aventi numeri d'onda q:

$$\sigma(q) = \frac{q^4}{4\pi\rho^2}(\delta M)^2 \qquad (3.26)$$

σ è la sezione d'urto. La relazione tra sezione d'urto e libero cammino medio è pari a:

$$a^3 = \sigma \Lambda \tag{3.27}$$

a è la costante reticolare ossia la distanza interatomica. Se ogni atomo del cristallo potesse differire dalla massa media della stessa quantità, allora:

$$\Lambda(q) = \frac{4\pi N}{q^4} \frac{M^2}{(\delta M)^2} = \frac{4\pi}{a^3 q^4} \frac{M^2}{(\delta M)^2} \tag{3.28}$$

Nella formula abbiamo usato $N = 1/a^3$. La forte variazione di $\Lambda(q)$ al variare di q è un problema. Siccome il libero cammino medio varia con q, dobbiamo usare la seguente formula per il calcolo della conducibilità termica:

$$k = \frac{1}{3} \int C(q) v(q) \Lambda(q) d\mathbf{q} \tag{3.29}$$

dove si deve integrare su tutti i valori del numero d'onda. Ma l'integrale è singolare per q tendente a zero. Il calore specifico e la velocità restano costanti per q che tende a zero, ma non il libero cammino medio, quindi:

$$k \propto \int \frac{q^2 dq}{q^4} \propto \int \frac{dq}{q^2} \tag{3.30}$$

Ci sono però i processi di scattering normali anche a basse temperature. Questi processi non possono produrre una resistività termica, ma tendono a portare i vari modi in equilibrio l'uno con l'altro. I modi a grande lunghezza d'onda, che sono poco diffusi dagli isotopi, vengono trasformati dai processi N in modi più corti e quindi diffusi.
Se prendiamo un valore tipico del numero d'onda:

$$\overline{q} \approx \frac{T}{\Theta} q_D \tag{3.31}$$

abbiamo che:

$$\Lambda \approx \Lambda(\overline{q}) \propto T^{-4} \tag{3.32}$$

che darebbe una conducibilità termica tale da essere

$$k \propto \left(\frac{M}{\delta M} \right)^2 \frac{1}{T} \tag{3.33}$$

3.4 La corrente termica

La corrente di calore è data dal punto di vista microscopico dalla seguente relazione:

$$\mathbf{U} = \sum_{\mathbf{q}} N_{\mathbf{q}} \hbar \omega_{\mathbf{q}} \mathbf{v}_{\mathbf{q}} = \sum_{\mathbf{q}} (energia\ dello\ stato\ q)(velocità\ di\ gruppo\ stato\ q) \qquad (3.34)$$

La velocità di gruppo **v** è definita come:

$$\mathbf{v}_{\mathbf{q}} = \frac{\partial \omega_{\mathbf{q}}}{\partial \mathbf{q}} \qquad (3.35)$$

Nel caso acustico, la velocità di gruppo è semplicemente:

$$\mathbf{v}_{\mathbf{q}} = c_p \hat{\mathbf{q}} \qquad (3.36)$$

c_p è la velocità del suono, per la data polarizzazione dell'onda e $\hat{\mathbf{q}}$ è il versore di **q**. Oltre a dover conoscere la relazione di dispersione tra la pulsazione e il numero d'onda $\omega_{\mathbf{q}p}$, dobbiamo anche conoscere $N_{\mathbf{q}p}$ ossia la funzione di distribuzione fononica. Nell'approssimazione del tempo di rilassamento, possiamo scrivere la variazione di questa distribuzione col tempo:

$$\frac{\partial N_{\mathbf{q}p}}{\partial t} = \frac{N^o_{\mathbf{q}p} - N_{\mathbf{q}p}}{\tau(q)} \qquad (3.37)$$

$N^o_{q,p}$ è la distribuzione all'equilibrio, ossia quando il sistema è tutto alla stessa temperatura. Se però siamo in presenza di un gradiente di temperatura allora:

$$\frac{\partial N_{\mathbf{q}p}}{\partial t} = \mathbf{v}_{\mathbf{q}p} \cdot \nabla T \left(\frac{dN_{\mathbf{q}p}}{dT} \right) \qquad (3.38)$$

Se approssimiamo ancora:

$$\left(\frac{dN_{\mathbf{q}p}}{dT} \right) = \left(\frac{dN^o_{\mathbf{q}p}}{dT} \right) \qquad (3.39)$$

La variazione con la temperatura della funzione di distribuzione è quindi essenzialmente quella di equilibrio. In sostanza intendiamo che il gradiente di temperatura sia piccolo. Joseph Callaway ha definito allora la differenza tra la distribuzione che si ha alla presenza del gradiente di temperatura e quella che si ha all'equilibrio, come data da:

$$n_{\mathbf{q}p} = N_{\mathbf{q}p} - N_{\mathbf{q}p}^o = -\tau \mathbf{v}_{\mathbf{q}p} \cdot \nabla T \frac{\hbar\omega_{\mathbf{q}p}}{k_B T^2} \frac{e^x}{(e^x - 1)^2} \qquad (3.40)$$

Si è introdotta la variabile adimensionata per rendere più snella l'espressione:

$$x = \frac{\hbar\omega_{\mathbf{q}p}}{k_B T} \qquad (3.41)$$

Pertanto la corrente termica è:

$$\mathbf{U} = -\sum_{\mathbf{q}p} \tau_p(\mathbf{q}) \mathbf{v}_{\mathbf{q}p} \cdot \nabla T \frac{(\hbar\omega_{\mathbf{q}p})^2}{k_B T^2} \frac{e^x}{(e^x - 1)^2} \mathbf{v}_{\mathbf{q}p} \qquad (3.42)$$

Il tensore della conducibilità termica è quindi:

$$k_{\alpha\beta} = \sum_{\mathbf{q}p} \tau_p(\mathbf{q}) \frac{(\hbar\omega_{\mathbf{q}p})^2}{k_B T^2} \frac{e^x}{(e^x - 1)^2} (\mathbf{v}_{\mathbf{q}p})_\alpha (\mathbf{v}_{\mathbf{q}p})_\beta \qquad (3.43)$$

α e β sono gli indici delle componenti x,y,z, nello spazio. In effetti, la conducibilità termica è un tensore poiché il solido può avere delle proprietà di conduzione che sono anisotrope. Introducendo il calore specifico per modo di vibrazione:

$$C_{ph}(\omega) = \frac{d}{dT}\left(\hbar\omega_{\mathbf{q}p} N_{\mathbf{q}p}^o\right) = \frac{(\hbar\omega_{\mathbf{q}p})^2}{k_B T^2} \frac{e^x}{(e^x - 1)^2} \qquad (3.44)$$

Si ha $\qquad k = \sum_{\mathbf{q}p} \tau_p(\mathbf{q}) C_{ph}(\omega) \mathbf{v}_{\mathbf{q}p}^2 \cos^2\theta \qquad (3.45)$

Nel caso isotropo, dove θ è l'angolo tra la velocità di gruppo ed il gradiente di temperatura. Al posto della somma sugli stati fononici si può usare l'integrale:

$$\sum_{\mathbf{q}p} \rightarrow \frac{\Omega}{(2\pi)^2} \sum_p \int d\mathbf{q} \qquad (3.46)$$

Ω è il volume del solido. Quindi:

$$k = \frac{1}{(2\pi)^2} \sum_p \int d\mathbf{q}\, \tau_p(q) C_{ph}(\omega) v_{\mathbf{q}p}^2 \cos^2\theta \qquad (3.48)$$

Nel caso in cui $\tau(q)$ sia della forma $\tau(q) = Aq^{-n}$ si avrà una conducibilità termica che varia nel tempo come:

$$k \propto T^{3-n} \int_0^{\Theta/T} \frac{x^{4-n} e^x}{(e^x - 1)^2} dx \qquad (3.49)$$

Nel prossimo capitolo vedremo l'approccio di Callaway con i tempi di rilassamento al trasporto termico nei solidi dielettrici.

Capitolo 4
La teoria di Callaway

Nel 1959, Joseph Callaway ha proposto un modello della conducibilità termica, che si basa sui tempi di rilassamento e che viene ancora oggi molto utilizzato per discutere l'andamento dei dati sperimentali con la temperatura. Il modello di Callaway tiene conto dell'effetto dei processi normali fonone-fonone introducendo un relativo termine di rilassamento. La discussione che facciamo in questo capitolo è basata principalmente sui tre lavori di Callaway pubblicati da Physical Review e che sono:

1) *Low-Temperature Lattice Thermal Conductivity*, Joseph Callaway, The effect of point imperfections on lattice thermal conductivity is discussed with particular attention to the case in which the temperature is low but the normal three-phonon scattering is still dominant. The experimental results of Walker and Fairbank on the conductivity of isotopic mixtures of solid helium are analyzed. Phys. Rev. 122, 787 (1961)

2) *Effect of Point Imperfections on Lattice Thermal Conductivity*, Joseph Callaway and Hans C. von Baeyer, The consequences of a simple, phenomenological, theory of lattice thermal conductivity with respect to the effect of point imperfections are summarized. The experimental results of Berman et al. on the effect of varying the concentration of Li6 on the conductivity of lithium fluoride are analyzed in detail. Phys. Rev. 120, 1149 (1960)

3) *Model for Lattice Thermal Conductivity at Low Temperatures*, Joseph Callaway, A phenomenological model is developed to facilitate calculation of lattice thermal conductivities at low temperatures. It is assumed that the phonon scattering processes can be represented by frequency-dependent relaxation times. Isotropy and absence of dispersion in the crystal vibration spectrum are assumed. No distinction is made between longitudinal and transverse phonons. The assumed scattering mechanisms are (1) point impurities (isotopes), (2) normal three-phonon processes, (3) umklapp processes, and (4) boundary scattering. A special investigation is made of the role of

the normal processes which conserve the total crystal momentum and a formula is derived from the Boltzmann equation which gives their contribution to the conductivity. The relaxation time for the normal three-phonon processes is taken to be that calculated by Herring for longitudinal modes in cubic materials. The model predicts for germanium a thermal conductivity roughly proportional to $T^{-3/2}$ in normal material, but proportional to T^{-2} in single-isotope material in the temperature range 50°-100°K. Magnitudes of the relaxation times are estimated from the experimental data. The thermal conductivity of germanium is calculated by numerical integration for the temperature range 2-100°K. The results are in reasonably good agreement with the experimental results for normal and for single-isotope material. Phys. Rev. 113, 1046 (1959)

4.1 La conducibilità termica secondo Callaway

La conducibilità termica ottenuta da Callaway è la seguente:

$$k = \frac{c^2}{2\pi^2} \int \tau_c \left(1 + \frac{\beta}{\tau_N}\right) C_{ph} q^2 dq \qquad (4.1)$$

τ_c è la combinazione dei vari tempi di rilassamento dovuti agli scattering delle pareti del campione, alla presenza di difetti e alla presenza dei processi normali ed umklapp. C_{ph} è il calore specifico fononico dato da $\partial E / \partial T$, dove E è l'energia del sistema fononico, misurato in *Joule/Kelvin*. τ_N è il rilassamento fononico dovuto allo scattering normale e β è il coefficiente dato dalla seguente formula:

$$\beta = \frac{\int_0^{\Theta/T} \frac{\tau_c}{\tau_N} \frac{e^x}{(e^x-1)^2} x^4 dx}{\int_0^{\Theta/T} \frac{1}{\tau_N}\left(1-\frac{\tau_c}{\tau_N}\right)\frac{e^x}{(e^x-1)^2} x^4 dx} \qquad (4.2)$$

La variabile ausiliaria x è definita come $x = \frac{\hbar \omega_{q,p}}{k_B T}$. Consideriamo un tempo di rilassamento dato da:

$$\tau_u^{-1} = A\omega^4 + B_1 T^3 \omega^2 + c/L \tag{4.3}$$

Il termine $A\omega^4$ è lo scattering tra impurità puntuali o isotopi; il termine $B_1 T^3 \omega^2$ comprende i processi *umklapp* (B_1 contiene il fattore esponenziale dipendente dalla temperatura); c/L rappresenta lo scattering dai bordi del campione (c è la velocità del suono e L la dimensione del campione). Un caso importante è quello di un materiale puro isotopicamente, dove $A=0$. Similmente

$$\tau_N^{-1} = B_2 T^3 \omega^2 \tag{4.4}$$

B_2 è indipendente dalla temperatura. La relazione temporale congiunta è

$$\tau_c^{-1} = A\omega^4 + (B_1 + B_2) T^3 \omega^2 + \frac{c}{L} \tag{4.5}$$

Secondo Callaway, possiamo scrivere la conducibilità come

$$k = \frac{k_B}{2\pi^2 c}(I_1 + \beta I_2) \tag{4.6}$$

$$I_1 = \int_0^{k_B \Theta/\hbar} \tau_c \frac{\hbar^2 \omega^2}{k_B^2 T^2} \frac{e^{\hbar\omega/k_B T}}{\left(e^{\hbar\omega/k_B T} - 1\right)^2} \omega^2 d\omega \tag{4.7}$$

$$I_2 = \int_0^{k_B \Theta/\hbar} \frac{\tau_c}{\tau_N} \frac{\hbar^2 \omega^2}{k_B^2 T^2} \frac{e^{\hbar\omega/k_B T}}{\left(e^{\hbar\omega/k_B T} - 1\right)^2} \omega^2 d\omega \tag{4.8}$$

Consideriamo l'espressione (4.7). Introduciamo la variabile adimensionale x:

$$x = \frac{\hbar\omega}{k_B T} = \frac{\hbar c q}{k_B T} \tag{4.9}$$

L'equazione (4.7), inserendo al suo interno la (4.5), diventa:

$$I_1 = \left(\frac{k_B T}{\hbar}\right)^3 \int_0^{\Theta/T} \frac{x^4}{\left(Dx^4 + Ex^2 + \frac{c}{L}\right)} \frac{e^x}{(e^x - 1)^2} dx \tag{4.10}$$

$$D = A\left(\frac{k_B T}{\hbar}\right)^4 \tag{4.11}$$

$$E = (B_1 + B_2)T^3 \left(\frac{k_B T}{\hbar}\right)^2 \qquad (4.12)$$

A temperature molto basse, la (4.11) e la (4.12) sono molto piccole rispetto al rapporto $\frac{c}{L}$, così che il denominatore può essere sviluppato in serie. Il limite superiore può essere fissato pari a infinito. Otteniamo così:

$$I_1 = \frac{4\pi^2}{15}\frac{L}{c}\left(\frac{k_B T}{\hbar}\right)^3 \left[1 - \frac{20\pi^2}{7}\frac{EL}{c} - 16\pi^4 \frac{DL}{c}\right] \qquad (4.13)$$

Quindi un andamento della conducibilità termica (trascurando il termine βI_2) del tipo:

$$k = \frac{2k_B \pi^2 L}{15 c^2}\left(\frac{k_B T}{\hbar}\right)^3 \left[1 - 16A\left(\frac{\pi k_B T}{\hbar}\right)^4 \frac{L}{c} - \frac{20}{7}(B_1+B_2)T^3\left(\frac{\pi k_B T}{\hbar}\right)^2 \frac{L}{c}\right] \qquad (4.14)$$

Se poniamo $D=0$ nella (4.10), otteniamo

$$I_1 = \left(\frac{k_B T}{\hbar}\right)^3 \frac{1}{E} \int_0^{\Theta/T} \frac{x^4}{x^2 + c/LE} \frac{e^x}{(e^x-1)^2} dx \qquad (4.15)$$

Callaway ha approssimato questo integrale come:

$$I_1 = \left(\frac{k_B T}{\hbar}\right)^3 \frac{1}{E}\left[\frac{1}{3}\pi^2 - e^{-\Theta/T}\left(\frac{\Theta^2}{T^2} + \frac{2\Theta}{T} + 2\right) - \frac{\pi}{2}\left(\frac{c}{LE}\right)^{\frac{1}{2}}\right] =$$

$$= \frac{k_B \pi^2}{3\hbar(B_1+B_2)T^2}\left\{1 - \frac{3e^{-\Theta/T}}{\pi^2}\left(\frac{\Theta^2}{T^2}+\frac{2\Theta}{T}+2\right) - \frac{3\hbar}{2\pi k_B T^{\frac{5}{2}}}\left[\frac{c}{L(B_1+B_2)}\right]^{\frac{1}{2}}\right\} \qquad (4.16)$$

Di conseguenza si vede che la conducibilità termica nei materiali isotopicamente puri dovrebbe dipendere dalla temperatura come T^{-2}, a bassa temperatura. La dipendenza dalle dimensioni è relativamente meno importante nei materiali isotopicamente puri perché la conducibilità generale è maggiore. Callaway ha inoltre discusso in dettaglio I_2 e β. Non riportiamo questa discussione, assumendoli come correzioni al risultato già trovato.

4.2 Confronto con analisi sperimentale per il germanio

La teoria di Callaway può essere applicata all'analisi delle misure di conducibilità termica fatte sul germanio. Alcune delle referenze sono elencate a fondo pagina[9]. Notiamo che Slack[10] è stato il primo a mettere in evidenza l'importanza dello scattering isotopico nella conducibilità termica.

Qualitativamente, possiamo spiegare la curva della conducibilità termica a basse temperature nel modo seguente: a temperature molto basse, lo scattering dei fononi dai bordi del campione è dominante, e la conducibilità termica segue l'andamento di T^3. Nei materiali normali, anche a 2 Kelvin, la deviazione da questo andamento è apprezzabile, in modo che non si osserva più un comportamento puro di tipo T^3.

Lo scattering isotopico diventa rapidamente importante quando è più facile generare fononi ad alta frequenza che hanno efficienti fenomeni di scattering con le impurità puntuali. Conseguentemente, la conducibilità termica raggiunge un valore massimo e poi declina. I fenomeni scattering a tre fononi normali ed umklapp diventano importanti quando la temperatura cresce ulteriormente e dominano sullo scattering isotopico. Nella regione da 40 a 100 Kelvin, la conducibilità di un campione dove possiamo trascurare gli effetti di bordo dovrebbe essere proporzionale a $T^{-1.5}$. Le deviazioni da questa legge ($T^{-1.3}$ riportata da White and Woods) possono essere causate dalla comparsa dello scattering sui bordi di grano. Ad alte temperature, il semplice modello in esame cessa di essere applicabile quando Θ/T decresce e il tempo di rilassamento per i processi di scattering fonone-fonone diventa proporzionale a T^{-1}. Nei materiali isotopicamente puri il comportamento caratteristico T^3 dovuto allo scattering sui bordi del cristallo persiste a 5 o 6 Kelvin. I processi di scattering a tre fononi e quelli umklapp si instaurano gradualmente finché la conducibilità raggiunge un valore massimo che è più grande rispetto a quello osservato nei materiali

---

[9] J. Carruthers, T. Geballe, H. Rosenberg, and J. Ziman, Proc. Roy. Soc. (Londra) **A238**, 502 (1957); G. K. White e S. B. Woods, Phys. Rev. **103**, 569 (1956); H. M. Rosenberg, Proc. Phys. Soc. (Londra) **A67**, 837 (1954);

[10] G. A. Slack, Phys. Rev. **105**, 829 (1957).

con impurezze. La discesa dal massimo è ripida e un andamento tipo T^{-2} può essere osservato da 40 a 100 Kelvin.[11]

Per fare un confronto più dettagliato tra teoria ed esperimento, possiamo valutare i parametri utilizzati da Geballe e Hull[10]. I valori riportati nella tabella 4.1 sono ottimali per il coefficiente del termine T^3 nella conducibilità termica del Ge^{74}. Dal confronto dei dati per il germanio normale e per il singolo isotopo sempre del germanio si ottiene il seguente grafico di figura 4.1.

Parametro	Valore
k_B	$1{,}38 \cdot 10^{-23} JK^{-1}$
c	$3{,}50 \cdot 10^5 cm \cdot sec^{-1}$
L	$0{,}180\ cm$
Θ	$375°K$
$B_1 + B_2$	$2{,}77 \cdot 10^{-23} sec \cdot deg^{-3}$
A	$2{,}57 \cdot 10^{-44}$

Tabella 4.1. Valori parametri equazione conducibilità termica

Ricordiamo che il modello fenomenologico discusso è stato sviluppato per il calcolo della conducibilità termica del germanio a basse temperature[12]. Le assunzioni di questa teoria sono:

1. tutti i processi di scattering fonone-fonone sono rappresentati usando vettori d'onda di un solo modo;

---

[11] T. H. Geballe e G. W. Hull, Phys. Rev. **110**, 773 (1958).

[12] J. Callaway, Phys. Rev. **113**, 1046 (1959).

2. la distribuzione dei fononi è caratterizzata da un spettro di tipo Debye. Gli effetti dovuti all'anisotropia e alla dispersione sono trascurati;

è assunta l'additività dei tempi di rilassamento reciproci per i processi di scattering indipendenti

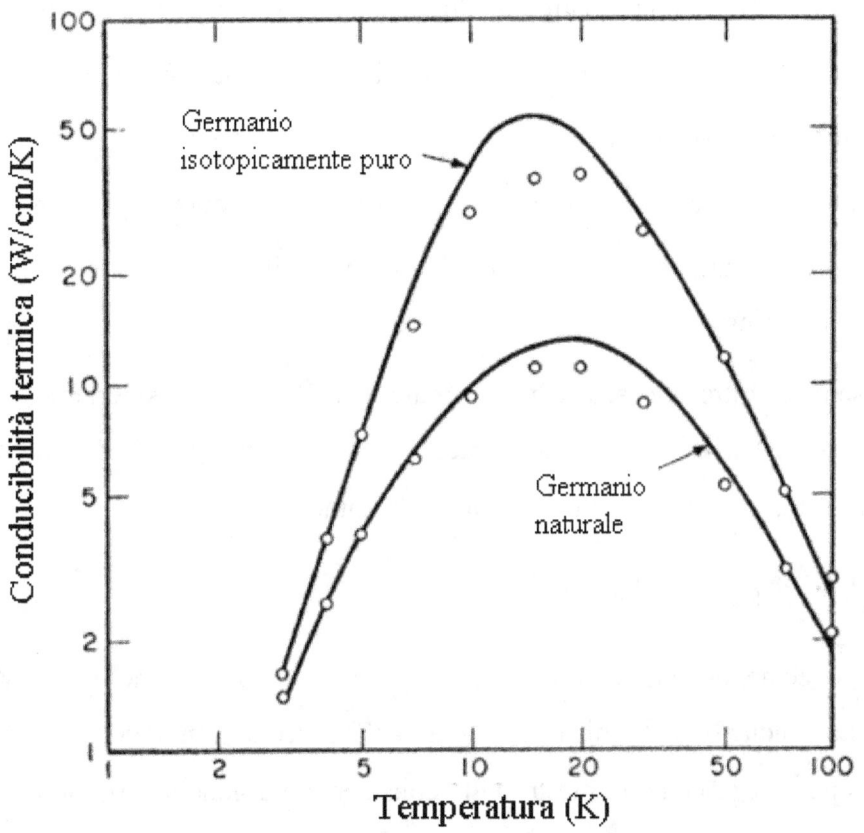

Figura 4.1 Confronto tra la conducibilità termica del Germanio puro e di quello naturale.

4.3 Conducibilità termica del reticolo a basse temperature

I processi a tre fononi normali conservano la somma dei vettori d'onda dei fononi e quindi non possono produrre da soli una resistenza termica.

In conformità a questa considerazione, è stata proposta la seguente espressione per la conducibilità termica, k:

$$k = \frac{k_B}{2\pi^2 v_s}\left(\frac{k_B T}{\hbar}\right)^3 \left\{\int_0^{\Theta/T} \frac{\tau_c x^4 e^x}{(e^x-1)^2}dx + \frac{\left[\int_0^{\Theta/T} \frac{\tau_c}{\tau_N}\frac{x^4 e^x}{(e^x-1)^2}dx\right]^2}{\int_0^{\Theta/T} \frac{1}{\tau_N}\left(1-\frac{\tau_c}{\tau_N}\right)\frac{x^4 e^x}{(e^x-1)^2}dx}\right\} \quad (4.17)$$

In questa equazione, k_B è la costante di Boltzmann, v_s è la velocità del suono, Θ è la temperatura di Debye, e x è la variabile adimensionata $\hbar\omega/k_B T$. I tempi di rilassamento che appaiono nell'equazione (4.17) sono i seguenti: τ_N è il tempo di rilassamento per lo scattering a tre fononi menzionato sopra; τ_c è un tempo di rilassamento combinato, che è la somma dei tempi di rilassamento reciproci di tutti i processi di scattering.

Se, per esempio, oltre allo scattering normale a tre fononi, consideriamo i processi umklapp, lo scattering da difetti puntuali e lo scattering sui bordi (tempi di rilassamento τ_u, τ_D e τ_B, rispettivamente), otteniamo:

$$\tau_c^{-1} = \tau_N^{-1} + \tau_u^{-1} + \tau_D^{-1} + \tau_B^{-1} \quad (4.18)$$

In effetti, è come quando in un circuito elettrico si considerano le resistenze in parallelo. La conducibilità termica data dalla (4.17) diventa infinita nel momento in cui τ_c si avvicina a τ_N, come richiesto dalle considerazioni generali. Il contributo delle impurità puntuali alla resistività termica è stato incluso nella teoria[13], e il calcolo applicato a un'analisi dei dati di Berman et al. sugli effetti della variazione della concentrazione relativa degli isotopi Li^6 e Li^7 sulla conducibilità termica del fluoruro di litio[14]. Ricordiamo sempre che l'approssimazione dell'additività dei tempi di rilassamento reciproci è valida ad alte temperature o a basse temperature, se lo scattering dovuto a difetti puntuali o dovuto a processi umklapp è grande. Con queste condizioni, il secondo termine della (4.17) può essere trascurato.

---

[13] J. Callaway e H. C. von Baeyer, Phys. Rev. **120**, 1149 (1960).

Il tempo di rilassamento per i processi umklapp può presentare una dipendenza dalla temperatura di tipo esponenziale alle basse temperature[15] ($\tau_u \propto e^{\Theta/aT}$). Di conseguenza, il contributo dei processi umklapp alla resistività termica decresce molto rapidamente con il decrescere della temperatura. Nei materiali puri e a singolo isotopo, si può raggiungere una situazione in cui l'aggiunta dei tempi di rilassamento reciproci non è valida, e il secondo termine della (4.17) è dominante nel calcolo della conduttività, in accordo con i dati di Walker e Fairbank sulla conducibilità termica di un campione di elio allo stato solido[16,17].

In queste circostanze, la resistenza termica mostra una dipendenza dal disordine isotopico residuo o dalla quantità di difetti che è elevata se confrontata con quella ottenuta quando l'additività dei tempi di rilassamento reciproci è applicabile (questo risultato era stato predetto da Ziman[18]).

4.3.1 Calcolo della resistività termica

Andiamo a considerare prima un caso in cui lo scattering sui bordi del campione e quello di tipo umklapp possono essere trascurati, così che gli unici processi di scattering presenti siano quelli da difetti puntuali e quelli normali a tre fononi. In questo modo otteniamo:

$$\tau_c^{-1} = \tau_D^{-1} + \tau_N^{-1} \qquad (4.19)$$

Se $\tau_D \gg \tau_N$ per frequenze dell'ordine di $\dfrac{k_B T}{\hbar}$ possiamo fare un'espansione asintotica dell'integrale dell'equazione (4.17). Il termine dominante nell'espressione della resistività $\left(W = k^{-1}\right)$ è:

---

[14] R. Berman, P. T. Nettley, F. W. Sheard, A. N. Spencer, R. W. H. Stevenson, e J. M. Ziman, Proc. Roy. Soc. (London) **A253**, 403 (1959).

[15] R. E. Peierls, *Quantum Theory of Solids* (Oxford University Press, New York, 1955), Cap. 2.

[16] E. J. Walker e H. A. Fairbank, Phys. Rev. **118**, 913 (1960).

[17] F. W. Sheard e J. M. Ziman, Phys. Rev. Letters **5**, 139 (1960).

$$W = \frac{2\pi^2 v_s}{k_B}\left(\frac{\hbar}{k_B T}\right)^3 \frac{\int_0^{\theta/T} \frac{1}{\tau_D}\frac{x^4 e^x}{(e^x-1)^2}dx}{\left[\int_0^{\theta/T} \frac{x^4 e^x}{(e^x-1)^2}dx\right]^2}$$ (4.20)

La (4.20) è essenzialmente la formula derivata da Ziman col principio variazionale[19]. In accordo con Klemens[20], il tempo di rilassamento per lo scattering dovuto ai difetti puntuali è inversamente proporzionale alla frequenza elevata alla quarta:

$$\tau_D^{-1} = A\omega^4 = A\left(\frac{k_B T}{\hbar}\right)^4 x^4$$ (4.21)

Klemens ha dato inoltre un'espressione approssimata per la stima della costante di proporzionalità A. A temperature molto basse, il limite superiore dell'integrale dell'equazione (4.20) può essere posto pari a infinito. Otteniamo:

$$W = W_z = 120\pi^2 v_s \frac{AT}{\hbar}$$ (4.22)

Con questo limite, la resistenza di difetto è 25 volte maggiore di quella prevista per la situazione in cui i processi umklapp dominalo lo scattering fononico. L'equazione (4.22) è da considerarsi pertinente a un caso limite idealizzato (che può essere chiamato *limite di Ziman*) e che dovrebbe essere un limite superiore per la resistenza di difetto. Per estendere il calcolo, è necessario fare alcune assunzioni riguardanti la forma dei tempi di rilassamento per i processi di scattering normali a tre fononi. Poniamo

$$\tau_N = B_N T^3 \omega^2$$ (4.23)

Definiamo inoltre la variabile y^2 come rapporto dei tempi di rilassamento τ_D/τ_N alla frequenza $k_B T/\hbar$:

---

[18] J. M. Ziman, Can. J. Phys. **34**, 1256 (1956).

[19] J. Tavernier, Ph. D. tesi, Università di Parigi, 1960 (non pubblicata).

[20] P. G. Klemens, Proc. Phys. Soc. (Londra) **A68**, 1113 (1955).

$$y^2 = \frac{\hbar^2 B_N T}{k_B^2 A} \qquad (4.24)$$

E' poi possibile esprimere la conducibilità termica semplicemente con integrali della forma:

$$\mathfrak{I}_n(y,\theta/T) = \int_0^{\theta/T} \frac{x^{2n}}{x^2+y^2} \frac{e^x}{(e^x-1)^2} dx \qquad (4.25)$$

Se definiamo $k_z = W_z^{-1}$, dove W_z è dato dall'equazione (4.20), si ha che:

$$\frac{k}{k_z} = 60\left\{\mathfrak{I}_1(y,\theta/T) + y^2 \frac{\mathfrak{I}_2^2(y,\theta/T)}{\mathfrak{I}_4(y,\theta/T)}\right\} \qquad (4.26)$$

Il primo termine della (4.26) è equivalente alla conducibilità termica calcolata in precedenza, il secondo termine rappresenta la "correzione" dei processi normali che conduce al limite di Ziman per $y^2 \to \infty$.

Andiamo ora a considerare l'effetto dei processi umklapp e dello scattering sui bordi. Nel caso in cui i tempi di rilassamento per questi processi siano maggiori rispetto a τ_N, otteniamo, anziché la relazione (4.20),

$$W = \frac{2\pi^2 v_s}{k_B}\left(\frac{\hbar}{k_B T}\right)^3 \cdot \frac{\int_0^{\theta/T}\left[\frac{1}{\tau_D} + \frac{1}{\tau_u} + \frac{1}{\tau_B}\right]\frac{x^4 e^x}{(e^x-1)^2}dx}{\left[\int_0^{\theta/T} \frac{x^4 e^x}{(e^x-1)^2}dx\right]^2} \qquad (4.27)$$

espressione equivalente a quella data da Klemens[21]. Evidentemente, la resistività termica può, in questo caso, essere rappresentata come una somma di termini provocati dallo scattering coi difetti puntuali, dai processi umklapp e dallo scattering sui bordi. Tuttavia, queste resistività non sono calcolate nel modo usuale, ossia come reciproci delle conduttività calcolate mediando il tempo di rilassamento per il processo

---

[21] P. G. Klemens, in *Solid-State Physics*, plubbicato da F. Seitz e D. Turnbull (Academic Press, Inc., New York, 1958), Vol. 7, p.33.

interessato sopra lo spettro vibrazionale; piuttosto i tempi di rilassamento reciproci sono mediati tra loro. Per valutare queste resistività, assumiamo per i tempi di rilassamento, come in precedenza (lasciando $\theta/T \to \infty$):

$$\tau_u^{-1} = B_u T^3 \omega^2 \tag{4.28}$$

$$\tau_B^{-1} = \frac{v_s}{L} \tag{4.28}$$

Il termine B_u nella (4.28) contiene la caratteristica dipendenza esponenziale dalla temperatura dei processi umklapp. La quantità L nella relazione (4.28) è la lunghezza caratteristica dell'esemplare preso in esame. Ovviamente, possiamo scrivere:

$$W = W_z + W_B + W_u \tag{4.29}$$

W_z è dato dalla relazione (4.22) e

$$W_u = \frac{150}{7} \frac{\hbar v_s}{K^2} B_u T^2 \tag{4.30}$$

$$W_B = \frac{15}{2\pi^2} \frac{v_s^2}{KL} \left(\frac{\hbar}{KT}\right)^3 \tag{4.31}$$

L'estensione di questi risultati al caso in cui i rapporti non siano piccoli è fattibile. Conveniente introdurre la variabile t^2:

$$t^2 = \frac{\hbar^2}{k_B^2} \frac{(B_N + B_u)T}{A} = y^2(1+s) \tag{4.32}$$

dove $s = B_u / B_N$. Per semplificare le formule risultanti, possiamo trascurare lo scattering sui bordi. Per facilitare l'analisi dei risultati sperimentali di Walker e Fairbank, che saranno discussi in seguito, si desidera ottenere prima di tutto la resistenza termica di un materiale puro che non contiene difetti. Chiameremo questo W_u [nel caso in cui $\tau_u \gg \tau_N$] e lo calcoleremo ponendo $\tau_D^{-1} = \tau_B^{-1} = 0$, ottenendo.

$$W_u = \frac{150}{7} \frac{\hbar v_s}{k_B^2} B_u T^2 \left(\frac{1+s}{1+25s/7}\right) = \frac{6\hbar v_s}{k_B^2} \frac{(B_u + B_N)T^2}{1+(7/25)B_N/B_u} \tag{4.33}$$

Se $B_N \ll B_u$, il rapporto W/W_u può essere determinato:

$$\frac{W}{W_u} = \frac{7\pi^2}{75}\left(1+\frac{25s}{7}\right) \cdot \frac{[\Im_3(t)/t^2\Im_2^2(t)] + (sy^2)^{-1}[\Im_4(t)/t^2\Im_2^2(t)]}{1+s\Im_3(t)\Im_1(t)/\Im_2^2(t) + \Im_4(t)\Im_1(t)/y^2\Im_2^2(t)} \quad (4.34)$$

Questa formula piuttosto complessa è valida per tutti i valori di resistenza dei processi normali di scattering per opera di difetti e di tipo umklapp.

4.3.2 Applicazione all'elio solido

La conducibilità termica dell'elio solido, contenente varie porzioni dell'isotopo He^3, è stata misurata in un intervallo di temperature che va da 1.1°K a 2.1°K da Walker e Fairbank. Essi osservarono che la resistività termica addizionale prodotta dalla miscela isotopica (comparata con l'He^4 puro) era molto grande per essere espressa dalla teoria di Klemens, assumendo una distribuzione casuale degli isotopi. Essi tentarono di rappresentare i loro risultati supponendo che l'He^3 fosse organizzato su linee nel solido. Poi, Sheard e Ziman notarono che la resistenza termica dovuta agli isotopi era dello stesso ordine di grandezza di W_z, usando la stima data da Klemens di A assumendo una distribuzione casuale degli isotopi.

Secondo i dati di Walker e Fairbank, la resistenza termica è attribuita ai processi umklapp. E' possibile ottenere una buon fit della resistenza dei materiali puri usando $s = B_u/B_N = 9.12e^{-8.2/T}$. Questa misura è mostrata in Figura 4.3. La scelta di y^2 è fatta considerando che A deve essere proporzionale a $c(1-c)$, dove c è la concentrazione relativa di uno degli isotopi, cosi come in modo da per ottenere una buona misura del rapporto W/W_u per gli agli esempi misurati. Il risultato di questa misura è mostrato in Figura 4.4.

I valori delle costanti che appaiono nelle espressioni per i tempi di rilassamento usate in questa misura sono:

$$A = 7.63\, c\,(1-c)\, sec^3 \quad ; \quad B_u = 7.27 \cdot 10^{-15}\, e^{-8.2/T}\, sec\, deg^{-3}$$

$$B_N = 7.97 \cdot 10^{-16}\, sec\, deg^{-3}$$

Il valore di *A* usato in questo caso è approssimativamente tre volte più grande rispetto a quello ottenuto dalla formula di Klemens per la differenza di dispersione totale. Un calcolo più raffinato di questa costante dalle considerazioni fondamentali può essere desiderato se può essere considerato reale spettro vibrazionale del cristallo.

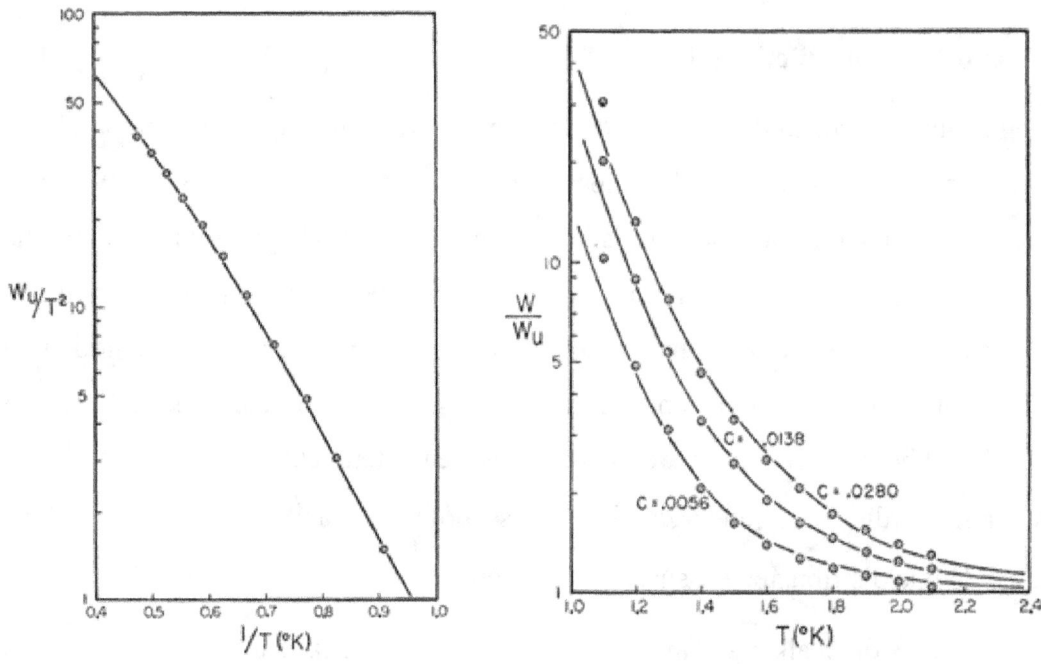

Figura 4.3   Figura 4.4

Capitolo 5
Conducibilità termica di alcuni materiali

In questo capitolo si vuole svolgere un'analisi teorica dell'andamento della conducibilità termica di alcuni materiali quali il diamante (C), il carburo di silicio (SiC), il silicio (Si), il germanio (Ge) e il fluoruro di litio (LiF), al variare di alcuni parametri caratteristici. In particolare si andrà a osservare la variazione della conduttività termica nel caso in cui cambino uno o più parametri contemporaneamente. I parametri che modifichiamo sono la lunghezza del campione, il coefficiente dell'effetto isotopico e il numero di processi dovuti allo scattering a tre fononi. L'analisi sarà eseguita utilizzando i programmi *NFortran* e *gnuPlot*. *NFortran* sarà impiegato per ottenere i risultati mediante un metodo di calcolo iterativo, mentre *gnuPlot* per tracciare il grafico dai dati ottenuti con *Fortran*. I calcoli saranno svolti utilizzando la formula della conducibilità termica ottenuta da Carruthers e scrivendo un programma in linguaggio Fortran.

5.2 Il programma di calcolo

Il programma di calcolo è molto semplice e dato di seguito. I parametri che si andranno a modificare secondo il materiale preso in esame saranno: la velocità del suono (cs), i processi a tre fononi (enne), la temperatura di Debye (tdebye), la lunghezza del campione (elle) ed il coefficiente dell'effetto isotopico (ai).

```
implicit real*8(a-h,o-z)
     dimension cond(10000)
     cs=...                            !sound speed
     enne=...                          !three-phonon processes
     rkb=1.38*10.**(-16.)              !Boltzmann constant
     accat=1.054*10.**(-27.)           !h tagliata
     tdebye=...                        !Debye temperature
     elle=...                          !lunghezza del campione
     ai=...                            !fattore impurezze puntiformi
```

```
          do i=1,500                        ! Inizio ciclo delle temperature
          temp=i                            ! temperatura specifica
          upper=tdebye/temp                 !limite superiore integrale
          dx=0.001                          ! passo dell'integrale
          nuc=upper/dx
          sum=0.
          do j=1,nuc
              x=j*dx
              ooo=enne*(rkb*temp/accat)**2.*temp**3.*x**2.
              relax=cs/elle+ai*(rkb*temp/accat)**4.*x**4.+ooo
              o1=x**(4.)*exp(-x)
              o2=(1.-exp(-x))**2.
              sum=sum+o1/(o2*relax)*dx
          end do
          fat=(rkb**4./accat**3.)*10.**(-7.)*temp**3.
          cond(i)=sum*1./2./(3.14)**2./cs*fat
          write(10,*) temp,cond(i)          ! scrittura dati su file .10
          print *, temp,cond(i)             !cond termica in watts/cm/grado
       end do
end
```

In questo calcolo assumiamo che la conducibilità sia data semplicemente dal primo termine della teoria di Callaway discussa nel capitolo precedente, come:

$$k = \frac{k_B}{2\pi^2 v_s}\left(\frac{k_B T}{\hbar}\right)^3 \left\{ \int_0^{\Theta/T} \frac{\tau_c x^4 e^x}{(e^x - 1)^2} dx \right\}.$$

5.3 Fluoruro di litio (LiF)

Il fluoruro di litio è il sale dell'acido fluoridrico. A temperatura ambiente si presenta come un solido bianco inodore. È composto tossico e irritante, relativamente duro e resistente all'umidità. Il fluoruro di litio ha una temperatura di Debye di 735 K.

5.3.1 Conducibilità termica

Per lo studio della conducibilità termica *k* si procede a passi successivi. Per prima cosa si è osservato il variare di *k* in funzione della temperatura in un intervallo che va da 1 a 500 K. La curva in alto nel grafico di figura 5.1 è stata ottenuta inserendo nel programma visto in precedenza i seguenti dati: temperatura di Debye (*tdebye*) = 735K; coefficiente dell'effetto isotopico (*ai*) = 0; lunghezza del campione (*elle*) = 0.7 *cm*; per i processi a tre fononi (*enne*) = $1,35 \cdot 10^{-22}$; velocità del suono (*cs*) = $5 \cdot 10^5 \, cm/s$.

Poi si è variato il coefficiente dell'effetto isotopico (*ai*) da 0 a $5 \cdot 10^{-38}$. Dal grafico notiamo un progressivo abbassamento di tutti i valori di conducibilità e un appiattimento della curva attorno al valore massimo.

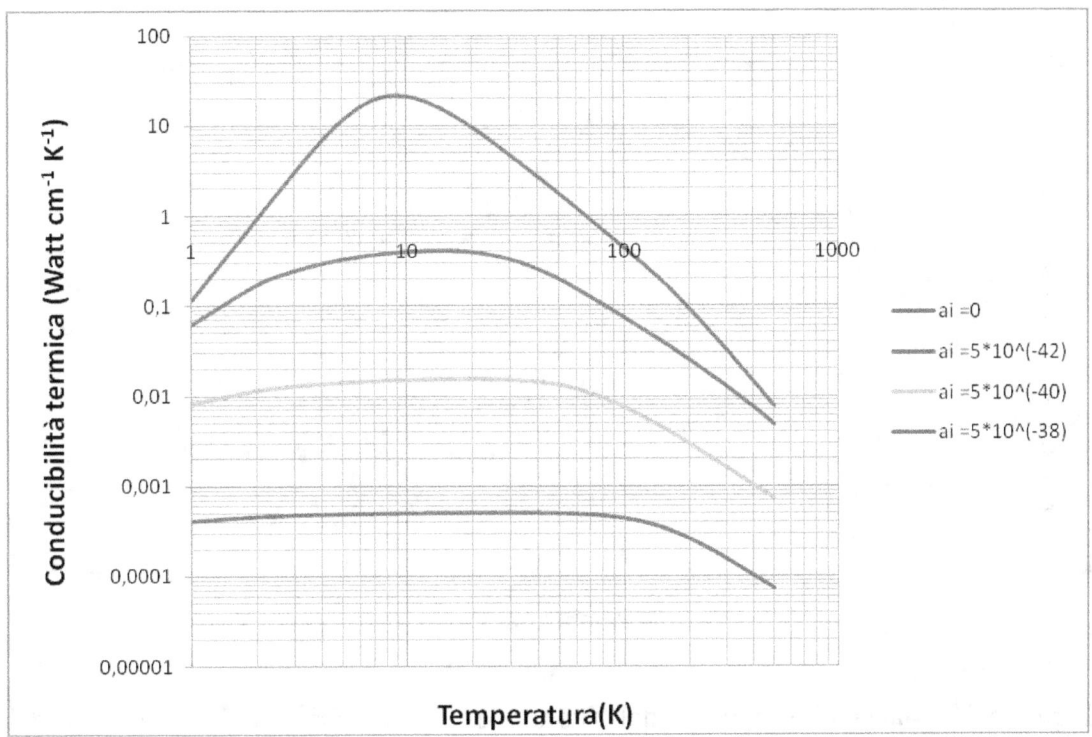

Figura 5.1. Conducibilità termica del fluoruro di litio al variare del coefficiente dell'effetto isotopico (la temperatura varia da 1 a 500 K).

Passiamo ad analizzare il comportamento della conducibilità termica, sempre in funzione della temperatura, nel caso vari la dimensione del campione preso in esame. Per fare questo riportiamo *ai* al suo valore originario di 0 e facciamo variare *elle* da un valore minimo di 0.1cm a un valore massimo di 1.1 *cm*, attraverso incrementi successivi di 0.2 *cm*.

Osservando le curve della conducibilità termica contenute nella figura 5.2, si nota immediatamente che aumentando la lunghezza (*elle*) del campione si causa anche un aumento della conducibilità termica. Questa è vero solo per valori di temperatura inferiori ai 20K. Per temperature maggiori, si osserva che tutte le curve convergono sugli stessi valori di k.

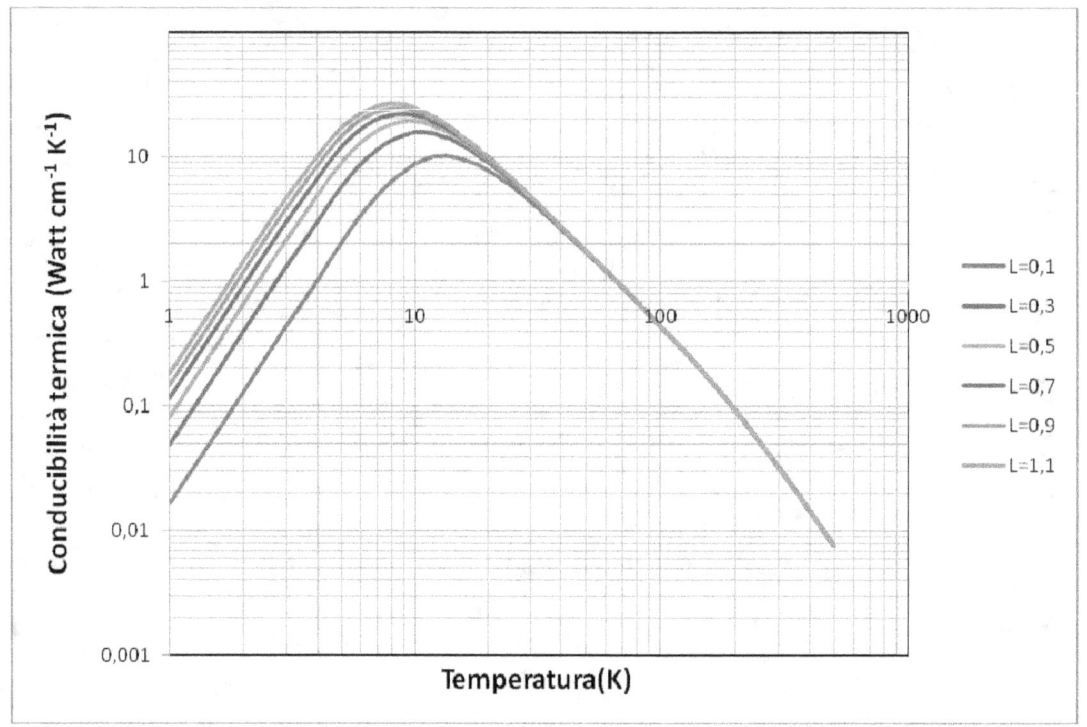

Figura 5.2. Conducibilità termica del fluoruro di litio al variare della lunghezza del campione (L, elle nel programma).

Il terzo parametro che possiamo variare è *enne*. In questo caso useremo valori di *enne* che vanno da $1.35 \cdot 10^{-25}$ a $1.35 \cdot 10^{-20}$. Questo range di valori verrà coperto usando incrementando di una decade il valore precedente. Le curve della conducibilità k per ogni valore di *enne* presi in considerazione sono visibili in figura 5.3.

La prima cosa che si nota osservando le singole curve è il valore della conducibilità termica alla temperatura di 1 K. A questa temperatura il valore della conducibilità non è influenzato dalle variazioni di *enne* e risulta essere sempre uguale.

Di particolare rilevanza è il fatto che la conducibilità termica k in funzione della temperatura e di *enne* alle temperature molto basse (inferiori a 1 K) abbia lo stesso comportamento quando la dipendenza è data dalla temperatura e dalla lunghezza del campione (*elle*).

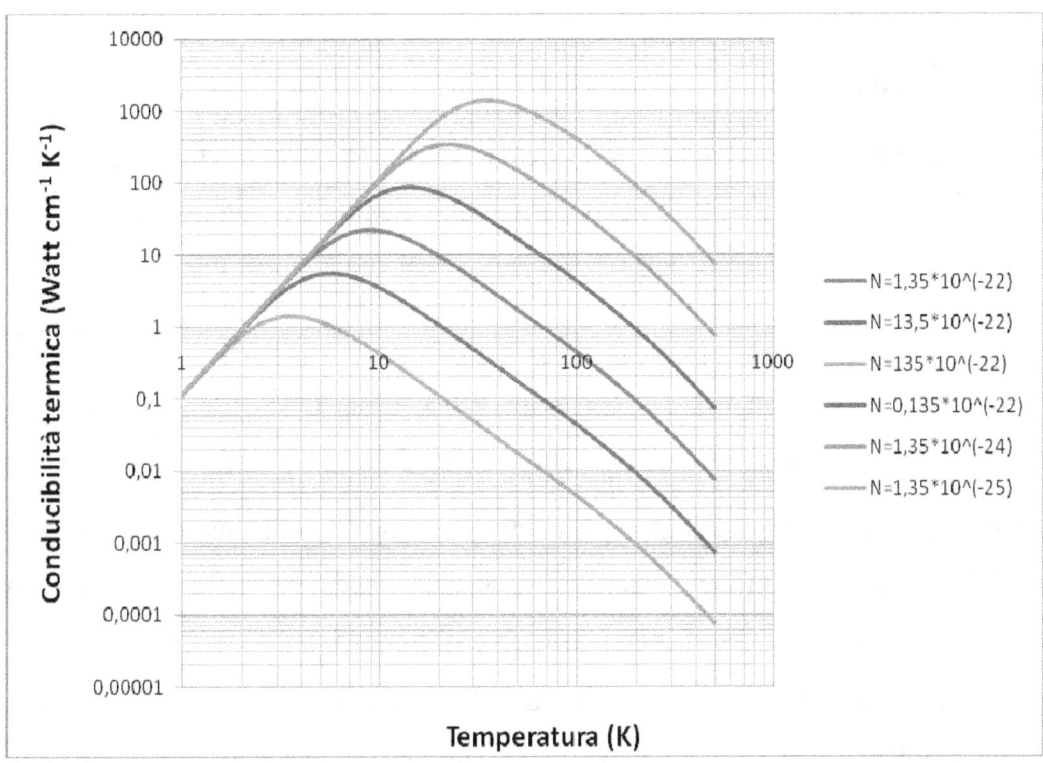

Figura 5.3. Conducibilità termica al variare del parametro N (enne nel programma.

L'analisi può anche essere condotta introducendo la variazione contemporanea di 2 parametri, ad esempio temperatura e lunghezza del campione.

5.4 Diamante (C)

Il diamante è un reticolo cristallino di carbonio. E' un cristallo composto da atomi di carbonio a struttura tetraedrica. I diamanti hanno diverse applicazioni, grazie alle eccezionali caratteristiche fisiche del materiale di cui sono composti. Le caratteristiche più rilevanti sono l'estrema durezza, l'indice di dispersione, l'elevata conducibilità termica, col punto di fusione a 3.820 K. Il diamante è il materiale più duro che si conosca; la sua durezza nella scala Mohs è pari a 10. La durezza del diamante è nota sin dall'antichità, e a questa deve il suo nome. Tuttavia, una forma allotropica del carbonio sintetizzata per la prima volta nel 2005 e chiamata ADNR (Aggregated Diamond Nanorods) è risultata più dura del diamante.

5.4.1 Conducibilità termica

Anche nel caso del diamante ripetiamo la stessa analisi fatta nel paragrafo precedente, preoccupandoci di cambiare i dati caratteristici del materiale (temperatura di Debye e velocità del suono) all'interno del programma di calcolo: temperatura di Debye = 2.230 K; velocità del suono (cs) = $18 \cdot 10^5\ cm/s$; lunghezza del campione = 1.0 cm.

I parametri che andremo a variare sono sempre il coefficiente dell'effetto isotopico (*ai*), la lunghezza del campione (*elle*) e il numero di processi a tre fononi (*enne*).

I risultati dei cambiamenti dei singoli parametri sono visibili nelle curve di figura 5.4, figura 5.5, figura 5.6. A differenza del LiF, la dipendenza dal coefficiente dell'effetto isotopico (*ai*) è maggiore ed è visibile nelle curve di figura 5.4. Osservando le curve si nota che inserendo un valore molto piccolo di *aii*, ad esempio $5 \cdot 10^{-44}$, la diminuzione della conducibilità termica è di circa 1000 volte. Inoltre, aumentando il coefficiente *ai* otteniamo un livellamento del valore di conducibilità termica fino ad ottenere un valore costante, anche se molto basso, per valori di *ai* pari a $5 \cdot 10^{-40}$ e $5 \cdot 10^{-38}$.

Osservando la dipendenza dalla lunghezza del campione, invece, abbiamo lo stesso comportamento del fluoruro di litio, nonostante i valori di conducibilità siano molto più elevati rispetto al caso analizzato in precedenza. Anche per quanto riguarda la dipendenza dai processi a tre fononi otteniamo un comportamento che ricorda quello del fluoruro di litio. Osservando le curve di figura 5.6 si nota che aumentando il valore di *enne* si ottiene una diminuzione della conducibilità termica del diamante. Al contrario, aumentando il valore di *enne*, solamente di un fattore 10, otteniamo che il valore massimo della conducibilità triplica passando dal valore base pari a circa 1000 a circa 3000.

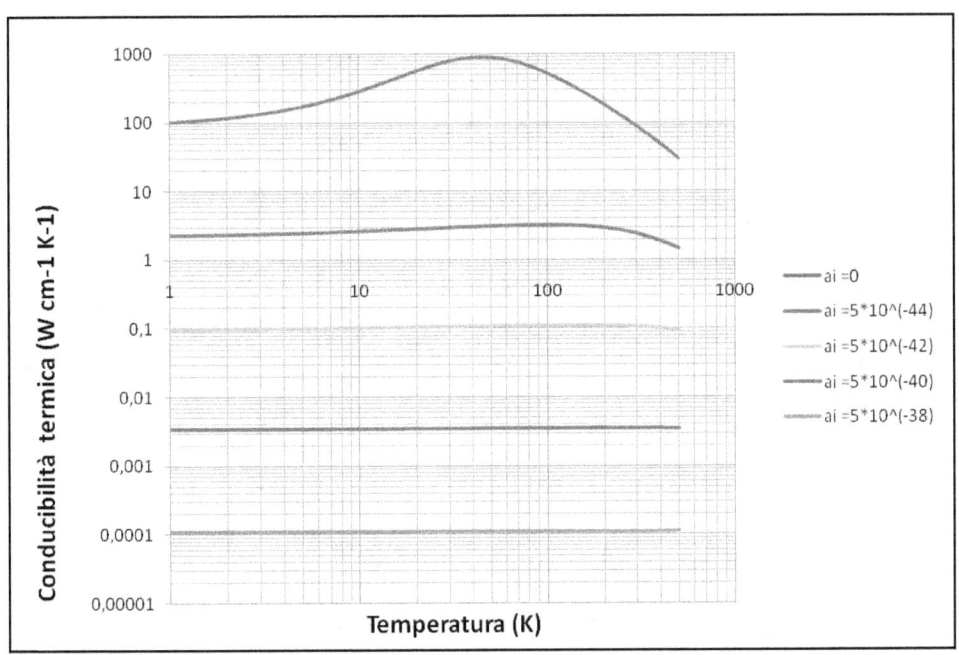

Figura 5.4 . Conducibilità termica del diamante al variare del coefficiente dell'effetto isotopico.

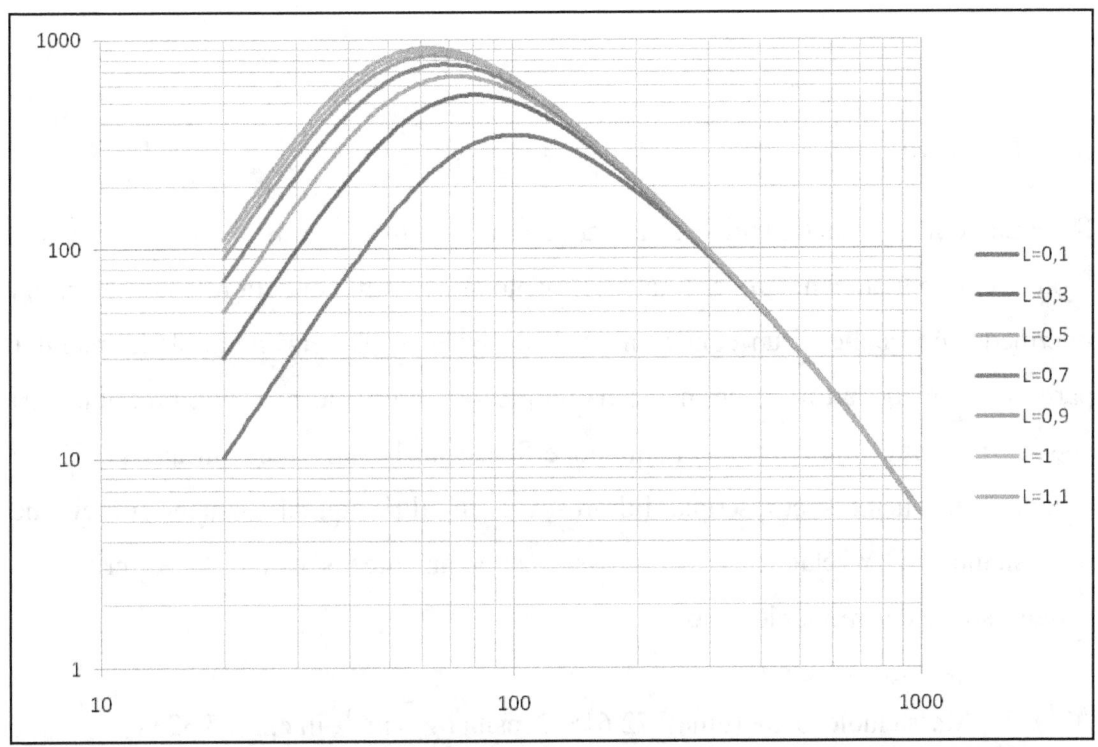

Figura 5.5. Conducibilità termica del diamante al variare della lunghezza del campione.

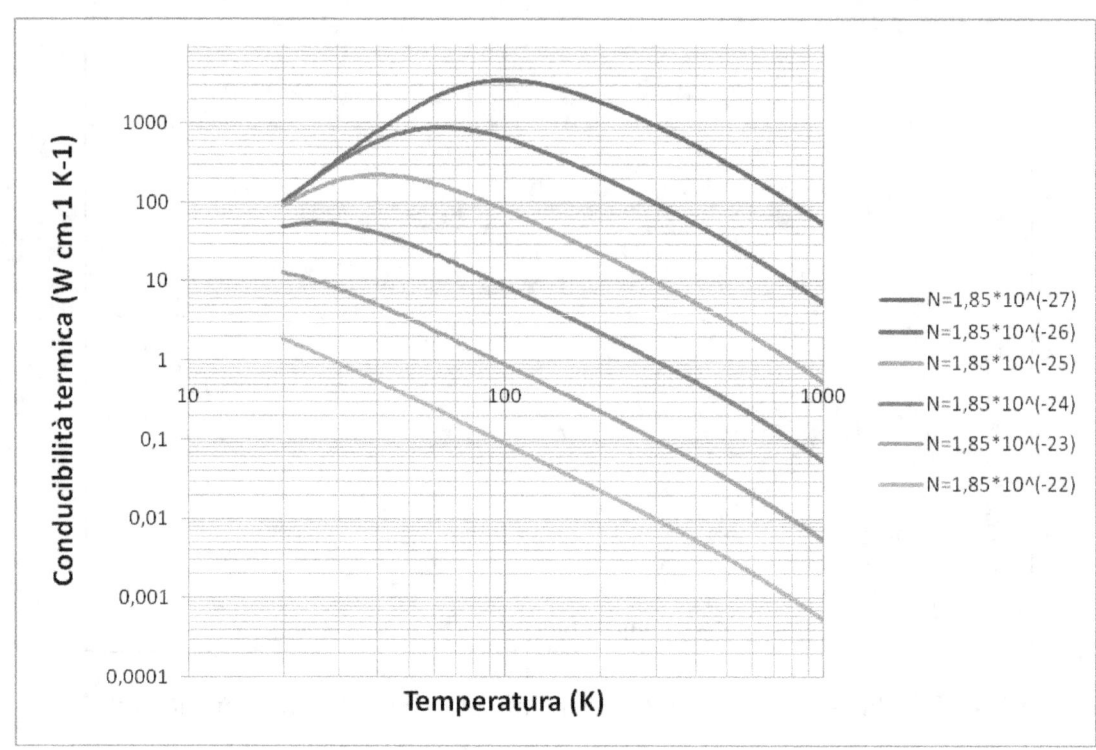

Figura 5.6. Conducibilità termica del diamante al variare del parametro N dello scattering a tre fononi

5.5 Germanio

Il germanio ha un aspetto metallico lucido, e la stessa struttura cristallina del diamante. Inoltre è importante notare che tale elemento è un semiconduttore, con proprietà intermedie fra quelle di un conduttore e di un isolante. Diversamente dalla maggior parte dei semiconduttori, il germanio ha un piccolo intervallo di banda proibita, cosa che gli permette di rispondere in modo efficace anche alla luce infrarossa. Viene quindi usato nella spettroscopia infrarossa e in altri equipaggiamenti ottici che necessitano di rivelatori a infrarossi estremamente sensibili. Le principali caratteristiche del germanio sono

Massa molecolare (uma): 72.61; Densità ($g \cdot cm^{-3}$, in c.n.): 5.3234
Temperatura di fusione (K): 1.211,4; Temperatura di Debye (K): 374
Costante dielettrica: 16.2

5.5.1 Conducibilità termica

Inseriamo nel programma di calcolo i parametri caratteristici del germanio, che sono: temperatura di Debye = 374 K; velocità del suono (cs) = $5{,}41 \cdot 10^5 \; cm/s$; lunghezza del campione = 1.0 cm. Le curve ottenute variando in modo indipendente i tre parametri presi in esame sono visibili nelle figure 5.7, 5.8 e 5.9. Da una prima osservazione si nota che anche il germanio presenta, per quanto riguarda la conducibilità termica, un comportamento simile a quello dei due materiali già osservati in precedenza. Infatti, dall'osservazione delle curve in figura 5.7, si nota che un aumento del coefficiente dell'effetto isotopico provoca una diminuzione della conducibilità termica. Analizzando le curve di figura 5.8, invece, si osserva che un aumento della lunghezza del campione preso in considerazione è seguito da un aumento del valore della conducibilità termica k e da uno spostamento del massimo verso temperature più basse. Al contrario, una diminuzione del parametro *enne* è seguita da un aumento della conducibilità termica e da uno spostamento verso temperature più elevate del massimo (vedi figura 5.9).

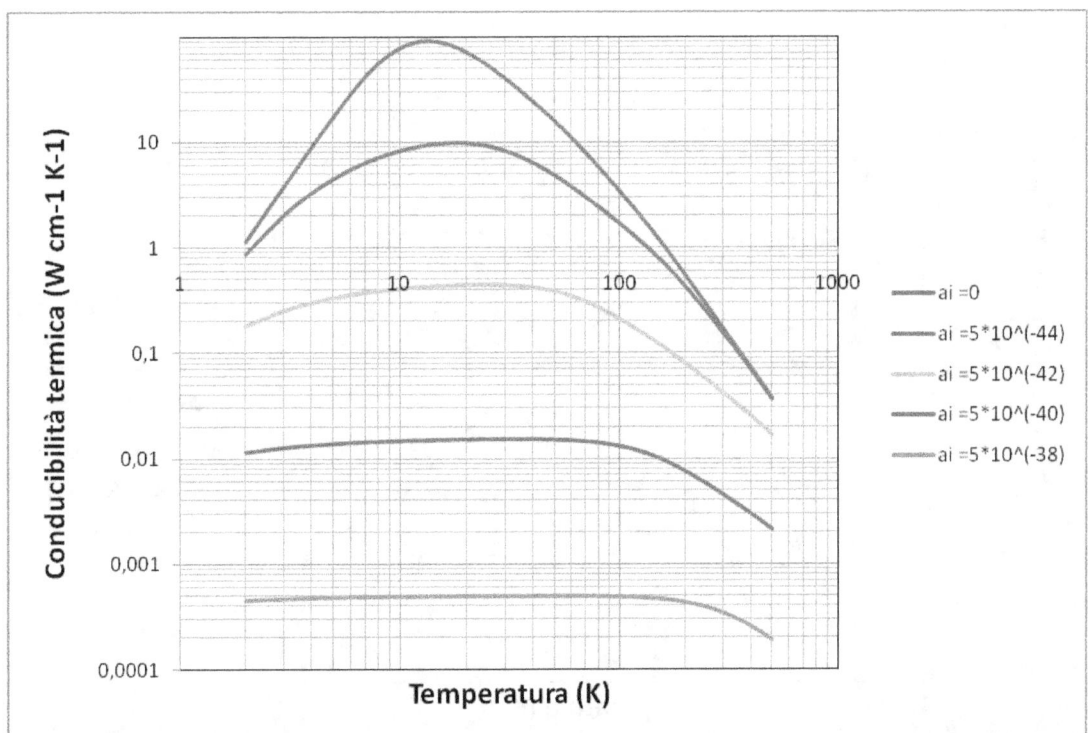

Figura 5.7. Conducibilità termica del germanio al variare del coefficiente dell'effetto isotopico.

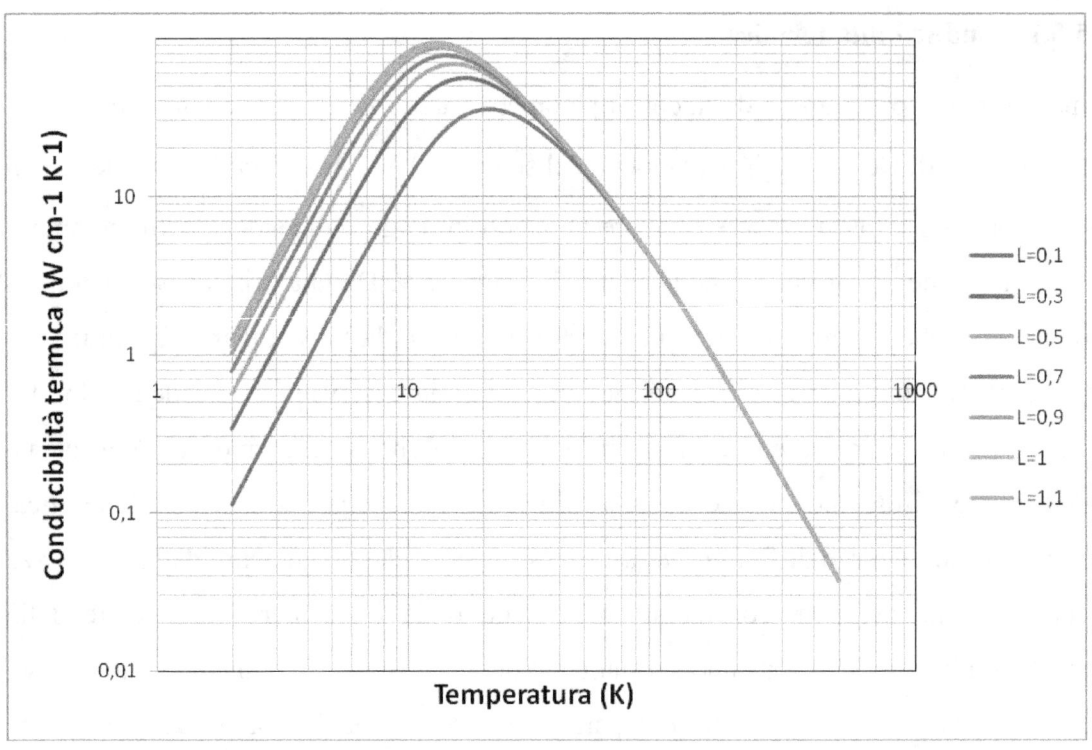

Figura 5.8. Conducibilità termica del germanio al variare della lunghezza del campione.

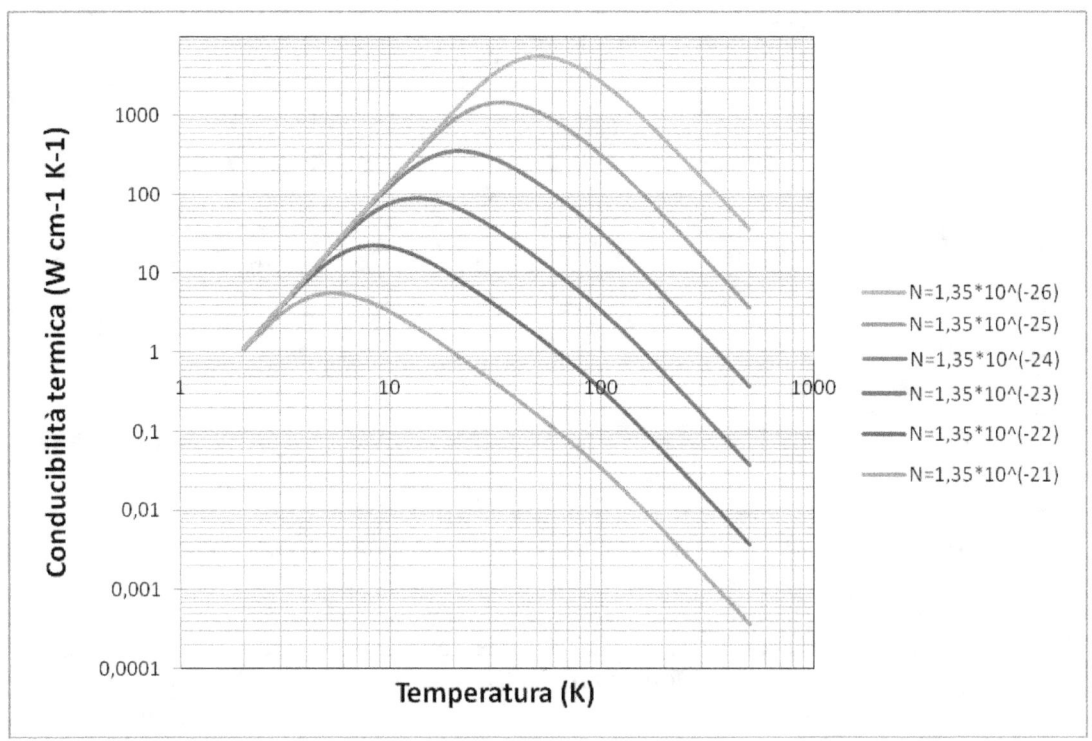

Figura 5.9. Conducibilità termica del germanio al variare degli effetti tri-fononici.

5.6 Silicio (Si)

Il silicio è un metalloide tetravalente, meno reattivo del carbonio. Inoltre è il secondo elemento per abbondanza nella crosta terrestre dopo l'ossigeno, componendone il 25,7% del peso. Si trova in argilla, feldspato, granito, quarzo e sabbia, principalmente in forma di biossido di silicio, silicati e alluminosilicati. Il silicio è il componente principale di vetro. Tra i composti del silicio, il carburo di silicio, chiamato anche carborundum, è uno dei più importanti abrasivi. Il silicio è un semiconduttore intrinseco e può essere drogato con arsenico, fosforo, gallio o boro per renderlo più conduttivo e utilizzarlo in transistor, celle solari, e altre apparecchiature a semiconduttori. Esistono due tipi di drograggio legati al silicio che permettono di dare eccesso di elettroni alla banda di conduzione (semiconduttore di tipo n) o lacune di elettroni alla banda di valenza (semiconduttore di tipo p).

Le principali caratteristiche del silicio sono:

Massa molecolare (uma): 28,0855 ; Densità ($kg \cdot m^{-3}$, in c.n.): 2.329
Temperatura di fusione (K): 1.687; Temperatura di Debye (K): 645
Costante dielettrica: 11,7

5.6.1 Conducibilità termica

Nel caso del silicio si sono ottenute le curve di figura 5.10, 5.11 e 5.12. Da una prima osservazione, si nota che i valori massimi di conducibilità termica si hanno nel caso in cui ai è pari a 0, la lunghezza del campione è minima (nel nostro caso 0.1 cm), oppure quando abbiamo una grande influenza dovuta ai processi a tre fononi. Oltre a questa prima conclusione, possiamo anche notare che la dipendenza dovuta al coefficiente dell'effetto isotopico ai è molto maggiore rispetto ai casi in cui variano la lunghezza e lo scattering a tre fononi. Gli effetti principali dovuti alle variazioni del coefficiente ai sono un appiattimento della curva attorno ad un valore costante e un forte abbassamento del valore massimo della conducibilità termica. Osservando le curve di figura 5.10 si nota immediatamente che pur inserendo un valore molto basso (ad esempio $5 \cdot 10^{-38}$ si ottiene una riduzione di circa 100000 volte del valore massimo, che passa dal valore 200 al valore 0,0003.

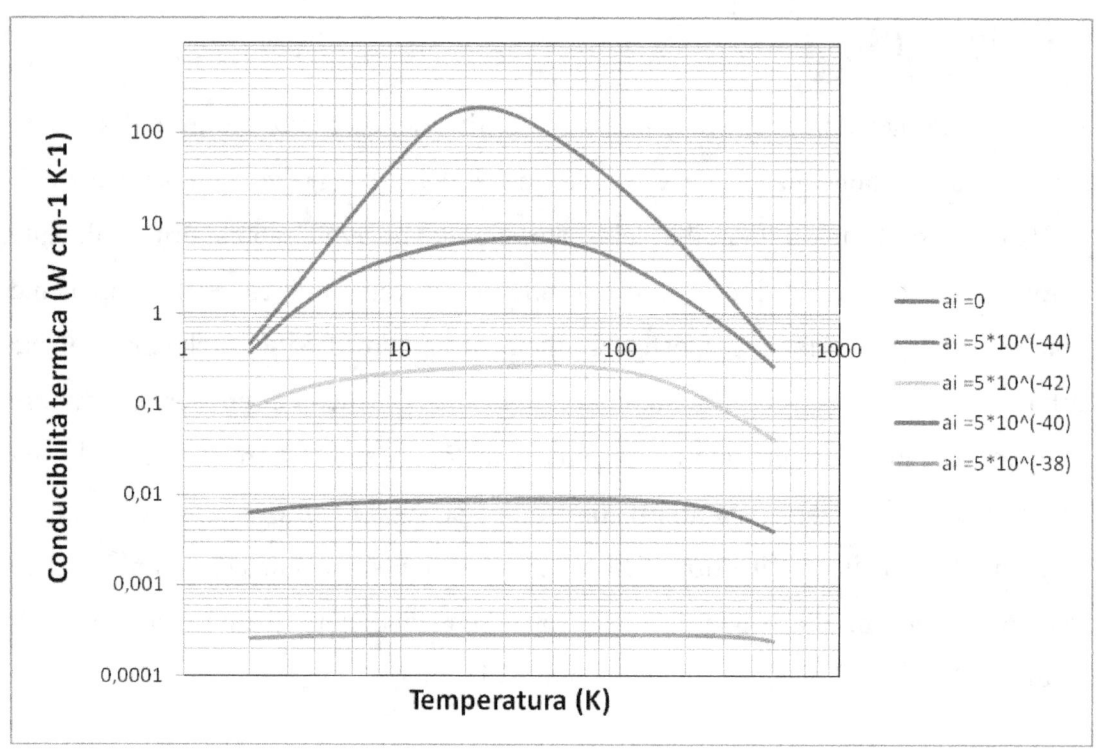

Figura 5.10. Conducibilità termica del silicio al variare del coefficiente dell'effetto isotopico.

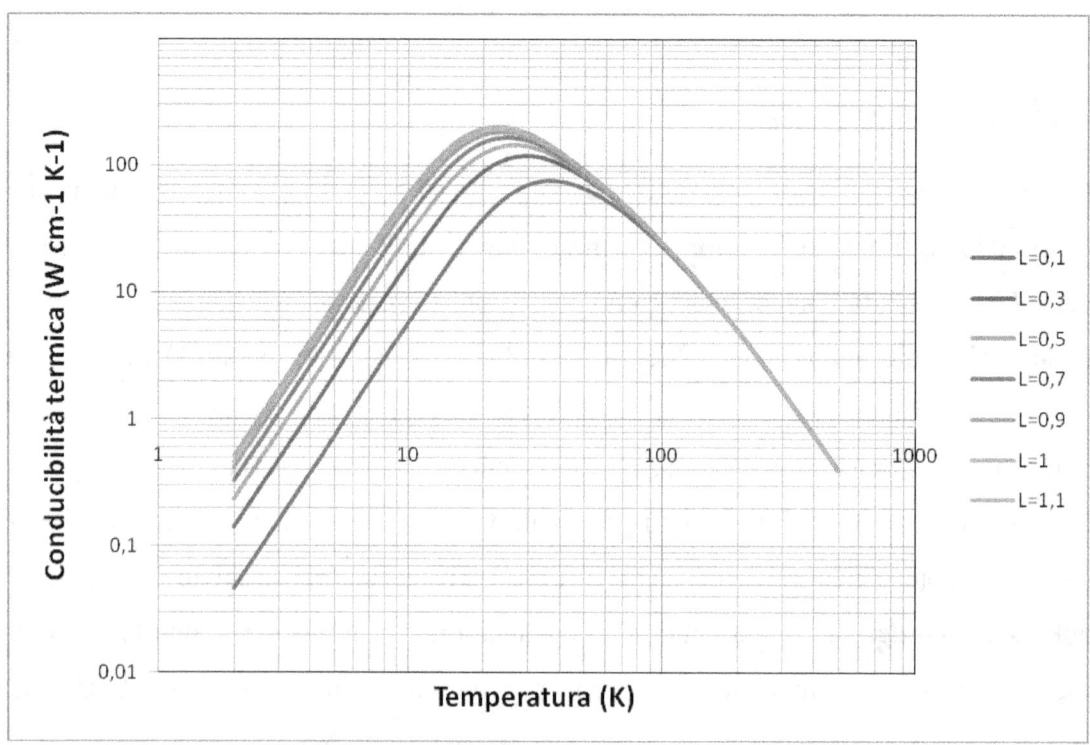

Figura 5.11. Conducibilità termica del silicio al variare della lunghezza del campione.

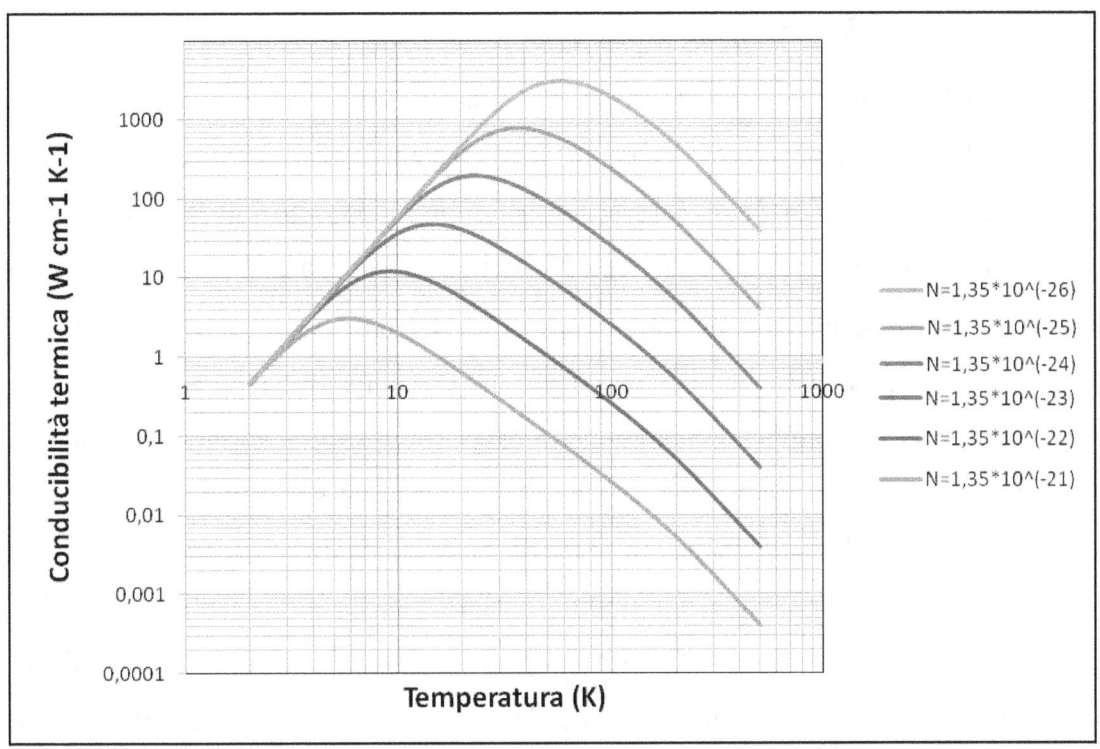

Figura 5.12. Conducibilità termica del silicio al variare degli effetti tri-fononici.

5.7 Carburo di Silicio (SiC)

Il carborundum, o carburo di silicio, è una sostanza cristallina seconda per durezza solo al diamante (9 o più nella scala di Mohs), di formula SiC. Carborundum è il nome d'uso dato alla sostanza dal marchio di fabbrica inglese Carborundum, che per primo lo commercializzò. Il carborundum ha struttura cristallina simile a quella del diamante. Questa analogia strutturale ne spiega l'elevata durezza e l'inalterabilità fino a temperature superiori a 2000 °C. Il carborundum è utilizzato come materiale abrasivo e refrattario nel rivestimento di forni. Poiché ha buona conducibilità termica, viene anche impiegato come elemento riscaldante di forni ad alta temperatura.

Le principali caratteristiche del fluoruro di litio sono:

Formula bruta o molecolare: SiC ;   Massa molecolare (uma): 40
Aspetto: metallo lucido;   Densità ($g \cdot cm^{-3}$, in c.n.): 3,166
Durezza (Mohs): 9,2 – 9,3;   Temperatura di fusione (K): 2227
Temperatura di Debye (K): 1200;   Costante dielettrica: 9,72

5.7.1 Conducibilità termica

La conducibilità termica del carburo di silicio ha un comportamento molto simile a quello del diamante per quanto riguarda la dipendenza dal coefficiente dell'effetto isotopico. Osservando la figura 5.13 si nota una forte dipendenza della conducibilità termica all'aumentare del parametro *aii*. Di particolare rilevanza è l'andamento della conducibilità nel range di temperature considerato quando $aii = 5 \cdot 10^{-38}$. Infatti, con questo valore del coefficiente di effetto isotopico, nel range di temperatura che va da 2K a 500K, la conducibilità termica è molto bassa e si mantiene costante. Passando a osservare la dipendenza della conduttività dalla lunghezza del campione si nota un comportamento molto simile a quello di tutti i materiali analizzati finora. Dalla figura 5.14 si osserva una dipendenza molto minore rispetto al caso precedente; per i valori di lunghezza presi in esame si ottengono valori massimi di conducibilità compresi tra 670 e 1700 $W \cdot cm^{-1} \cdot K^{-1}$. Anche la dipendenza dal parametro *enne* è praticamente uguale a quella degli altri materiali fin qui considerati e risulta essere di molto inferiore se confrontata con le variazioni della conducibilità dovute al variare del coefficiente dell'effetto isotopico. I risultati ottenuti variando lo scattering a tre fononi per il cloruro di silicio sono visibili nelle curve di figura 5.15.

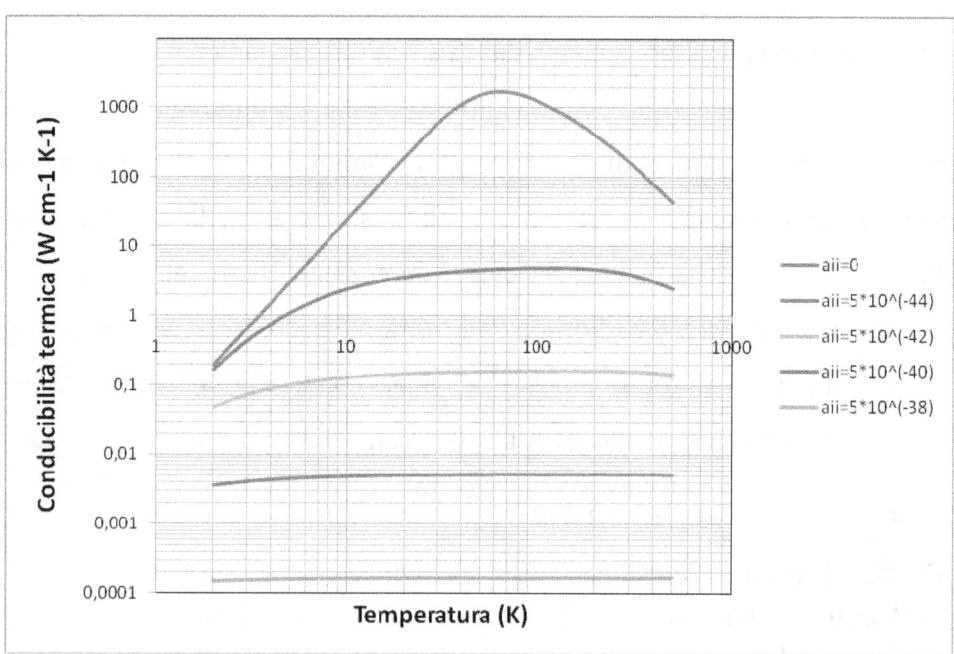

Figura 5.13. Conducibilità termica del carburo di silicio al variare del coefficiente dell'effetto isotopico.

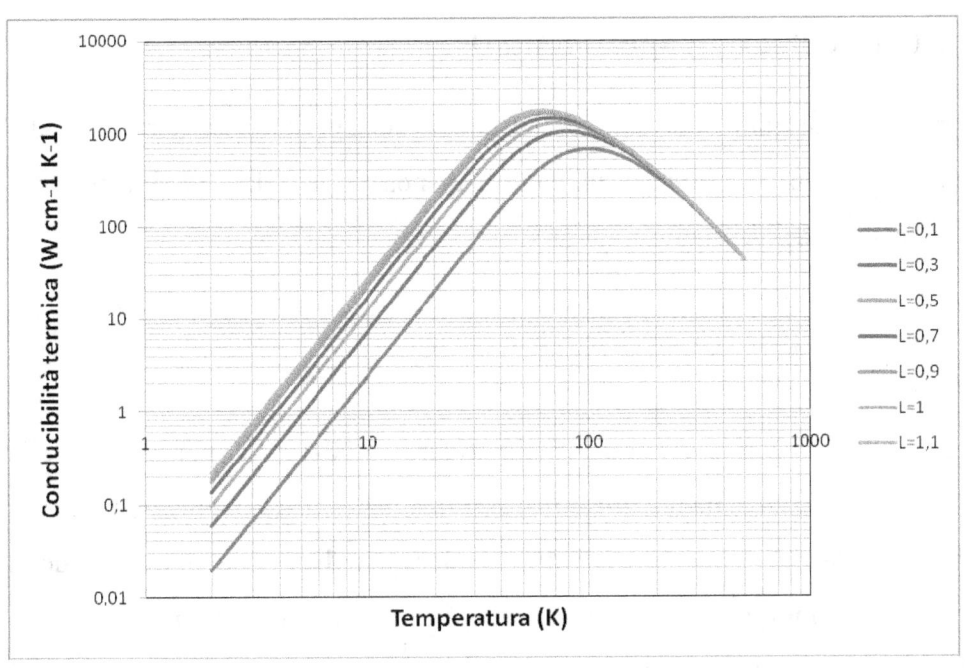

Figura 5.14. Conducibilità termica del carburo di silicio al variare della lunghezza del campione.

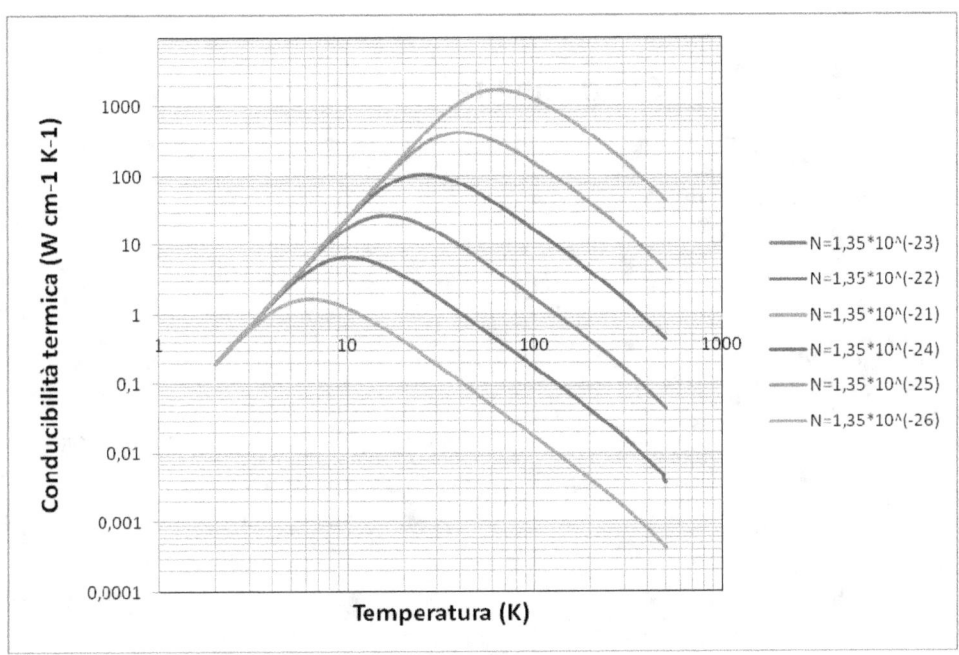

Figura 5.15. Conducibilità termica del carburo di silicio al variare degli effetti tri-fononici.

5.8 Confronto con i dati sperimentali

Passiamo ora a un confronto dei dati teorici con i dati sperimentali per alcuni dei materiali considerati. In questo caso abbiamo a disposizione i dati sperimentali del silicio, del germanio e del diamante.

5.8.1 Silicio

Rispetto al risultato teorico visibile nelle figure 5.10-12, l'andamento della conducibilità termica risulta meno lineare. Osservando la curva ottenuta riportando dati sperimentali (Fig.5.16), si nota anche un valore più basso del massimo della conducibilità termica intorno ai 30K. Da rilevare è anche il fatto che la diminuzione della conducibilità man mano che la temperatura aumenta non è lineare ma ha alcune oscillazioni, visibili in particolar modo intorno ai 70K.

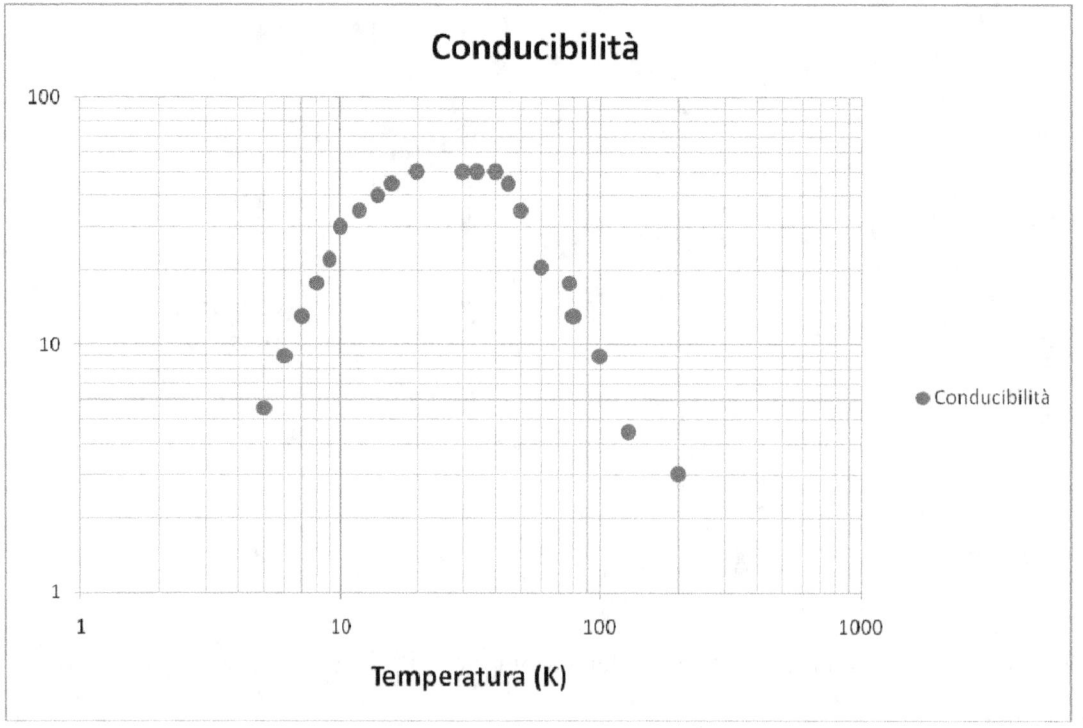

Figura 5.16. Conducibilità termica del silicio ricavata in modo sperimentale.

Oltre al confronto fatto finora è altresì possibile stimare i valori del coefficiente dell'effetto isotopico, degli effetti dei processi a tre fononi e della lunghezza del campione secondo i quali la curva della conducibilità termica in funzione della temperatura viene approssimata nel modo migliore, nel caso si esegua uno studio teorico della stessa conducibilità. Nel caso del silicio, il confronto viene eseguito osservando la curva sperimentale (figura 5.16) e le curve teoriche rappresentate nelle figure 5.10-12. Analizzando le curve otteniamo che i valori per cui la conducibilità termica sperimentale viene approssimata nel modo migliore sono: N pari a $1,35 \cdot 10^{-23}$, aii compreso tra 0 e $5 \cdot 10^{-44}$ e l minore di $0,1 cm$. In figura 5.21 è visibile il confronto tra le curve con valori di aii pari a 0 (curva blu) e pari a $5 \cdot 10^{-44}$ (curva rossa), e i dati sperimentali (rombi). Come si può notare il picco di conducibilità termica rimane tra i 20 e i 30K.

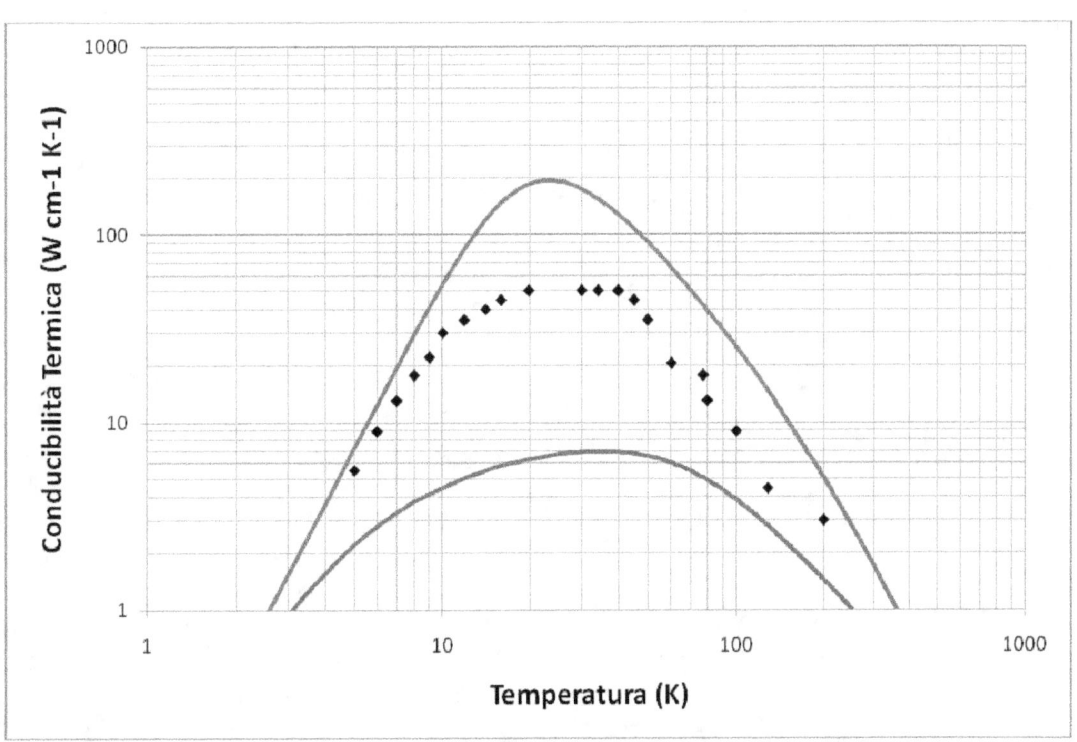

Figura 5.17. Confronto tra dati sperimentali (rombi) e dati teorici (linea continua).

5.8.2 Germanio

Passando al germanio, la conducibilità reale risulta avere il massimo lievemente al di sopra del valore 100, mentre nel calcolo teorico risultava essere leggermente al di sotto.

Anche in questo caso, come per il silicio, l'andamento non è lineare e la curva subisce delle oscillazioni, di entità minore rispetto al silicio. La curva di figura 5.18 è tracciabile in modo approssimato inserendo dei valori appropriati dei parametri caratteristici nel programma di calcolo. I valori possono essere stimati confrontando la curva di figura 5.18 con le curve delle figure 5.7-9. In particolare possiamo dire che N deve avere un valore pari a circa $1,35 \cdot 10^{-23}$, aii deve essere nullo, mentre la lunghezza del campione l deve essere, al contrario del silicio, maggiore di $1 cm$. Sovrapponendo le curve ottenute con il calcolo teorico e i dati sperimentali otteniamo la figura 5.19. Osservandola, notiamo immediatamente che l'andamento teorico rispecchia la curva sperimentale.

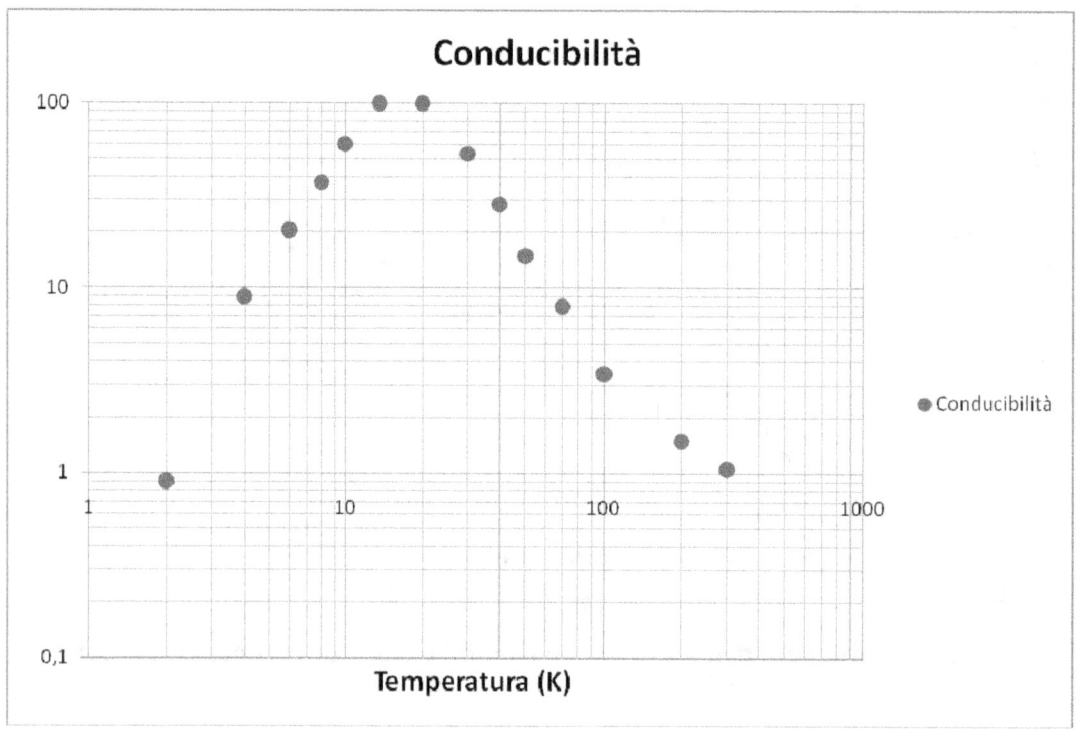

Figura 5.18. Conducibilità termica del germanio ricavata in modo sperimentale.

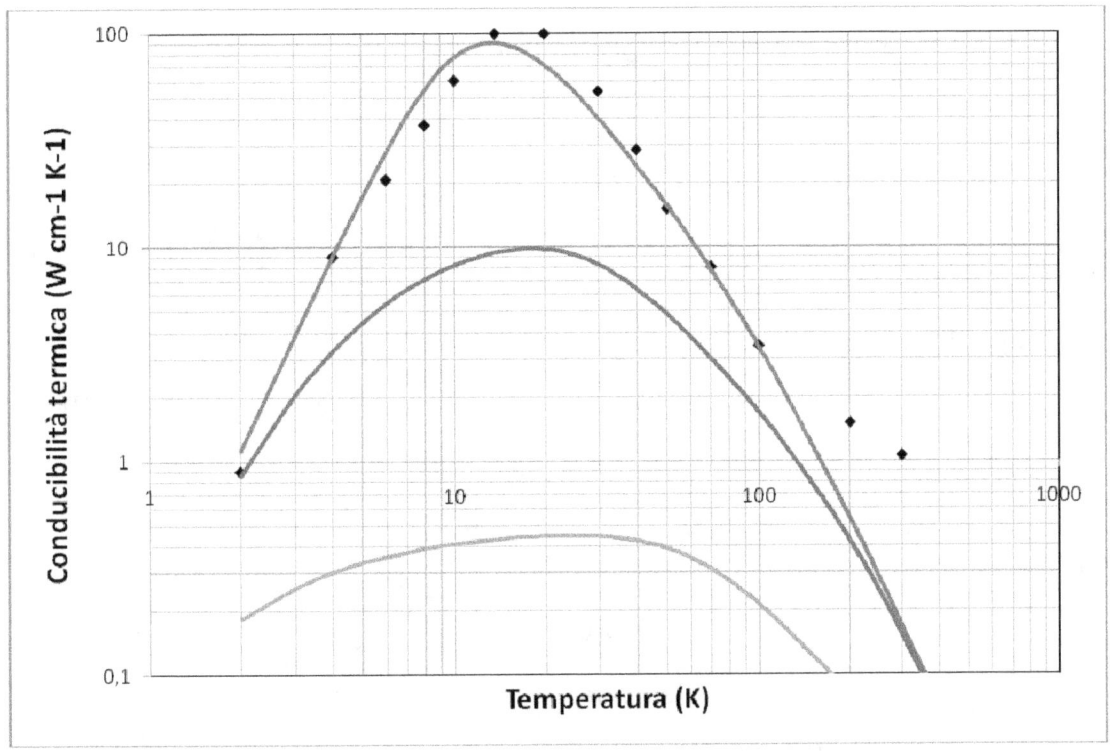

Figura 5.19. Confronto tra dati sperimentali (rombi) e dati teorici (linea continua).

5.8.3 Diamante

I dati sperimentali sono in Figura 5.20. Particolarità della curva sperimentale è l'andamento della conducibilità termica appena prima dei 200K dove si ha una leggera risalita del valore di conducibilità. Dopo questa lieve risalita la curva riprende a scendere in modo rapido replicando l'andamento della curva teorica. Confrontando 5.20, ottenuta con i dati sperimentali, con le figure 5.4-6, ottenute col calcolo teorico, possiamo stimare i valori dei parametri N, aii e l che rispettano l'andamento sperimentale. Per N abbiamo che il valore è circa $1,85 \cdot 10^{-26}$, l inferiore a 0.1 cm e aii compreso tra 0 e $5 \cdot 10^{-44}$. Con questi dati riusciamo ottenere una curva che rispecchia quella sperimentale osservabile in figura 5.21.

Osservando la figura 5.21 si nota che i dati sperimentali vengono approssimati in modo coerente dalla curva di colore verde ($N = 1,85 \cdot 10^{-25}$) nella prima parte della misura, mentre la seconda parte dei dati sperimentali segue l'andamento della curva con $N = 1,85 \cdot 10^{-26}$.

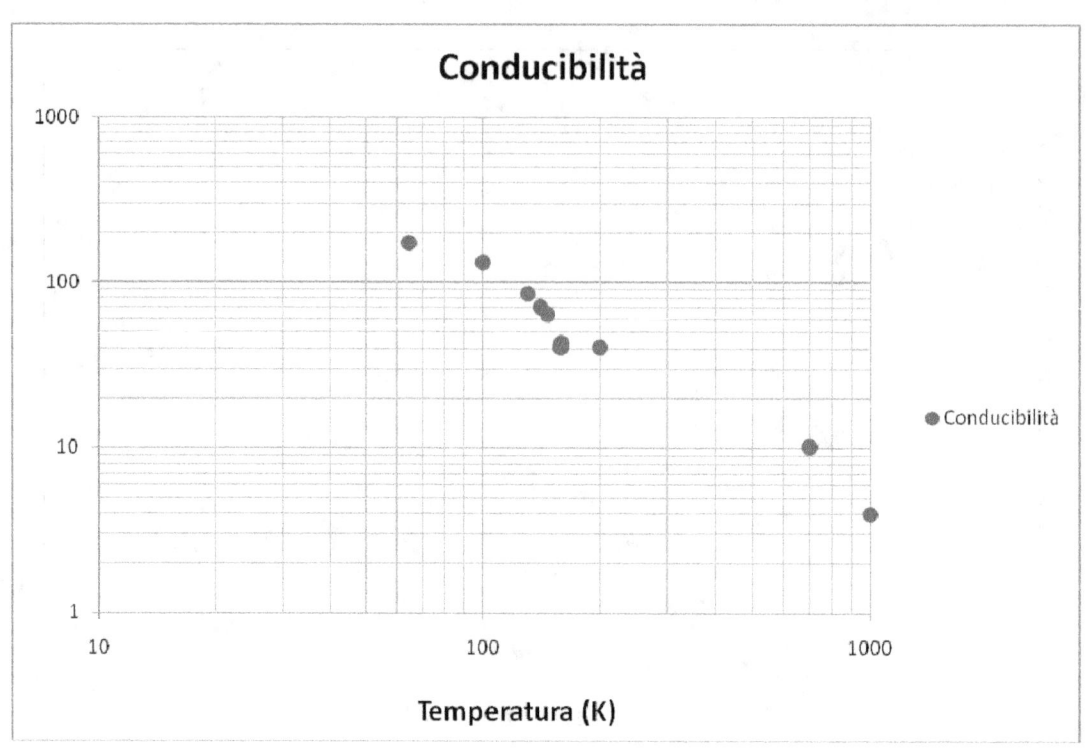

Figura 5.20. Conducibilità termica del diamante ricavata in modo sperimentale.

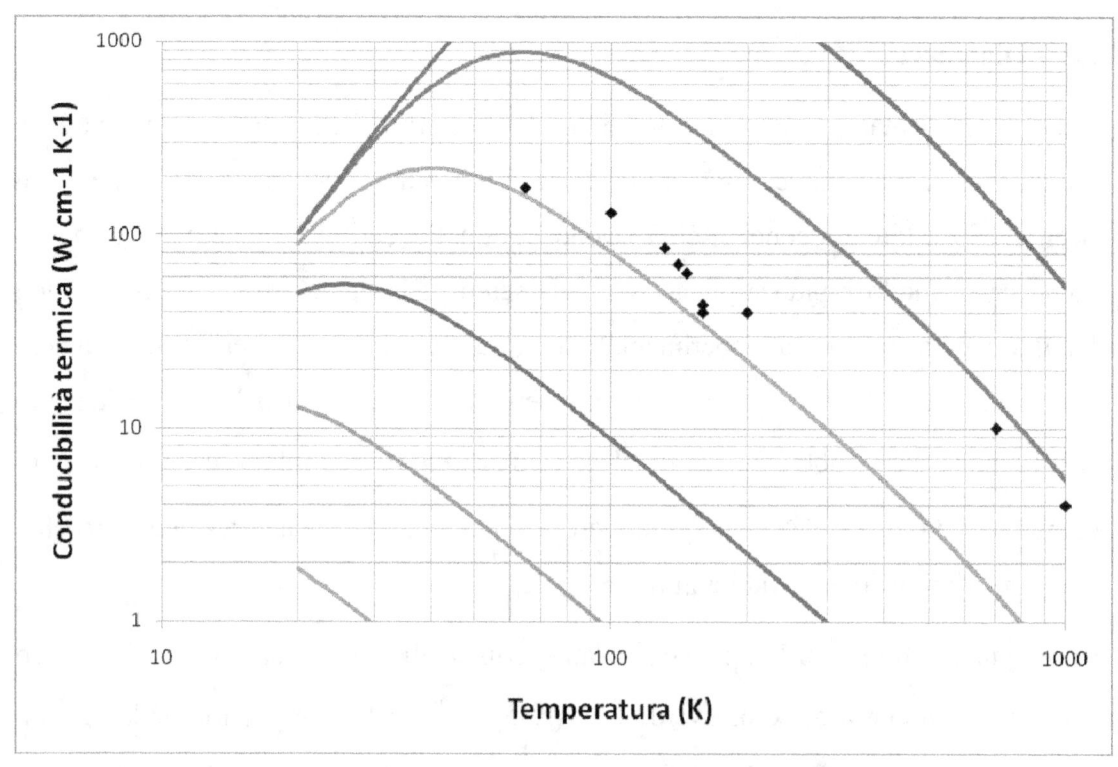

Figura 5.21. Confronto tra dati sperimentali (rombi) e dati teorici (linea continua).

5.9 Conclusioni

Alla fine di questa breve analisi di alcuni materiali possiamo stilare delle conclusioni su quali siano i materiali che, a parità di condizioni, offrono una maggiore conducibilità termica.

I materiale che offreno una maggiore conducibilità termica sono il diamante e il carburo di silicio. In opposizione a questi due materiali, il fluoruro di litio (LiF) offre la conduttività termica.

Fatta questa prima osservazione, occorre notare che i materiali che hanno conducibilità termica più elevata, hanno anche una maggiore velocità del suono al loro interno. Infatti il carburo di silicio e il diamante posseggono una velocità del suono che supera i $10000\, m/s$, mentre il fluoruro di litio solo $500\, m/s$. Inoltre, il diamante ha la caratteristica di essere un eccellente isolante, e questo lo favorisce per essere un ottimo conduttore termico.

Passando a osservare i semiconduttori (Si e Ge), si può concludere che offrono una discreta conducibilità se rapportata con quella del diamante e del fluoruro di silicio. Inoltre, i due semiconduttori analizzati, offrono una dipendenza ridotta dai parametri *aii* e *elle*. Va precisato che la ridotta dipendenza dal coefficiente dell'effetto isotopico vale solo per valori molto piccoli, inferiori a valori dell'ordine di 10^{-44}.

Dal confronto con i dati sperimentali, per i tre materiali considerati, possiamo affermare che il programma di calcolo approssima nel modo migliore l'andamento della conducibilità termica, in funzione della temperatura, del germanio. Viceversa per il diamante e per il silicio sono necessari dei cambiamenti coordinati tra di loro dei parametri *N*, *aii* e *l*.

Riferimenti e Bibliografia

ALDER B., FERNBACH S., ROTENBURG M. eds., *Methods in Computational Physics:Energy Bands in Solids*, v. 8, New York, Academic Press, 1968

ASHCROFT N.W., MERMIN N.D., *Solid State Physics*, Philadelphia, Saunders College Publishing, 1976

BAUER R., SCHMID A., PAVONE P., STRAUCH D., "Electron-phonon coupling in the metallic elements Al, Au, Na, and Nb: A first-principles study", *Physical Review B*, v. 57, n. 18, pp. 11 276-11 282, 1998

BORN M., HUANG K., *Dynamical theory of crystal lattices*, Oxford, Oxford University Press, 1954

CALLAWAY J., *Phys. Rev.*, v. 113, p. 1046, 1959

COHEN M.L., HEINE V., *The fitting of pseudopotential to experimental data*, Solid State Physics, v. 24, New York, 1970

DRUDE P., *Annalen der Physik*, v. 1, p. 566, 1900

DRUDE P., *Annalen der Physik*, v. 3, p. 369, 1900

GUREVICH V.L., *Transport in Phonon Systems*, Amsterdam, North-Holland, 1986

GUYER R.A., KRUMHANSL J.A., *Phys. Rev.*, v. 148, p.766, 1966

HEINE V., ABARENKOV I., *Phylosophical Magazine*, v. 9, p. 451, 1964

HEINE V., WEAIRE D., *Pseudopotential theory of cohesion and structure*, Solid State Physics, v. 24, p. 270, 1970

HELLWEGE K.-H., MADELUNG O. eds., *Metals: Electronic Transport Phenomena*, v. 15c, Landolt-Börnstein, New Series, Group III, Berlin, Springer, 1982

HERRING C., *Physical Review*, v. 57, p.1169, 1940

JANCEL R., *Foundations of classical and quantum statistical mechanics*, Oxford, Pergamon Press, 1969

JONES H., *The Theory of Brillouin Zones and Electron States in Crystals*, Amsterdam, North Holland, 1960

KITTEL C., *Quantum theory of Solids*, New York, J.Wiley, 1963

KLEMENS P.G., *Proc. R. Soc. A.*, v. 208, p. 108, 1951

KLEMENS P.G., *Solid State Physics*, v. 7, p. 1, 1958

KRUMHANSL J.A., *Proc. Phys. Soc.*, v. 85, p. 921, 1965

MARCUS P.M., JANAK J.F., WILLIAMS A.R. eds., *Computational Methods in Band Theory*, New York, Plenum Press, 1971

OMINI M., SPARAVIGNA A., "Thermal conductivity of rare gas crystals: the role of three-phonon processes", *Philosophical Magazine B*, v. 68, n. 5, pp. 767-785, 1993

OMINI M., SPARAVIGNA A., "An iterative approach to the phonon Boltzmann equativo in the theory of thermal conductivity", *Physica B*, v. 212, p. 101, 1995

OMINI M., SPARAVIGNA A., "Effect of phonon scattering by isotope impurities on the thermal conductivity of dielectric solids", *Physica B*, v. 233, p. 230, 1997

OMINI M., SPARAVIGNA A., "Beyond the isotropic-model approximation in the theory of thermal conductivity", *Physical Review B*, v. 53, n. 14, pp. 9064-9073, 1996

OMINI M., SPARAVIGNA A., "Heat transport in dielectric solids with diamond structure", *Nuovo Cimento D*, v. 19, p. 1537, 1997

PARROTT J.E., *Phys. status solidi b*, v. 48, p. K159, 1971

PEIERLS R., *Ann. Inst. H. Poincaré*, v. 5, p. 177, 1935

REISSLAND J.A., *The Physics of Phonons*, London, John Wiley, 1973

SCHIFF L., *Meccanica quantistica*, Torino, Einaudi, 1952

SPARAVIGNA A., "Thermal conductivity of solid neon: an iterative analysis", *Physical Review B*, v. 56, p. 7775, 1997

SRIVASTAVA G.P., *The Physics of Phonons*, Bristol, Adam Hilger, 1990

SRIVASTAVA G.P., *Phys. C: Solid State Phys.*, v. 9, p. 3037, 1976

SRIVASTAVA G.P., *J. Phys. C: Solid State Phys.*, v. 10, p. L63, 1977

SRIVASTAVA G.P., *Phil. Mag.*, v. 34, p. 795, 1976

SRIVASTAVA G.P., *J. Phys. Chem. Solids*, v. 41, p. 357, 1980

TURNBULL D., SEITZ F. eds., *Solid State Physics*, v. 24, New York, Academic Press, 1970

WALLACE D.C., *Thermodynamics of Crystals*, New York, Wiley, 1972

WIGNER E.P., SEITZ F., *Physical Review*, v. 43, p. 804, 1933

WIGNER E.P., SEITZ F., *Physical Review*, v. 46, p. 509, 1934

WOODS A.D.B., BROCKHOUSE B.N., MARCH R.H., STEWART A.T., BOWERS R., "Crystal Dinamics of Sodium at 90 K", *Physical Review*, v. 128, n. 3, pp. 1112-1120, 1962

ZIMAN J.M., *Electrons and Phonons*, London, Claredon, 1962

APPENDICE A

Vibrazioni reticolari, dispersioni e modi normali

In un reticolo cristallino gli atomi vibrano intorno alle loro posizioni di equilibrio. Questo fenomeno è responsabile di alcune caratteristiche importanti dei solidi quali il trasporto termico e la resistenza elettrica. Le vibrazioni reticolari diventano le onde elastiche del solido quando la lunghezza d'onda è molto maggiore della distanza interatomica. Quando l'energia delle vibrazioni è quantizzata, s'introduce il concetto di quasi-particella, che in questo caso è detta *"fonone"*, in analogia col fotone, che è il quanto del campo elettromagnetico.

L'interazione dei fononi con il moto delle particelle cariche all'interno del reticolo è legata alla variazione di energia potenziale dalle vibrazioni: gli spostamenti degli atomi rispetto alle loro posizioni d'equilibrio inducono una variazione di potenziale che interagisce con le particelle che attraversano il reticolo. La variazione di potenziale è strettamente legata al tipo di onda: le onde longitudinali creano compressione e rarefazione dei piani reticolari lungo la direzione di propagazione, dando una variazione del potenziale maggiore di quella provocata delle onde trasversali, che danno spostamenti ortogonali alla propagazione.

Per spostamenti relativi degli atomi che siano molto piccoli rispetto la dimensione del reticolo stesso, il profilo del potenziale è esprimibile come una deviazione dall'equilibrio. Nel caso unidimensionale usiamo il seguente sviluppo:

$$U(x) = U(x_0) + \left(\frac{dU}{dx}\right)_{x_0} (x - x_0) + \frac{1}{2}\left(\frac{d^2U}{dx^2}\right)_{x_0} (x - x_0)^2 + \ldots \qquad (A.1)$$

Se si ha un sistema unidimensionale, le uniche onde elastiche esistenti saranno longitudinali, poiché gli spostamenti relativi degli atomi avvengono necessariamente lungo la direzione di propagazione delle onde, x. Il modello può essere immaginato come una catena lineare, infinita oppure finita ma ciclica. La catena è costituita da atomi uguali connessi da molle prive di massa e con costante elastica α comune, come in figura:

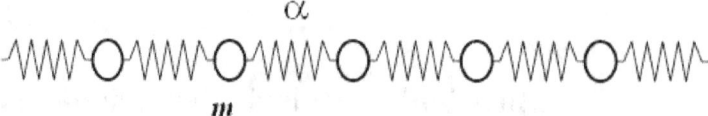

Ogni atomo in posizione di equilibrio dista dal successivo di una distanza a, mentre le vibrazioni sono assimilabili a uno spostamento pari ad x_n. L'ascissa generica associata diventa quindi $x(n) = na + x_n$, dove n è un intero. Indicante la posizione della massa n-esima.

Supponiamo ci sia un numero N intero di masse. Si può ipotizzare che la catena sia periodica (ipotesi di *Born-Von Karman*), ossia lo spostamento di una particella di posizione n deve essere pari allo spostamento di quella nella posizione $n + N$, ossia $x_{n+N} = x_N$. L'equazione che descrive il comportamento della massa n-esima è:

$$m\ddot{x} = \alpha(x_{n+1} - x_n) - \alpha(x_n - x_{n-1}) = \alpha(x_{n+1} + x_{n-1} - 2x_n) \tag{A.2}$$

Si tratta di un'equazione differenziale di secondo ordine che ammette soluzioni nella forma:

$$x_n = A e^{i2\pi\left(\frac{t}{T} - \frac{na}{\lambda}\right)} = A e^{i\left(2\pi f t - 2\pi\frac{na}{\lambda}\right)} = A e^{i(\omega t - nak)} \tag{A.3}$$

Per la condizione di Born-Von Karman, bisognerà avere $exp\left(i2\pi\frac{Na}{\lambda}\right) = 1$ e quindi $k = \frac{2\pi}{a}\frac{n}{N}$. Il numero di onde è quindi quantizzato e non continuo.

Passando da n a $n+1$ si nota come tutte le soluzioni ottenute differiscano di un termine di fase: la periodicità è garantita dal fatto che tali soluzioni sono identiche dopo N passi. Consideriamo l'intervallo dato da: $\left[-\frac{N}{2}; +\frac{N}{2}\right]$. Tutte le N soluzioni possibili sono linearmente indipendenti. Il segno della soluzione determina un'onda progressiva o regressiva. Con $n = \pm N/2$, si ha che le lunghezze d'onda hanno una lunghezza minima $\lambda_{min} = 2a$. Sostituendo la (A.3) nella (A.2) si ottiene la condizione:

$$\omega^2 M = 2\alpha(1 - \cos ka) = 4\alpha \sin\frac{ka}{2} \tag{A.4}$$

Ricavando la frequenza angolare in funzione di k si trova la *legge di dispersione* :

$$\omega = 2\left(\frac{\alpha}{M}\right)^{\frac{1}{2}} \left|\sin\frac{ka}{2}\right| \tag{A.5}$$

Queste sono le possibili pulsazioni permesse al sistema, da cui le frequenze $f = \omega/2\pi$, che sono dette frequenze dei modi normali. Ogni altro modo vibrazionale è scrivibile come combinazione lineare di più modi normali. L'andamento di f è di solito limitato alla *prima zona di Brillouin* in quanto, come detto in precedenza, le altre soluzioni si possono trovare facilmente per periodicità.

I concetti di " velocità " di propagazione all'interno di un reticolo cristallino possono essere ricondotti alle definizioni di due velocità, la velocità di fase e di gruppo; la prima descrive la velocità di un'onda piana a fase costante ed è data da :

$$v_f = \frac{2}{k}\left(\frac{\alpha}{M}\right)^{1/2}\left|\sin\frac{ka}{2}\right| \tag{A.6}$$

che, per $k \to 0$ e $\lambda \to \infty$ diventa $v_0 = a\left(\frac{\alpha}{M}\right)^{1/2}$. La velocità di un pacchetto d'onde è la velocità di gruppo, data da: $v_g = \frac{\partial \omega}{\partial k}$ (A.7)

Essa esprime anche la velocità di trasmissione dell' energia nel mezzo. Utilizzando la relazione di dispersione possiamo scrivere la velocità di gruppo come :

$$v_g = a\left(\frac{\alpha}{M}\right)^{1/2}\left|\cos\left(\frac{ka}{2}\right)\right| \tag{A.8}$$

Se $k = \pm\pi/a$, allora l'argomento del coseno diventa $\pm\pi/a$ annullando la v_g agli estremi dell'intervallo (tipica caratteristica di un'onda stazionaria).

Lo stesso tipo di calcolo del modello monodimensionale a masse uguali può essere modificato alternando masse diverse; si consideri ad esempio un sistema costituito da atomi di massa M legati (alternativamente) ad atomi di massa m, con $m < M$. La condizione di ciclicità diventa ora $x_{l+2N} = x_l$ ed il sistema è composto da $2N$ masse ma le celle elementari sono ancora N, distanti d.

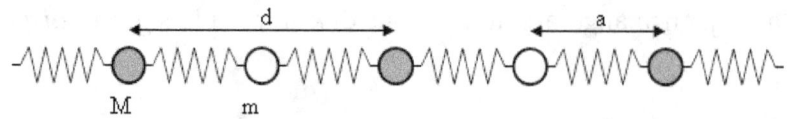

Catena monodimensionale elastica a masse alternate

Analogamente al caso precedente si possono ricavare le equazioni del moto partendo dalla condizione di ciclicità, avremo, però, una coppia di relazioni, una per le masse pari:

$$M\ddot{x}_{2n} = \alpha(x_{2n+1} + x_{2n-1} - 2x_{2n}) \tag{A.9}$$

Ed una quelle dispari :

$$M\ddot{x}_{2n+1} = \alpha(x_{2n+2} + x_{2n} - 2x_{2n+1}) \tag{A.10}$$

Svolgendo i vari calcoli si ottiene la legge di dispersione di una catena monodimensionale a masse alternate :

$$\omega^2 = \alpha\left(\frac{1}{M} + \frac{1}{m}\right) \pm \alpha\sqrt{\left(\frac{1}{M} + \frac{1}{m}\right)^2 - \frac{4}{mM}\sin^2\left(\frac{kd}{2}\right)} \tag{A.11}$$

Analizzano la dispersione al centro della zona di Brillouin.

Per piccoli k intorno all'origine è possibile, utilizzando l'identità seguente:

$$4\sin^2\left(\frac{kd}{2}\right) = 2(1 - \cos(kd)) \tag{A.12}$$

sviluppare e ottenere:

$$\omega^2 \cong \alpha\frac{M+m}{Mm} \pm \alpha\frac{M+m}{Mm}\sqrt{1 - k^2 d^2 \frac{Mm}{(M+m)^2}} \tag{A.13}$$

Sviluppando ulteriormente il termine $(1 \pm x)^n \cong 1 \pm nx$ si può scrivere la relazione finale seguente:

$$\omega^2 \cong \alpha\left(\frac{M+m}{Mm}\right) \pm \alpha\left(\frac{M+m}{Mm}\right)\left(1 - \frac{1}{2}k^2 d^2 \frac{Mm}{M+m}\right) \tag{A.14}$$

Assumendo questa espressione col segno negativo, la pulsazione assume la seguente forma:

$$\omega^2 \cong \alpha\left(\frac{M+m}{Mm}\right) - \alpha\left(\frac{M+m}{Mm}\right) + \frac{1}{2}\alpha\left(\frac{M+m}{Mm}\right)k^2d^2\frac{mM}{(M+m)^2} = \frac{1}{2}\frac{\alpha k^2 d^2}{M+m} \quad (A.15)$$

Le frequenze angolari sono allora $\omega = k\sqrt{\dfrac{\alpha d^2}{2(M+m)}}$ (A.16)

che hanno un andamento lineare. Se invece si considera il segno positivo:

$$\omega^2 = 2\alpha\left(\frac{M+m}{mM}\right) - \frac{1}{2}\frac{\alpha k^2 d^2}{M+m} \quad (A.17)$$

E quindi: $\omega = \sqrt{2\alpha\left(\dfrac{M+m}{Mm}\right) - \dfrac{\alpha k^2 d^2}{2(M+m)}}$ (A.18)

In questo caso al tendere a zero di k la frequenza angolare tende ad un valore non nullo.

Abbiamo così visto il comportamento delle due soluzioni al centro della zona di Brillouin. L'analisi fatta ci permette di dire notare che esistono due rami di dispersione, che vengono chiamati *ramo dei fononi acustici* e *ramo dei fononi ottici*.

I rami della relazione di dispersione sono separati da una *banda proibita*, le due funzioni sono, ancora, periodiche di periodo pari alla prima zona di Brillouin.

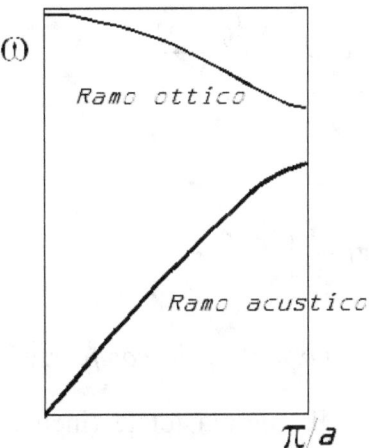

Le coordinate normali.

Continuiamo ad analizzare gli spostamenti x_n degli ioni del reticolo cristallino. E' possibile descrivere il sistema come una combinazione lineare di "stati puri", ognuno oscillante con una propria frequenza, che interessano l'intera struttura cristallina. Ogni stato è un oscillatore armonico al quale è associato un fonone. Quantisticamente parlando si può immaginare una vibrazione come un pacchetto d'onde che si muove lungo i piani reticolari del cristallo, la velocità di gruppo risulta essere (nel caso di rami acustici e per $k \to 0$) quella del suono nel solido considerato.

Nel sistema di coordinate considerato in precedenza è possibile scrivere l'energia totale del sistema mediante somma di tutte le singole energie (potenziali e cinetiche) di ogni oscillatore; la generica espressione è la seguente :

$$U = \frac{1}{2}\sum \alpha (x_{n+1} - x_n)^2 \qquad (A.19)$$

La (A.19) diventa più compatta con la trasformata di Fourier di x_n:

$$x_n = \frac{1}{\sqrt{N}} \sum_{p=-\frac{N}{2}}^{p=+\frac{N}{2}} X_p \exp\left(-i2\pi \frac{pn}{N}\right) \quad \text{con } X_p = A_p + iB_p \qquad (A.20)$$

Moltiplicando per $\exp(i2\pi q / N)$ e sommando si ottiene:

$$\sum_{n=-N/2}^{N/2} x_n \exp\left(i2\pi \frac{qn}{N}\right) = \frac{1}{\sqrt{N}} \sum_{n=-N/2}^{N/2} \sum_{p=-N/2}^{+N/2} X_p \exp\left(n\frac{i2\pi(q-p)}{N}\right) \qquad (A.21)$$

Per definizione si ha: $\displaystyle\sum_{n=-N/2}^{N/2} \exp\left(i2\pi \frac{(q-p)}{N} n\right) = N\delta_{pq}$ \qquad (A.22)

Quindi la (A.21) diventa :

$$X_p = \frac{1}{\sqrt{N}} \sum_{n=-N/2}^{N/2} x_n \exp\left(i2\pi n\frac{p}{N}\right) \qquad (A.23)$$

Ricordiamo che le *coordinate normali* sono *complesse*. Poiché gli spostamenti sono reali, si ha che $X_{-p} = X_p^*$. L'energia totale (inclusa la cinetica) del sistema, in funzione delle nuove coordinate, risulta essere:

$$E = \sum_{p=0}^{N/2}\left[\frac{1}{2}\omega_p^2 M A_p^2 + \frac{M}{2}\dot{A}_p^2\right] + \sum_{p=0}^{N/2}\left[\frac{1}{2}\omega_p^2 M B_p^2 + \frac{M}{2}\dot{B}_p^2\right] \qquad (A.24)$$

Come si vede dall'espressione nella (A.24), l'energia è la somma di quadrati, senza termini misti. Questo è stato possibile usando le coordinate normali. L'Hamiltoniana è somma di N oscillatori armonici indipendenti; non ci sono più i termini di accoppiamento e quindi gli oscillatori appaiono disaccoppiati tra loro.

Si può dire quindi che l'Hamiltoniana è la somma di N Hamiltoniane pertinenti al singolo oscillatore armonico, ciascuna dipendente da una sola coordinata normale. Nel formalismo di Schrödinger le autofunzioni dell'Hamiltoniana sono $\psi = \prod_{n=1}^{N} \psi_n(Q_n)$ dove le ψ_n sono le autofunzioni dei singoli oscillatori armonici disaccoppiati che soddisfano l'equazione di Schrödinger e le Q_n sono le coordinate normali associate:

$$H_n \psi_n = E_n \psi_n \quad ; \quad -\frac{\hbar^2}{2M}\frac{\partial^2 \psi_n}{\partial X_n^2} + \frac{1}{2}M\omega_n^2 X_n^2 \psi_n = E_n \psi_n \tag{A.25}$$

L'autovalore è: $E_n = \hbar\omega_n\left(n_n + \frac{1}{2}\right)$ (A.26)

E quindi $H = \sum_{n=1}^{N} H_n = \sum_{n=1}^{N} H_n \quad ; \quad E = \sum_{n=1}^{N} E_n = \hbar \sum_{n=1}^{N} n_n \omega_n + \frac{\hbar}{2}\sum_{n=1}^{N} \omega_n$ (A.27)

Dove l'energia $\frac{\hbar}{2}\sum_{n=1}^{N} \omega_n$ è detta *energia di punto zero*.

A ogni oscillatore armonico corrisponde un quanto di energia dato da $\hbar\omega_n$. Questo è il quanto di energia necessario per eccitare il *modo di oscillazione* di frequenza ω_n. A esso è dato il nome di *fonone*. Quando è eccitato uno di questi oscillatori armonici, è creato un fonone. Possiamo considerare il fonone come una particella e l'oscillatore come un contenitore. Ciascun contenitore può contenere un qualunque numero di particelle e quindi n_n non è limitato. Ciascun *modo di oscillazione* potrà essere eccitato con un qualunque numero di *fononi*. Per questo motivo, i *fononi* seguono la statistica di Bose–Einstein. Quando forniamo energia a un cristallo, creiamo dei *fononi* all'interno del solido. Notiamo che all'equilibrio termico non è fissata l'energia, ma la temperatura e quindi non è fissato il numero di fononi.

APPENDICE B

Dispersioni fononiche dei reticoli FCC e diamante

Nel secondo capitolo abbiamo accennato al potenziale di Lennard-Jones. Questo è il più noto e il più usato dei potenziali empirici tra quelli utilizzati per descrivere l'interazione interatomica e intermolecolare. Il potenziale ha la forma seguente, in funzione della distanza interatomica:

$$U(r) = \Phi_o \left[\left(\frac{r_o}{r} \right)^{12} - \left(\frac{r_o}{r} \right)^{6} \right] \tag{B.1}$$

Il parametro Φ_o determina la profondità della buca di potenziale, mentre il parametro r_o determina la posizione del minimo del potenziale. Questo potenziale è il risultato di due termini. La parte che dipende dalla sesta potenza è il contributo attrattivo delle forze di Van der Waals (forze dipolo-dipolo e forze dipolo-dipolo indotto) e prevale a distanze grandi. La parte che dipende dalla dodicesima potenza descrive le forze repulsive che s'instaurano a corta distanza fra i nuclei, non più ben schermati dagli elettroni, e fra gli elettroni stessi, soggetti alla repulsione che si genera quando due o più di essi tendono a occupare gli stessi numeri quantici, per via del principio di Pauli. Avendo un'espressione esplicita del potenziale, la possiamo usare nelle formule delle relazioni di dispersione che abbiamo proposta nel secondo capitolo. Vediamo alcuni esempi.

Reticolo FCC Un reticolo cristallino di tipo FCC è quello del cristallo del Neon. Per il calcolo della dispersione fononica per questo materiale è meglio utilizzare un potenziale Lennard-Jones effettivo:

$$V(r) = \Phi \left[\left(\frac{r_o^*}{r} \right)^{12} - \left(\frac{r_o^*}{r} \right)^{6} \right] \tag{B.2}$$

dove $\Phi = \Phi_o \{1 - 14.3x^{-1} + 104.9x^{-2}\}$ e $r_o^* = r_o \{1 + 3.77x^{-1}\}$. Il parametro x è dato da $x = 3mk_B T r_o^2 / \hbar^2$. Poniamo $\Phi/k_B = 146.8K$, $r_o = 2.79$ Å, dove k_B è la costante di Boltzmann. Introducendo i parametri adimensionali per il potenziale centrale $V(h)$:

$$\sigma_h = h_1^2 \Phi^{-1} \left\{ \frac{1}{h} \frac{\partial V(h)}{\partial h} \right\}; \quad \rho_h = h_1^4 \Phi^{-1} \frac{1}{h} \frac{\partial}{\partial h} \left\{ \frac{\partial V(h)}{\partial h} \right\} \tag{B.3}$$

con h la distanza della posizione del reticolo e h_1 la distanza dei primi vicini, possiamo scrivere l'equazione per la frequenza e la polarizzazione di un fonone con vettore d'onda **q**:

$$\sum_h (1 - \cos \mathbf{q} \cdot \mathbf{h}) \left[\sigma_h \mathbf{e} + \frac{\rho_h}{h_1^2} (\mathbf{h} \cdot \mathbf{e}) \mathbf{h} \right] = \frac{h_1^2 m \omega^2}{\Phi} \mathbf{e} \tag{B.4}$$

La somma è estesa su tutto il reticolo FCC, la posizione di ogni sito verrà identificata attraverso il vettore **h**. **e** è l'autovettore. La relazioni di dispersione ottenute attraverso l'equazione agli autovalori concordano con i dati sperimentali di Endoh, Shirane e Skalyo.

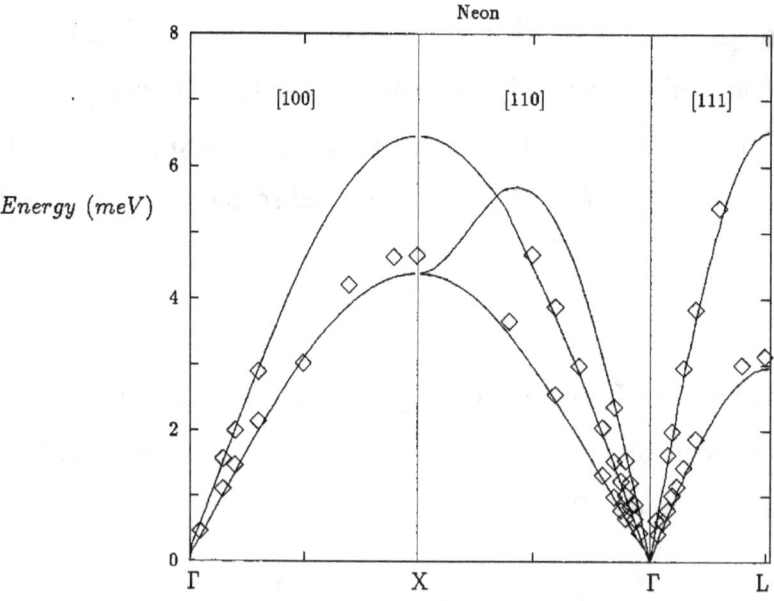

Curva di dispersione teorica (linea continua) del Neon, confrontata con i dati sperimentali (Y.Endoh, G.Shirane and J.Skalyo, Jr., Phys.Rev. B11,168, 1975).

Il reticolo FCC con base (Si, Ge, diamante) Il diamante ha una struttura FCC con base. Anche se il tipo di legame è covalente, assumiamo che il potenziale che descrive il legame tra gli atomi sia di tipo centrale, cioè dipenda solo dalla distanza tra gli atomi e indipendente dal volume. Il problema dell'interazione non centrale è stato studiato da A.C. Sparavigna nell'articolo Role of nonpairwise interactions on phonon thermal transport, Phys. Rev. B67, 144305 (2003).

In seguito denoteremo con la lettera **l** il vettore di posizione dell'origine della cella generica e con **b** il vettore che descrive, all'interno della cella unitaria del reticolo, la posizione di un atomo che appartiene alla base.

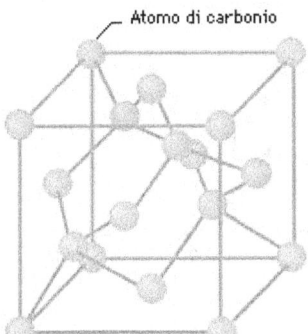

Struttura del diamante.

Per diamante, Germanio e Silicio **b** ha rispettivamente due definizioni possibili, che saranno identificate da **0** e da **B**. Ci riferiremo alle coordinate cartesiane $\mathbf{x}_i$ (i=1,2,3) con i vettori $\mathbf{u}_i$, scelti in modo tale che i vettori **l** siano rappresentati dall'equazione

$$\mathbf{l} = \frac{h_1}{\sqrt{2}} \sum_i N_i \mathbf{u}_i \tag{B.5}$$

dove N_1, N_2, N_3 sono numeri interi che soddisfano la condizione che $N_1+N_2+N_3$ sia un numero intero pari (incluso lo zero) e h_1 è la distanza fra le origini di due celle adiacenti. I due atomi della base **0** e **B** possono essere rappresentati dai vettori **0** = (0,0,0) e $\mathbf{B} = \frac{1}{2}\frac{h_1}{\sqrt{2}} \sum_i \mathbf{u}_i$, rispettivamente. Assumendo un potenziale centrale $V(r)$, dove la r è la distanza interatomica e chiamando $\boldsymbol{\eta}_{\mathbf{l}\mathbf{b}}$ lo spostamento dell'atomo **l,b** dalla relativa posizione media reticolo di vibrazione, ci permette di espandere in termini di spostamenti la funzione $V(|\mathbf{l}'+\mathbf{b}'+\boldsymbol{\eta}_{\mathbf{l}'\mathbf{b}'}-\mathbf{l}-\mathbf{b}-\boldsymbol{\eta}_{\mathbf{l}\mathbf{b}}|)$.

Nell'approssimazione armonica, l'equazione di movimento dell'atomo **l,b** contiene i coefficienti

$$\gamma_{\mathbf{bb}'}(\mathbf{l}'-\mathbf{l}) = \left[O_r(V)\right]_{r=|\mathbf{l}'-\mathbf{l}+\mathbf{b}'-\mathbf{b}|} \quad ; \quad \beta_{\mathbf{bb}'}(\mathbf{l}'-\mathbf{l}) = \left[O_r^2(V)\right]_{r=|\mathbf{l}'-\mathbf{l}+\mathbf{b}'-\mathbf{b}|} \tag{B.6}$$

dove O_r è l'operatore $r^{-1}d/dr$.

Ora cerchiamo una soluzione dell'equazione del tipo $\boldsymbol{\eta}_{\mathbf{lb}} = \boldsymbol{\varepsilon}_\mathbf{b} \exp(i\mathbf{q}\cdot\mathbf{l}-i\omega t)$ e definiamo un indice t delle celle che identifica il punto con $\mathbf{b} = 0$ di una generica cella: introducendo il vettore $\mathbf{h}_t = \mathbf{l}'-\mathbf{l}$ arriviamo facilmente al seguente sistema di equazioni per le ampiezze ε_0 ed ε_B:

$$\sum_{t(\neq 0)} \left\{\gamma_{00}^t(\xi_t-1)\boldsymbol{\varepsilon}_0 + \beta_{00}^t(\xi_t-1)(\mathbf{h}_t\cdot\boldsymbol{\varepsilon}_0)\mathbf{h}_t\right\} +$$
$$+ \sum_t \left\{\gamma_{0B}^t(\xi_t\boldsymbol{\varepsilon}_B-\boldsymbol{\varepsilon}_0) + \beta_{0B}^t(\mathbf{h}_t+\mathbf{B})\cdot(\xi_t\boldsymbol{\varepsilon}_B-\boldsymbol{\varepsilon}_0)(\mathbf{h}_t+\mathbf{B})h_t\right\} = -M\omega^2\boldsymbol{\varepsilon}_0$$

$$\tag{B.7}$$

$$\sum_t \left\{\gamma_{B0}^t(\xi_t\boldsymbol{\varepsilon}_0-\boldsymbol{\varepsilon}_B) + \beta_{B0}^t(\mathbf{h}_t-\mathbf{B})\cdot(\xi_t\boldsymbol{\varepsilon}_0-\boldsymbol{\varepsilon}_B)(\mathbf{h}_t-\mathbf{B})\right\} +$$
$$+ \sum_{t(\neq 0)} \left\{\gamma_{BB}^t(\xi_t-1)\boldsymbol{\varepsilon}_B + \beta_{BB}^t(\xi_t-1)(\mathbf{h}_t\cdot\boldsymbol{\varepsilon}_B)\mathbf{h}_t\right\} = -M\omega^2\boldsymbol{\varepsilon}_B$$

dove la M è la massa atomica, e $\gamma_{00}^t, \gamma_{0B}^t, \gamma_{B0}^t, \gamma_{BB}^t$ e $\beta_{00}^t, \beta_{0B}^t, \beta_{B0}^t, \beta_{BB}^t$ stanno ad indicare $\gamma_{\mathbf{bb}'}^t(\mathbf{h}_t), \beta_{\mathbf{bb}'}^t(\mathbf{h}_t)$, rispettivamente, e $\xi_t = \exp(i\mathbf{q}\cdot\mathbf{h}_t)$. Il vincolo $t \neq 0$ significa semplicemente che un atomo non può interagire con se stesso. I vettori $\mathbf{h}_t$ possono essere espressi tramite la combinazione lineare

$$\mathbf{h}_t = \frac{h_1}{\sqrt{2}} \sum_i x_{ti}\mathbf{u}_i \tag{B.8}$$

dove x_{t1}, x_{t2}, x_{t3} sono nella forma (1,1,0), (1, 0,1)... ecc. per le dodici celle che stanno più vicino al sito **l** (che corrisponde ad *h=0*). $\mathbf{u}_i$ sono i vettori unitari della terna cartesiana.

Usiamo la prima zona di Brillouin (B.Z.) del reticolo reciproco. Le componenti q_i del vettore **q** sarà scritto nella forma $q_i = (2\pi\sqrt{2}/h_1)\eta_i$ dove le variabili adimensionali η_i sono espresse in termini di coordinate cilindriche θ, η, ζ attraverso le relazioni $\eta_1 = \eta\cos\theta$, $\eta_2 = \eta\sin\theta$, $\eta_3 = \zeta$. In questo modo si ottiene:

$$\xi_t = \exp\{2\pi i(\eta x_{t1}\cos\theta + \eta x_{t2}\sin\theta + \zeta x_{t3})\} \tag{B.9}$$

I coefficienti d'accoppiamento prendono i valori che saranno assumono dei valori indicati con γ e β, per gli atomi alla distanza R (primi vicini) e con γ' e, β' per gli atomi alla distanza seguente R' (secondi vicini). Dato che i coefficienti γ_{0B}^t e β_{0B}^t accoppiano gli atomi ad una distanza relativa $|\mathbf{h}_t + \mathbf{B}|$, prendono i valori γ e β quando t raggiunge i punti per cui $|\mathbf{h}_t + \mathbf{B}| = R$ e non può assumere i valori γ' e β' perché la condizione $|\mathbf{h}_t + \mathbf{B}| = R'$ non è mai soddisfatta. Similmente, i coefficienti γ_{B0}^t e β_{B0}^t collegano gli atomi alla distanza relativa $|\mathbf{h}_t - \mathbf{B}|$, così che assumono i valori γ e β quando t soddisfa la condizione $|\mathbf{h}_t - \mathbf{B}| = R$ ed, ancora, non possono assumere i valori γ' e β'. A causa delle relazioni $R = (\sqrt{3}/2\sqrt{2})h_1$ e $R' = h_1$, si può anche dire che γ_{0B}^t e β_{0B}^t assumono i valori γ e β rispettivamente, quando l'equazione (B.10) mantiene il segno positivo, mentre γ_{B0}^t e β_{B0}^t assumono i valori γ e β quando la stessa equazione mantiene il segno negativo:

$$\sum_i \left(x_{ti} \pm \frac{1}{2}\right)^2 = \frac{3}{4} \tag{B.10}$$

L'indice t che soddisfa l'equazione (B.10) con il segno positivo identifica i tre punti del reticolo caratterizzati dai seguenti valori di x_{ti}: (-1,-1,0); (-1,0, -1); (0, -1, -1); per contro, i punti del reticolo che soddisfano l'equazione (4.13) con il segno negativo sono (1,1,0); (1,0,1); (0,1,1). I coefficienti γ_{00}^t, β_{00}^t e γ_{BB}^t, β_{BB}^t collegano gli atomi ad una distanza relativa $|\mathbf{h}_t|$ in modo che, per $|h_t| > R$, non possono mai assumere i valori γ, β ma assumono i valori γ', β' quando t soddisfa la condizione $|h_t| = R' = h_1$, oppure: $\sum_i x_{ti}^2 = 2$ (**). I punti del reticolo che soddisfano una tal condizione sono i dodici vicini di un atomo in un reticolo FCC con distanza h_1.

In seguito useremo la notazione $\sum^+$ e $\sum^-$ per qualsiasi sommatoria sui tre punti del reticolo che soddisfano l'equazione (*) con il relativo segno. Una sommatoria su t senza alcun indice superiore sarà riferita ai dodici punti del reticolo che soddisfano l'equazione (**). Con tali notazioni, è utile definire i seguenti coefficienti adimensionali dipendenti dal vettore d'onda **q** del fonone.

$$\mu_{ki}^{\pm} = \sum_t{}^{\pm}\left(x_{tk} \pm \frac{1}{2}\right)\left(x_{ti} \pm \frac{1}{2}\right)\xi_t \quad ; \quad \upsilon_{ki}^{\pm} = \sum_t{}^{\pm}\left(x_{tk} \pm \frac{1}{2}\right)\left(x_{ti} \pm \frac{1}{2}\right) \qquad (B.11)$$

$$\eta_{ki} = \sum_t (\xi_t - 1) x_{tk} x_{ti} \quad ; \quad \lambda^{\pm} = \sum_t{}^{\pm}\xi_t \quad ; \quad \eta = \sum_t (\xi_t - 1) \qquad (B.12)$$

Introduciamo anche i seguenti parametri adimensionali $\rho = \gamma / \beta h_1^2$, e $\rho' = \gamma' / \beta h_1^2$ dipendenti dalle caratteristiche del potenziale di accoppiamento, e dalla frequenza ridotta $\overline{\omega}$ legata ad ω tramite il rapporto $\omega = h_1 (\beta / 2M)^{1/2} \overline{\omega}$.

In questo modo, mettendo $e_1 = \varepsilon_{01}$, $e_2 = \varepsilon_{02}$, $e_3 = \varepsilon_{03}$, $e_4 = \varepsilon_{B1}$, $e_5 = \varepsilon_{B2}$, $e_6 = \varepsilon_{B3}$ dove ε_{0i} ed ε_{Bi} sono le i-esime componenti del vettore $\boldsymbol{\varepsilon_0}$ e $\boldsymbol{\varepsilon_B}$, rispettivamente, è possibile facilmente trasformare le equazioni (4.9) - (4.10) in un sistema omogeneo lineare

$$\sum_{k=1}^{6} a_{ik} e_k + \overline{\omega}^2 e_i = 0, \qquad (B.13)$$

dove i coefficienti a_{ik} hanno le espressioni nella tabella mostrata nella pagina seguente.

Poiché la matrice $\{a_{ik}\}$ è Hermitiana, le sei soluzioni $\overline{\omega}$ ($p = 1,...6$) dell'equazione $det\{a_{ik}\} = 0$ sono reali e corrispondono ai vettori in sei dimensioni con le componenti e_{pi} che possono essere normalizzate in modo da soddisfare le condizioni di ortonormalità e completezza (vedere il libro di Srivastava, pag.31).

$$a_{11} = -\nu_{11}^+ - \tfrac{1}{4} + \tfrac{\beta'}{\beta}\eta_{11} - 8\rho + 2\rho'\eta \qquad a_{21} = -\nu_{12}^+ - \tfrac{1}{4} + \tfrac{\beta'}{\beta}\eta_{12}$$

$$a_{12} = -\nu_{21}^+ - \tfrac{1}{4} + \tfrac{\beta'}{\beta}\eta_{21} \qquad a_{22} = -\nu_{22}^+ - \tfrac{1}{4} + \tfrac{\beta'}{\beta}\eta_{22} - 8\rho + 2\rho'\eta$$

$$a_{13} = -\nu_{31}^+ - \tfrac{1}{4} + \tfrac{\beta'}{\beta}\eta_{31} \qquad a_{23} = -\nu_{32}^+ - \tfrac{1}{4} + \tfrac{\beta'}{\beta}\eta_{32}$$

$$a_{14} = \mu_{11}^+ + \tfrac{1}{4} + 2\rho(1+\lambda^+) \qquad a_{24} = \mu_{12}^+ + \tfrac{1}{4}$$

$$a_{15} = \mu_{21}^+ + \tfrac{1}{4} \qquad a_{25} = \mu_{22}^+ + \tfrac{1}{4} + 2\rho(1+\lambda^+)$$

$$a_{16} = \mu_{31}^+ + \tfrac{1}{4} \qquad a_{26} = \mu_{32}^+ + \tfrac{1}{4}$$

$$a_{31} = -\nu_{13}^+ - \tfrac{1}{4} + \tfrac{\beta'}{\beta}\eta_{13} \qquad a_{41} = \mu_{11}^- + \tfrac{1}{4} + 2\rho(1+\lambda^-)$$

$$a_{32} = -\nu_{23}^+ - \tfrac{1}{4} + \tfrac{\beta'}{\beta}\eta_{23} \qquad a_{42} = \mu_{21}^- + \tfrac{1}{4}$$

$$a_{33} = -\nu_{33}^+ - \tfrac{1}{4} + \tfrac{\beta'}{\beta}\eta_{33} - 8\rho + 2\rho'\eta \qquad a_{43} = \mu_{31}^- + \tfrac{1}{4}$$

$$a_{34} = \mu_{13}^+ + \tfrac{1}{4} \qquad a_{44} = -\nu_{11}^- - \tfrac{1}{4} + \tfrac{\beta'}{\beta}\eta_{11} - 8\rho + 2\rho'\eta$$

$$a_{35} = \mu_{23}^+ + \tfrac{1}{4} \qquad a_{45} = -\nu_{21}^- - \tfrac{1}{4} + \tfrac{\beta'}{\beta}\eta_{21}$$

$$a_{36} = \mu_{33}^+ + \tfrac{1}{4} + 2\rho(1+\lambda^+) \qquad a_{46} = -\nu_{31}^- - \tfrac{1}{4} + \tfrac{\beta'}{\beta}\eta_{31}$$

$$a_{51} = \mu_{12}^- + \tfrac{1}{4} \qquad a_{61} = \mu_{13}^- + \tfrac{1}{4}$$

$$a_{52} = \mu_{22}^- + \tfrac{1}{4} + 2\rho(1+\lambda^-) \qquad a_{62} = \mu_{23}^- + \tfrac{1}{4}$$

$$a_{53} = \mu_{32}^- + \tfrac{1}{4} \qquad a_{63} = \mu_{33}^- + \tfrac{1}{4} + 2\rho(1+\lambda^-)$$

$$a_{54} = -\nu_{12}^- - \tfrac{1}{4} + \tfrac{\beta'}{\beta}\eta_{12} \qquad a_{64} = -\nu_{13}^- - \tfrac{1}{4} + \tfrac{\beta'}{\beta}\eta_{13}$$

$$a_{55} = -\nu_{22}^- - \tfrac{1}{4} + \tfrac{\beta'}{\beta}\eta_{22} - 8\rho + 2\rho'\eta \qquad a_{65} = -\nu_{23}^- - \tfrac{1}{4} + \tfrac{\beta'}{\beta}\eta_{23}$$

$$a_{56} = -\nu_{32}^- - \tfrac{1}{4} + \tfrac{\beta'}{\beta}\eta_{32} \qquad a_{66} = -\nu_{33}^- - \tfrac{1}{4} + \tfrac{\beta'}{\beta}\eta_{33} - 8\rho + 2\rho'\eta$$

Un'eccitazione elementare del cristallo nell'approssimazione armonica sarà un fonone descritto dal vettore d'onda **q** e dall'indice di polarizzazione **p**: sarà denotato dalla notazione compatta **Q**. Di conseguenza, la relativa frequenza sarà indicata da ω_Q ed il relativo vettore di polarizzazione sarà associato all'atomo **b** da $\varepsilon_{Q\mathbf{b}}$: le notazioni complete sarebbero $\omega_p(\theta,\eta,\zeta)$ e $\varepsilon_{\mathbf{b}p}(\theta,\eta,\zeta)$, con dipendenza dalle coordinate cilindriche (θ,η,ζ). Se N_o è il numero totale di celle nel cristallo, l'espansione del campo di spostamento $\boldsymbol{\eta}_{\mathbf{lb}}$ in termini di emissione ed assorbimento fononico e quindi di operatori di creazione e distruzione $a_Q, a_Q^\dagger$, possono essere scritti nella forma:

$$\boldsymbol{\eta}_{\mathbf{lb}} = i\left(\frac{\hbar}{2MN_0}\right)^{\frac{1}{2}} \sum_Q \frac{1}{\sqrt{\omega_Q}}\left[\varepsilon_{Qb}^* e^{-i\mathbf{q}\cdot\mathbf{l}} a_Q - \varepsilon_{Qb} e^{-i\mathbf{q}\cdot\mathbf{l}} a_Q^\dagger\right] \qquad (B.14)$$

Questo corrisponde alla rappresentazione usata da Srivastava [riferimento al libro di Srivastava, p.94] per la scelta $\varepsilon_{bp}(-q) = \varepsilon^*_{bp}(q)$. Si ricavano tre rami acustici e tre ottici, risolvendo il sistema di equazioni, ottenendo un grafico come nella figura seguente.

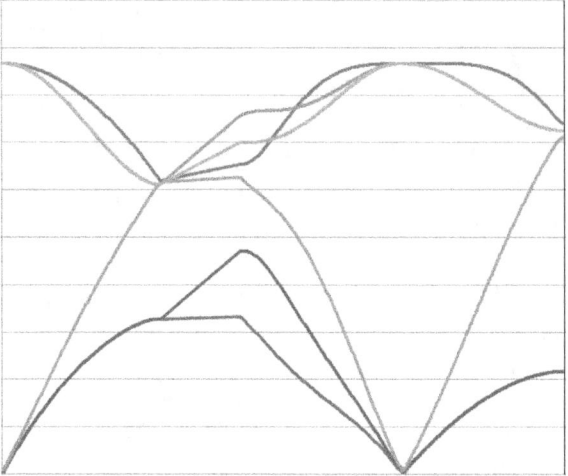

Relazioni di dispersione fononiche. Per dettagli vedi Omini e Sparavigna, *Nuovo Cimento D*, v. 19, p. 1537, 1997.

www.ingramcontent.com/pod-product-compliance
Lightning Source LLC
Chambersburg PA
CBHW081048170526
45158CB00006B/1895